矿山尘害防治问答

姜 威　张道民　赵振奇　刘军鄂　编

北 京
冶 金 工 业 出 版 社
2010

内容简介

本书从矿尘的产生、性质、危害、检测等方面入手，以问答的形式，结合矿山开采过程，分别对露天矿山粉尘、地下矿山粉尘和煤矿粉尘的防治与防护中所涉及的问题进行了简明扼要的解答。全书共分为9章，包括矿山粉尘的产生、矿山粉尘的性质、矿山粉尘的危害、矿山粉尘的检测、露天矿山粉尘的防治、地下矿山粉尘的防治、煤矿粉尘的防治、选烧作业防尘、个体防护。

本书适合安全生产监管部门、职业卫生监管部门、矿山行业管理人员阅读参考，也可作为大专院校安全卫生专业学生以及广大矿山工人的培训教材。

图书在版编目(CIP)数据

矿山尘害防治问答/姜威等编. —北京：冶金工业出版社，2010.8

ISBN 978-7-5024-5302-2

Ⅰ.①矿… Ⅱ.①姜… Ⅲ.①矿山—防尘—问答 Ⅳ.①TD714-44

中国版本图书馆CIP数据核字(2010)第089376号

出版人 曹胜利
地 址 北京北河沿大街嵩祝院北巷39号，邮编100009
电 话 (010) 64027926 电子信箱 yjcbs@cnmip.com.cn
责任编辑 杨秋奎 美术编辑 李 新 版式设计 葛新霞
责任校对 卿文春 责任印制 牛晓波
ISBN 978-7-5024-5302-2
北京兴华印刷厂印刷；冶金工业出版社发行；各地新华书店经销
2010年8月第1版，2010年8月第1次印刷
787mm×1092mm 1/16；12印张；287千字；175页
35.00元

冶金工业出版社发行部 电话：(010)64044283 传真：(010)64027893
冶金书店 地址：北京东四西大街46号(100711) 电话：(010)65289081
(本书如有印装质量问题，本社发行部负责退换)

前　言

采矿业是我国的基础工业，对国民经济的快速、持续发展起着重要的作用。但是，在开采和利用矿产资源的同时，由于作业空间狭小，工作环境相对恶劣，可能使从业人员为此付出健康乃至生命的代价，尤其是资源开采过程中所产生的粉尘导致的尘肺病以及粉尘爆炸等，严重危及着从业人员的生命安全。据不完全统计，全国大约有50多万个厂矿存在不同程度的职业危害，实际接触有害作业的职工有2亿人以上。卫生部2009年6月9日通报，职业病病例数列前三位的行业依次为煤炭、有色金属和建设行业。根据有关部门的粗略估算，每年我国因职业病、工伤事故产生的直接经济损失达1000亿元，间接经济损失2000亿元。接触有害作业人数、职业病患者累积数量、死亡数量和新发现病人数量等，我国都居世界首位。为此，党中央、国务院高度重视职业卫生工作，党和国家领导人多次就职业卫生工作作出重要批示，要求切实加强职业卫生工作，保护劳动者的健康与安全，从而有力地推进全国职业卫生整体工作。

针对日益严重的矿山尘毒危害的现状，编者结合多年来掌握的粉尘监测、防治等方面的理论知识及在实践中积累的经验编写了本书。全书共分为9章，主要内容包括：矿山粉尘的产生、矿山粉尘的性质、矿山粉尘的危害、矿山粉尘的检测、露天矿山粉尘的防治、地下矿山粉尘的防治、煤矿粉尘的防治、选烧作业防尘、个体防护。

本书由姜威、张道民、赵振奇、刘军鄂编写。在本书编写过程中参考了有关专家、学者的文献资料，在此表示衷心地感谢。

由于编者水平所限，书中不妥之处敬请广大读者批评指正。

编　者

2010年5月

目　录

第一章　矿山粉尘的产生

1. 什么是粉尘、全尘？

（1）粉尘。从理化概念上看，含尘空气实质就是作为固体分散介质的尘粒分布于以空气为胶体溶液的一种气溶胶，从这种气溶胶中自然或强制离析出来的固体微粒就是粉尘。由此可见，粉尘是广义上的概念，其既是能悬浮于空气中的、已经从空气中分离出来的固体颗粒物的总称，又是单指那些以不同状态分布于空气中的固体微粒。粉尘颗粒越小，它在空气中停留的时间就越长，被人吸入的可能性就越大。粉尘产生于固体物料的粉碎过程中，主要存在于采矿、建筑、冶金、纺织、水泥、玻璃、铸造等行业。

（2）全尘。全尘即总粉尘，指用直径为40mm的滤膜，按标准粉尘测定方法采样所得到的粉尘，是各种粒子的煤矿粉尘和岩尘的总和，常指粒径为1mm以下的尘粒。在实际工作中，无法严格按粒廑和成分测得全尘，通常把矿山粉尘质量浓度近似作为全尘质量浓度。

2. 什么是飘尘、降尘？

颗粒物按粒径可分为降尘和飘尘。

（1）降尘是指大气中粒径大于10μm的固体颗粒物，由于重力作用容易沉降，在空气中停留时间较短，在呼吸作用中又可被有效地阻留在上呼吸道上，因而对人体危害较小。

（2）飘尘是指大气中粒径小于10μm的固体颗粒物，能在空气中长时间悬浮，易随呼吸侵入人体的肺部组织，因而对人体健康危害较大。

3. 什么是生产性粉尘，主要产生于哪些行业？

（1）生产性粉尘。在生产过程中产生和形成的、能较长时间在空气中悬浮的固体微粒，称为生产性粉尘。悬浮于空气中的粉尘称为浮尘，已沉落的粉尘称为积尘，检测和防治的重点就是浮尘。从胶体化学的观点来看，含有粉尘的空气是一种气溶胶，悬浮粉尘散布弥漫在空气中与空气混合，共同组成一个分散体系，分散介质是空气，分散相是悬浮在空气中的粉尘粒子。

（2）在许多生产过程中都能产生出大量的粉尘，主要行业有：

1）煤炭以及各种矿石、岩石的开采和选烧等加工业；

2）冶金工业的配料、冶炼耐火材料等工序；

3）机械工业的铸造、研磨等工序；

4）轻工业在搪瓷、纺织以及皮毛加工等生产过程中；

5）化学工业、粉体材料、半成品的加工和成品的包装等过程中；

6）农业的耕种、收获、加工等。

4. 什么是爆炸性粉尘,与哪些因素有关?

爆炸性粉尘。在达到一定浓度及空气等外部条件下,达到点火、引爆的状态及能量,即可产生燃烧、爆炸的粉尘,称为爆炸性粉尘。很多物质的粉尘以悬浮状态分散在空气中,并且在一定的浓度时,在一定热能作用下会发生燃烧或爆炸。不同的物质具有不同的爆炸范围。

影响粉尘爆炸性的因素除粉尘物质属性外,还有:粉尘质量浓度、空气中的氧含量、粉尘的含水量、粉尘的粒度、引爆能量的大小等。

5. 什么是呼吸性粉尘,其最高允许质量浓度有哪些现行标准?

呼吸性粉尘。由于颗粒较大的尘粒能较快的沉降到地面,对人体危害较小,但当颗粒小到一定程度(即粒径在5μm以下)时,这些细小的尘粒会随着人体的呼吸进入呼吸性支气管的肺泡部分,从而对人体健康产生危害,这些细小粉尘即称为呼吸性粉尘。国际上公认,粒径为7.07μm以下的粉尘即为呼吸性粉尘。

国家有关卫生标准对各种生产环境呼吸性粉尘的最高允许质量浓度有更严格的要求,目前呼吸性粉尘最高允许质量浓度现行重要的工业卫生标准有:

(1)GBZ2—2002《工作场所有害因素职业接触限值》;

(2)GBZ1—2002《工业企业设计卫生标准》;

(3)GB 16225—1996《车间空气中呼吸性硅尘卫生标准》;

(4)GB 16238—1996《车间空气中呼吸性水泥粉尘卫生标准》;

(5)GB 16248—1996《作业场所空气中呼吸性煤矿粉尘卫生标准》。

6. 什么是颗粒物?

颗粒物又称尘粒,从广义上讲,大气中的固体或液体颗粒状物质均统称颗粒物。颗粒物可分为一次颗粒物和二次颗粒物两种。一次颗粒物是由天然和人为污染源释放到大气中直接造成污染的颗粒物,如土壤粒子、海盐粒子、燃烧烟尘等;二次颗粒物是大气中某些污染气体组分(如二氧化硫、氮氧化物、碳氢化合物等)之间或其与大气正常组分间通过光化学氧化反应、催化氧化反应或其他化学反应而生成的颗粒物,如二氧化硫转化生成的硫酸盐颗粒物等。

7. 什么是总悬浮颗粒?

总悬浮颗粒是指漂浮在空气中的固态和液态颗粒物的总称,包括粒径从不到1μm至100μm以上的大气中的颗粒物。有些颗粒物因粒径大或颜色黑可以为肉眼所见,如烟尘。有些则小到使用电子显微镜才可观察到;这些颗粒物不仅影响太阳光的透射率,更主要的是起水蒸气凝结核作用,大工业区等烟尘污染较重的地区一般因它而多云、多雨、多雾。

8. 什么是可吸入颗粒物,其来源渠道有哪些?

(1)可吸入颗粒物。通常把粒径在10μm以下,能进入人体呼吸系统的颗粒物称为PM10,又称为可吸入颗粒物或飘尘。可吸入颗粒物的质量浓度以每立方米空气中可吸入颗粒物的毫克数表示。国家环保总局1996年颁布修订的GB 3095—1996《环境空气质量标准》中将飘尘改称为可吸入颗粒物，作为正式大气环境质量标准。

(2)可吸入颗粒物的来源渠道是：

1)一些颗粒物来自污染源的直接排放，比如烟囱与车辆等。

2)另一些则是由环境空气中硫的氧化物、氮氧化物、挥发性有机化合物及其他化合物互相作用形成的细小颗粒物，它们的化学和物理组成依地点、气候、季节不同而变化很大。

3)可吸入颗粒物通常来自于在未铺沥青、水泥的路面上行驶的机动车、材料的破碎碾磨处理过程以及被风扬起的尘土等。

9. 生产性粉尘来源渠道有哪些?

生产性粉尘来源十分广泛，如固体物质的机械加工、粉碎；金属的研磨、切削；矿石的粉碎、筛分、配料或岩石的钻孔、爆破和破碎等；耐火材料、玻璃、水泥和陶瓷等工业中原料加工；皮毛、纺织物等原料处理；化学工业中固体原料加工处理，物质加热时产生的蒸气、有机物质的不完全燃烧所产生的烟。此外，粉末状物质在混合、过筛、包装和搬运等操作时产生的粉尘，以及沉积的粉尘二次扬尘等。

10. 生产性粉尘如何分类?

生产性粉尘分类方法有多种，但常见的有七种。

(1)按粉尘性质(组成成分)分为三类：

1)无机性粉尘。

①矿物性粉尘，如石英、石棉、滑石等粉尘。

②金属性粉尘，如锡、铁、铜、铅、锰、锌、铍等金属及其化合物粉尘。

③人工合成无机性粉尘，如水泥、玻璃纤维、金刚砂等粉尘。

2)有机性粉尘。

①植物性粉尘，如棉、亚麻、甘蔗、谷物、木材、茶等粉尘。

②动物性粉尘，如毛发、兽皮、骨质、角质等粉尘。

③人工合成有机性粉尘，如炸药、有机染料、塑料、人造纤维等粉尘。

3)混合性粉尘。两种以上不同性质的粉尘同时存在称为混合性粉尘。这种粉尘在生产中最为多见，如煤矿开采时煤尘中掺杂有不等量石英，金属制品加工研磨时有金属和磨料粉尘，棉纺厂准备工序有棉尘和土壤粉尘等。

(2)按其折光性的不同可分为三类：

1)可见性粉尘，肉眼可见，粉尘粒子直径大于10μm；

2)显微性粉尘，显微镜下可见，粉尘粒子直径为0.25～10μm；

3)超显微性粉尘，只有在超显微镜下(如电子显微镜)才能看见，粒径小于0.25μm。

(3)按其病理作用性质可分七类：

1)全身中毒粉尘，如铅、锰、砷等粉尘；

2)引起肺部纤维化的粉尘，如硅尘、硅酸盐类粉尘等粉尘；

3)局部刺激性粉尘，如漂白粉、生石灰、水泥等粉尘；

4)变态反应性粉尘，如大麻、吐根、乌苏尔等粉尘；

5)光感性粉尘,如沥青粉尘;

6)感染源性粉尘,如破烂布屑、兽毛等粉尘;

7)致癌性粉尘,如石棉、金属镍、铬酸盐和某些放射性物质等粉尘。

(4)按其能否进入肺泡可分为两类:

1)呼吸性粉尘,粉尘粒子能随呼吸进入人体肺泡,粒子直径一般小于10μm。

2)非呼吸性粉尘,粉尘粒子被呼吸道阻留,不能随呼吸进入人体肺泡,粒子直径一般大于10μm;

(5)按粉尘粒径大小分为三类:

1)尘埃,(固有粉尘)粒子直径大于10μm,在静止空气中呈重力加速度下降,停留时间短,不扩散。

2)尘雾(云),粒子直径为0.1~10μm,在静止空气中沉降较慢,遵循依斯托克斯法则等速降落。

3)烟尘(烟),粒子直径为0.001~0.1μm,因其大小接近于空气分子,受空气分子的冲击,在空气中做布朗运动,具有相当强的扩散能力,在静止空气中几乎完全不降落或非常缓缓而曲折地降落。

(6)按其存在状态分为两类:

1)浮游矿山粉尘是指悬浮于矿内空气中的矿山粉尘,简称浮尘。

2)沉积矿山粉尘是指从矿内空气中沉降下来的矿山粉尘,简称落尘或积尘。

浮尘和落尘在不同环境下可以相互转化。浮尘在空气中飞扬的时间不仅与尘粒的大小、质量、形式等有关,还与空气的湿度、风速等大气参数有关。

(7)按生产性粉尘的产生过程,可分为两类:一是机械过程,包括固体的粉碎、研磨以及粉末状或散粒状物料的混合、过筛、输送、包装等;二是物理化学过程,其中包括物质的不完全燃烧或爆炸,物质被加热时产生的蒸气在空气中凝结或被氧化等。

11. 什么是矿山粉尘,矿山主要尘源是怎样产生的?

(1)矿山粉尘是指矿山生产过程中产生的并能长时间悬浮于空气中的矿石与岩石的细微颗粒,简称为矿尘。悬浮于空气中的矿山粉尘称浮尘,已沉落的矿山粉尘称为落尘或积尘,检测防治的重点是浮尘。矿山粉尘名称可依其产生的矿岩种类而定,如硅尘、铁矿山粉尘、铀矿粉尘、煤矿粉尘、石棉尘等。矿山生产过程中,如凿岩、爆破、装运、破碎等作业都会产生大量的矿尘。

(2)矿山尘源大体上分为自然产尘、生产过程产尘两种,其产尘量与设备类型、生产能力、矿岩性质、作业方法及自然条件等因素有关。

自然产尘主要是指风力作用产尘,如矿区大气降尘、大气飘尘及其他作用产生的扬尘。

生产过程产尘包括钻机作业、爆破、破碎、筛分、转载、堆放、铲装、运输及其他处理过程中产生的固体微粒,矿山企业中的焙烧、烧结、球团等炉窑排放的烟尘。

12. 矿山主要作业的产尘情况如何,为什么说凿岩是矿山防尘工作的重点?

(1)矿山各生产过程,如凿岩、爆破、装运等,都产生大量的矿山粉尘。据锡矿山矿实测资料表明,矿山主要作业的产尘量如下:凿岩(湿式凿岩)占41.3%,爆破占45.6%,装运占13.1%。

(2)在矿山各生产过程中,由于凿岩工作中产尘是连续的,而且大部分是很微细的颗粒,能长时间悬浮于空气中,凿岩作业地点一般又比较多且分散,不仅产尘量所占比例较大,也给防尘工作造成一定困难,是矿山作业场所粉尘质量浓度合格率较低的一个工序,因此,凿岩作业是当前矿山防尘工作的重点。

13. 爆破工作的产尘特点是什么?

爆破工作的产尘特点是在短时间内集中地产生大量的矿山粉尘,并伴有大量的炮烟,若没有有效的通风防尘措施,不仅爆破地点的矿山粉尘质量浓度长时间不能达到国家规定的卫生标准,而且能污染和影响其他工作地区。集中溜矿井、井下破碎硐室等处的矿山粉尘质量浓度也多是很高的,必须采取有效的通风防尘措施,以防止污染和影响其他工作地点。

14. 为什么说矿业开发中粉尘的产生是必然的?

在矿山生产过程中,就采、选、烧常规工艺而言,无论是国内还是国外,无论其技术先进程度如何,粉尘的产生是必然的,其原因有五个方面:

(1)从手钎子、小型凿岩机、液压凿岩机到大型牙轮钻机的作业,实际上就是将整个炮孔体积的矿岩变成大小不等的矿粉、岩粉。

(2)当炸药装入炮孔爆破时,实际上就是将矿岩从母体上分离下来、破碎成大中小块、粉料,并伴生大量粉尘。

(3)通过粗、中、细破碎机,再到球磨机等加工成微细颗粒的破碎、磨矿作业,实际上是全部矿石的粉化过程。

(4)不论是干法还是高温工艺的焙烧、烧结作业,更是大量粉尘产生和散发的过程。

(5)在所有的矿岩、烧结物料及成品的装卸、运输、提升、转载、筛分、贮存等作业及焙烧、烧结的空气热交换过程中,无一不产生大量的一次性或二、三次性粉尘。

15. 矿山粉尘的分类方法有哪些?

矿山粉尘的分类可以从不同角度进行,其分类方法有以下 8 种:

(1)按形成粉尘的物质分类。

(2)按产生粉尘的生产工序分类。

(3)按粉尘的粒径分类。

(4)按粉尘的折光性分类。

(5)按粉尘的物性分类。

(6)按粉尘的可湿性分类。

(7)按粉尘对人体的危害性分类。

(8)按粉尘的病理作用性质分类。

16. 什么是煤矿粉尘,影响煤矿粉尘产生的因素有哪些?

(1)煤矿粉尘是指煤矿在生产过程中产生的各类固体物质细微颗粒的总称。在某些综采工作面割煤时,工作面煤矿粉尘质量浓度高达 4000 ~ 8000mg/m^3,有的甚至更高。我国现行《工业企业设计卫生标准》(TJ36—79)规定:作业场所最高粉尘浓度为 10mg/m^3。

（2）影响粉尘产生的因素主要有：采掘机械化和开采强度、采煤方法和截割参数、作业地点的通风状况、地质构造、煤层种类及其赋存条件。

17. 井下煤矿粉尘是如何产生的？

煤矿在生产、贮存、运输及巷道掘进等各个环节和工序都会产生粉尘，都会向井下空气中排放大量的粉尘，尤其在风速较大的作业场所，粉尘排放量猛增。据有关资料统计，有的矿区排向井下空气的煤粉尘是煤炭产量的16%以上。煤矿井下的尘源分布很广，如钻孔、爆破、采掘机械割煤（岩）或风镐落煤、装载和卸载、运输、转载、移架、放顶、采空区充填、锚喷支护、巷道撒布岩粉、箕斗或矿车提煤（岩）等作业都会产生煤尘。

18. 机采的四大产尘源是什么？

机采的四大产尘源是指采煤机割煤、支架移架、放煤口放煤及破碎机破煤。据有关检测机构测算，机采工作面的四大产尘量分别约占井下煤矿粉尘的60%、20%、10%和10%。随着机采的普及，机采工作面的产尘质量浓度也随之上升。为了搞好采煤工作面的粉尘防治，有效降低粉尘质量浓度，必须针对采煤工作面的尘源采取相应的治理措施，以达到对粉尘进行综合治理的目的。

第二章　矿山粉尘的性质

19. 什么是粉尘理化性质?

粉尘的理化性质是指粉尘的物理、化学性质,其与生物学作用及防尘措施等有着密切关系,主要包括粉尘的化学成分、粉尘的分散度、粉尘的溶解度、粉尘的荷电性、形状和硬度、粉尘的爆炸性、粉尘的可湿性等。

20. 粉尘粒子形状是怎样的?

粉尘粒子形状多种多样,有球形、块形、片形、针形、线形、凝聚体和聚集体等形状。常见球形的有石墨粉尘等,菱形的有石英粉尘等,叶片形的有云母粉尘等,纤维形的有石棉、玻璃纤维、矿物纤维等。粉尘的形状影响粉尘的悬浮性,密度相同的尘粒,其形状越接近球状,沉降时所受的阻力越小,沉降速度越快。菱形的坚硬粉尘作用于呼吸道、黏膜和皮肤时,能引起较大的损伤,对呼吸道有一定的机械性刺激。

21. 什么是粉尘密度、比重?

(1)粉尘密度是指单位体积粉尘的质量,计量单位为 kg/m^3 或 g/cm^3。根据是否把尘粒间空隙体积包括在粉尘体积之内而分为堆积密度和真密度。自然堆积状态下单位体积粉尘的质量,称为粉尘堆积密度(或容积密度),它与粉尘的贮运设备和除尘器灰斗容积的设计有密切关系。在粉尘(或物料)的气力输送中也要考虑粉尘的堆积锥度。密实状态下单位体积粉尘的质量,称为粉尘真密度(或称尘粒密度),它影响着机械类除尘器(如重力沉降室、惯性除尘器)的工作台时效率。例如,对于粒径大、真密度大的粉尘可以选用重力沉降室或旋风除尘器,而对于真密度小的粉尘,即使粒径较大也不宜采用重力沉降室或旋风除尘器。几种矿尘的真密度见表 2-1。

(2)粉尘的比重是指粉尘的质量与同体积水的质量之比,系无因次量,采用标准化大气压、4℃的水作标准(质量为 $1g/cm^3$),所以比重在数值上与其密度(g/cm^3)值相等。

表 2-1　几种矿尘的真密度

粉尘种类	真密度/$kg \cdot m^{-3}$	粉尘种类	真密度/$kg \cdot m^{-3}$
硅　尘	2.63~2.70	铜矿尘	2.7~6.2
水　泥	3.0~3.5	铅矿尘	6.4~7.6
滑石粉	2.75	锌矿尘	3.9~4.5
煤　尘	2.1	石灰石	2.6~2.8
赤铁矿	4.2	烧结矿尘	3.8~4.2

22. 什么是粉尘粒径，常用的粉尘粒径有哪些？

粉尘粒径是表征粉尘颗粒大小的代表性尺寸。对球形尘粒而言，粒径是指它的直径。实际的尘粒形状大多是不规则的，一般也用“粒径”来衡量其大小，然而此时的粒径却有不同的含义。同一粉尘按不同的测定方法和定义所得的粒径，不但数值不同，而且应用场合也不同。因此，在使用粉尘粒径时，必须了解所采用的测定方法和粒径的含义。在选取粒径测定方法时，除需考虑方法本身的精度、操作难易及费用等因素外，还应特别注意测定的目的和应用场合。不同的粒径测定方法，得出不同概念的粒径。因此，在给出或应用粒径分析结果时，还必须说明或了解所用的测定方法。下面介绍几种常用的粉尘粒径：

(1)投影粒径。用显微镜法直接观测时测得的粒径为投影粒径。根据定义不同，分为定向粒径、定向面积等分粒径和投影圆等值粒径。

(2)斯托克斯粒径和空气动力粒径。可用沉降法(如移液管法、沉降天平法等)间接测定得到。斯托克斯粒径 d_s 是指与被测尘粒密度相同、沉降速度相同的球形粒子直径，单位为 m。当尘粒沉降的雷诺数 $Re \leqslant 1$ 时，按斯托克斯定律，可得到斯托克斯粒径 d_s 的定义式

$$d_s = \sqrt{\frac{18\nu v_s}{g(\rho_c - \rho)}} \tag{2-1}$$

式中 ν——流体动力黏性系数，Pa·s；

v_s——沉降速度，m/s；

g——重力加速度，m/s^2；

ρ_c——尘粒密度，kg/m^3；

ρ——流体密度，kg/m^3。

空气动力粒径 d_a 是指与被测尘粒在空气中的沉降速度相同、密度为 $1g/cm^3$ ($1000kg/m^3$)的球形粒子直径。单位用 μm(气)，并记为 μm(A)。

斯托克斯粒径和空气动力粒径是除尘技术中应用最多的两种粒径，原因在于它们皆与尘粒在流体中运动的动力特性有关。如果忽略空气密度 ρ 的影响，由两者的定义，可以得到空气动力粒径 d_a 与斯托克斯粒径 d_s 的关系式：

$$d_a = d_s \sqrt{\rho_c} \tag{2-2}$$

(3)分割粒径 d_{c50}。分割粒径又称为临界粒径，是指某除尘器能捕集一半的尘粒的直径，即除尘器分级效率为 50% 的尘粒直径。这是一种表示除尘器性能的很有代表性的粒径。

粉尘的颗粒大小不同，不但对人体和环境的危害不同，而且对粉尘的吸捕方法以及除尘器的除尘机理和性能都有很大影响，所以粒径是粉尘的最基本特性之一。

23. 粉尘、矿山粉尘粒径的定义方法、表示方法有哪些？

(1)粉尘粒径的定义方法有三个：

1)单一粒径定义方法。

①显微镜直接观测的三轴粒径、定向粒径、定向面积等分粒径、投影值粒径。

②筛分法测定的筛分粒径。

③光电法测定的球等值粒径。

④沉降法测定的沉降粒径、空气动力径。

⑤分割粒径（即临界粒径）。

2）平均粒径定义方法。

①算术平均粒径计算见式（2－3）。

$$\bar{d} = \frac{\sum n_i d_i}{\sum n_i} \tag{2-3}$$

②几何平均粒径计算见式（2－4）。

$$\lg \overline{d_g} = \frac{\sum n_i \lg i}{\sum n_i} \tag{2-4}$$

③中位粒径 d_{50} 即筛上筛下各50%时的粒径。

3）目前矿山采用显微镜和移液管、粒径计、沉降天平、沉降式粒度分布仪等方法测出的粒径，多为定向粒径及沉降粒径（即斯托克斯直径）。

（2）矿山粉尘粒径的表示方法有两种：

1）单一粒径，代表单个粒子大小的单一粒径。

2）平均粒径，代表许多大小不同尘粒组成粒子群的平均粒径。

24. 什么是粉尘分散度，它与哪些因素有关？

（1）粉尘的粒径分布（粒径的频率分布）称为分散度，可用分组（按粉尘粒径大小分组）的质量分数或个数百分数来表示，前者称为质量分散度，后者称为计数分散度。从卫生学观点出发，粉尘粒子的分散度可分为小于2μm、2～5μm、5～10μm、大于10μm四个部分。我国一般采用数量分布百分比，一般以直径大小的粉尘颗粒占全部粉尘粒子的百分比来表示。粉尘的分散度高，即表示小粒径粉尘占的比例大，反之则小。粉尘粒子的大小，通常指粉尘粒子的直径（几何投影直径），单位为μm。

粉尘的分散度不同，对人体的危害以及除尘机械和采取的除尘方式也不同。因此，掌握粉尘的分散度是评价粉尘危害程度、评价除尘器性能和选择除尘器的基本条件。由于质量分散度更能反映粉尘的粒径分布对人体和除尘器性能的影响，所以在防尘技术中多采用质量分散度。国内已生产出多种测定粉尘质量分散度的仪器，许多单位已在使用。

（2）与粉尘分散度相关的因素如下：

1）分散度与粉尘在空气中存留的时间有关。分散度越高则粉尘粒子沉降越慢，在空气中飘浮时间越长。不同直径的粉尘，从呼吸带（1.5m左右）降落至地面，所需的时间性差异很大，在静止的空气中10μm石英尘数分钟就降落下来，1.0μm的石英尘降落到地面需5～7h，0.1μm石英尘24h左右才能降落下来。在矿井生产环境空气中的粉尘，以10μm以下者最多，其中2μm以下者占40%～90%。

2）分散度与粉尘在呼吸道中的阻留有关。一般情况下10μm以上尘粒，在上呼吸道沿途被阻留，5μm以下的尘粒，可达到肺泡。硅肺尸检发现，肺组织中多数是5μm以下的尘粒，也有极个别的尘粒大于5μm。粒径在0.5μm以下的粉尘，因质量极小，在空气中随空气分子运动,可随呼出气流排出。

3)分散度与粉尘的理化性质有关。粉尘分散度越高,则单位体积总表面积(单位体积中所有粒子的表面积的总和)越大。粉尘表面积大,理化活性高,易参与理化反应。同时粉尘能吸附气体分子,在尘粒表面形成一层薄膜,阻碍粉尘的凝聚,增加了粉尘在空气中停留的时间。粉尘表面积大,增加了吸附空气分子能力。

25. 什么是粉尘的溶解度,它是如何危害人体的?

(1)粉尘的溶解度是指单位时间内物体所能吸收、吸附或溶解粉尘的大小。

(2)粉尘的溶解度大小与其对人体危害程度的关系因粉尘的性质不同而异,同一种粉尘,其质量浓度越高,对人体危害越严重。

对于有毒粉尘,其危害随着溶解度的增强而增强,如铅、砷、锰、镉等粉尘,因其溶解度较高,吸入后可经肺吸收进入血液循环,引起中毒效应。有些金属及其化合物的粉尘、烟雾,由于溶解度低或不溶,吸入后可长期沉积于肺内,其中有些能引起肺胶原纤维增生,如铝尘肺、电焊工尘肺等。有些仅在肺组织中呈现异物反应,如铁末沉着症等。

对于无毒粉尘,则随着溶解度的增强,在进入呼吸道后被溶解而易于排出体外,使其危害降低。但对于某些粉尘,如石英、石棉等,虽然在体内的溶解度小,但对人体危害却较严重。

另外,粉尘中游离二氧化硅含量越高,对人体危害越大。

26. 什么是粉尘安息角、粉尘滑动角?

(1)粉尘的安息角是指粉尘自漏斗连续落到水平板上,堆积成圆锥体,圆锥体的母线同水平面之间的夹角,也称为休止角、(自然)堆积角、安置角等,一般为35°~55°。

(2)将粉尘置于光滑的平板上,使此平板倾斜到粉尘开始滑动时的角度,称为粉尘滑动角,一般为30°~40°。

粉尘安息角和滑动角是评价粉尘流动特性的一个重要指标,两者与粉尘粒径、含水率、尘粒形状、尘粒表面光滑程度、粉尘黏附性等因素有关,是设计除尘器灰斗或料仓锥度、除尘管道或输灰管道斜度的主要依据。

27. 影响粉尘安息角和滑动角的因素有哪些?

影响粉尘安息角和滑动角的因素有:粉尘粒径、含水率、粒子形状、粒子表面光滑度、粉尘黏性等。一定量的粉尘其粒径越小,接触面积就越大,相互吸附力就增大,安息角也增大;粉尘含水率增大,安息角增大;球形粒子或球形系数接近于1的粒子比其他粒子的安息角小;表面光滑的粒子比表面粗糙的粒子安息角小;黏性大的粉尘安息角大。

28. 评价粉尘流动性的指标是什么,在防治技术上有什么实用意义?

评价粉尘流动特征的一个重要指标是粉尘安息角和滑动角。安息角小的粉尘,其流动性好;相反,安息角大的粉尘其流动性差。粉尘安息角和滑动角是设计除尘器灰斗(或粉尘仓)锥度、除尘管路或输灰管路倾斜度的主要依据。

粉尘聚集、堆积的形态,主要取决于粉尘的流动性、安息角,也就是说在厂矿易于产生粉尘聚集的部位,流动性越大的粉尘,其堆积投影面积越大;当空气流动速度或振动力达到足以产生二次扬尘的条件时，安息角越小的二次扬尘量越大。所以，表达粉尘流动性的安息角，不仅是分析产尘条件、粉尘聚集状态，采取消除粉尘堆积或减少产尘措施的需要，而且还是贮存、运输、处理粉尘等工艺设计必不可少的数据。例如除尘器灰斗（或粉尘仓）锥度、粉料槽及溜槽倾角、漏斗排料方法、除尘管路或输灰管路倾斜度以及振动力大小、螺旋输送机输送能力等都要以安息角为设计依据。

29. 什么是粉尘湿润性，掌握粉尘湿润性有何意义？

（1）粉尘湿润性是指粉尘粒子被水（或其他液体）湿润的难易程度，又称为粉尘可湿性。根据粉尘被水润湿程度的不同可将粉尘分为两类：一类是容易被水润湿的粉尘称为亲水性粉尘，亲水性粉尘被水润湿后会发生凝聚、增重，有利于粉尘从空气中分离，如锅炉飞灰、石英砂等；另一类是难以被水润湿的粉尘，称为疏水（或憎水）性粉尘，疏水性粉尘很难被水湿润，如炭黑、石墨等。

（2）掌握粉尘的湿润性，可以作为选择除尘器的主要依据。例如：采用湿式除尘器处理亲水性粉尘时除尘效率较高，处理疏水性粉尘时除尘效率就不高。但是也有例外，在亲水性粉尘中像水泥、石灰等，一旦与水接触后，就会发生黏结和变硬，这种粉尘称为水硬性粉尘，也不宜采用湿法除尘；但如果在处理疏水性粉尘的水中加入某些湿润剂，如皂角素、平平加等，可减少固液之间的表面张力，提高粉尘的湿润性，从而提高除尘效率。

30. 什么是粉尘黏附性？

粉尘黏附性是指粉尘之间或粉尘与固体表面（如器壁、管壁等）之间的黏附性质，称为粉尘黏附性。粉尘相互间的凝并、粉尘在器壁或管道壁表面上的堆积，都与粉尘的黏附性相关。前者会使尘粒增大，在各种除尘器中都有助于粉尘的捕集；后者易使粉尘设备或管道发生故障和堵塞。粉尘黏附性的强弱取决于粉尘的性质（形状、粒径、含湿量等）和外部条件（空气的温度和湿度、尘粒的运动状况、电场力、惯性力等）。

31. 什么是粉尘的磨损性，如何预防其危害性？

粉尘的磨损性是指在有含尘气流运动的封闭式系统中，因运动尘粒对系统内壁或其他接触部位的碰撞，导致被撞部位的磨损，称为粉尘的磨损性。硬度高、密度大，带有棱角的粉尘磨损性大。粉尘的磨损性与气流速度的2~3次方成正比。

气流中的粉尘除对空气动力系统、空气滤过系统会产生磨损危害外，对矿山防尘系统产生的磨损危害更为普遍和严重，如对系统管壁、除尘器箱体、风机叶片及内壁的磨损，不仅使设备效率低下，还会造成设备超前损坏，甚至提前报废；管道的气流转向部位、旋风除尘器筒体部位及锥体部位常因磨漏而失效。因此，在除尘技术中，为了减轻粉尘的磨损，需要适当地选取除尘管道中的流速和壁厚。对磨损性大的粉尘，最好在易于磨损的部位（如管道的弯头、旋风除尘器的内壁等）采用耐磨材料作内衬。内衬除采用一般的耐磨涂料外，还可以采用铸石、铸铁等材料。

32. 粉尘一般的荷电状况是怎样的？

粉尘粒子的荷电量取决于粉尘物质自身理化特性、粉尘的形成、运动特性、环境特性及尘粒的大小、环境温度和环境湿度，一般的荷电状况表现在三个方面：

(1)在通常空气中，粉尘粒子大多带有电荷；在大气中长期飘浮的粉尘粒子，正常情况下，每个粒子带的电荷不超过10~20e；

(2)摩擦、研磨、破碎、粉碎或雾化等状态下发生的粉尘，带有电荷，单个粒子带的中值或平均电荷e的数量达两位到五位数之多；

(3)在外电场作用下，尘粒也可获得相当多的电荷数。

33. 什么是粉尘电阻率，影响粉尘电阻率大小的主要因素是什么？

(1)粉尘电阻率是指面积为1cm²、厚度为1cm的粉尘层所具有的电阻值，可以通过实测按式(2-5)计算：

$$R_b = \frac{U}{I} \times \frac{F}{\delta} \tag{2-5}$$

式中 R_b ——粉尘电阻率，Ω·cm；

U ——通过粉尘层的电压降，V；

I ——通过粉尘层的电流，A；

F ——粉尘试样的横断面积，cm^2；

δ ——粉尘层的厚度，cm。

粉尘的电阻率对电除尘器的效率有很大的影响，最有利的电捕集范围为$10^4 \sim 5 \times 10^{10}$ Ω·cm。当粉尘的电阻率不利于电除尘器捕尘时，需要采取措施来调节粉尘的电阻率，使其处于适合电捕集的范围。在工业中经常遇到高于5×10^{10} Ω·cm的所谓高电阻率粉尘，为了扩大电除尘器的应用范围，可采取喷雾增湿、调节烟气温度和在烟气中加入导电添加剂(如三氧化硫、氨等)等措施来降低粉尘的电阻率。

(2)粉尘电阻率值的变化规律与一般固体材料不同，即使是同一种粉尘，由于条件不同，其值有时差2~3个数量级，影响因素主要有：

1)粉尘的孔隙率：一般高孔隙率的比低孔隙率的电阻率高。

2)粉尘层的形成方式：自然堆积者比加压、振动等的电阻率高。

3)粉尘的电工学特性：电压与电流关系不再服从欧姆定律。

4)粉尘的温度、湿度：随温度升高电阻率呈峰形曲线，湿度越高电阻率越低。

5)粉尘中含有的烟气成分：其主要有二氧化硫、氨气等影响。

34. 粉尘电阻率对电除尘效率有何影响？

(1)由粉尘电阻率与除尘效率关系曲线可知，适合于电除尘工作的电阻率范围R_b是$10^4 \sim 5 \times 10^{10}$ Ω·cm。

(2)对小于10^4 Ω·cm的低电阻率粉尘、大于5×10^{10} Ω·cm的、高电阻率粉尘，如不采取措施，电除尘效率受影响，这是由于低电阻率粉尘到达极板后放出电荷变成收尘极性电荷而重新回到气流中所致。

(3)当粉尘电阻率高时，因尘粒在收尘极板上放电缓慢，并因沉积越来越多，使电位越来越高，当电场强度达某一值时则产生反电晕，从而破坏了正常过程，降低了除尘效率。

35. 什么是尘粒凝并阻,如何提高电除尘器捕尘效率?

微细尘粒通过不同的途径互相接触而结合成较大的颗粒称为尘粒凝并阻,尘粒凝并也称尘粒凝聚,在除尘技术中具有重要意义。因为凝并可使微细尘粒增大,使之易于被除尘器捕集,同时可以大大节省能量。

同极性荷电粉尘在交变电场中凝并,其原因是高流场中气体粒子动量大,有助于提高其输运项和等离子体浓度,使高流场中微细粉尘凝并。当凝并电场强度峰值为590V/cm,频率在80~100Hz时,0.3~0.5μm范围内的粉尘粒数占有率降低25%左右;大于1μm范围的粉尘粒数占有率提高35%左右。高流场中微细烟尘凝并最佳频率为80~100Hz。因此,在不增加电除尘器的体积和不改变其原有运行参数的条件下,进行电凝并收尘,可以提高电除尘器对微细粉尘捕集效率。

36. 什么是粉尘产生的尘化作用,有哪几种情况?

任何粉尘都要经过一定的传播过程,才能以空气为媒介侵入人的机体组织。在自然力或机械力的作用下使尘粒从静止状态变成悬浮于周围空气中的粉尘,称为尘化作用。下面是尘化作用的几种情况。

(1)剪切压缩造成的尘化作用。如图2-1所示,筛分物料用的振动筛往复振动时,使疏松的物料不断受到挤压,因而会把物料间隙中的空气猛烈挤压。当这些气流向外高速运动时,由于气流和粉尘物料的剪切压缩作用,带动粉尘一起溢出。

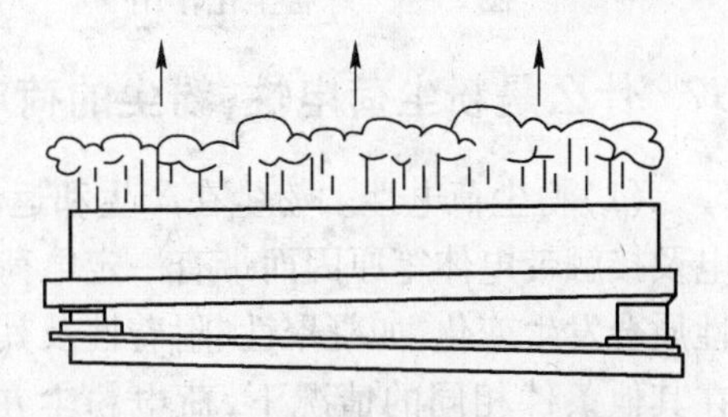

图2-1　剪切压缩造成的尘化作用

(2)诱导空气造成的尘化作用。如图2-2、图2-3所示,物体或粒状物料在空中高速运动时,能带动周围空气随其流动,这部分空气称为诱导空气。由于空气和物料的相对运动造成粉尘飞扬。

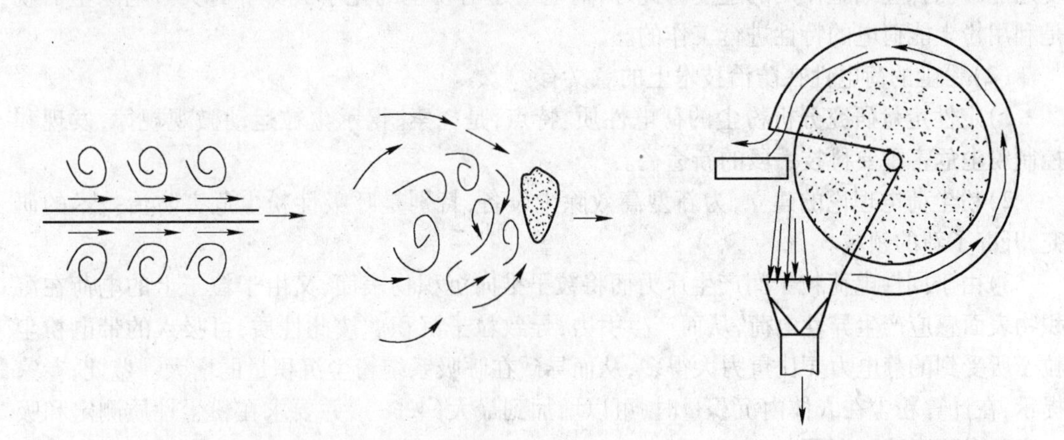

图2-2　诱导空气造成的尘化作用(块、粒状物料运动时)

图2-3　诱导空气造成的尘化作用(砂轮转动时)

(3)综合尘化作用。如图2-4所示,皮带运输机的粉料从高处下落到地面时,由于气流和粉尘的剪切作用,被物料挤压出来的高速气流会带着粉尘向四周飞溅。另外,粉尘在下落过程中，由于剪切和诱导空气的作用，高速气流也会使部分物料飞扬。

(4)热气流上升造成的尘化作用。当炼钢电炉、加热炉以及金属浇铸等热产尘设备表面的空气被加热上升时，会带着粉尘一起运动。

通常，把上述各种使尘粒由静止状态进入空气中浮游的尘化作用称为一次尘化作用。引起一次尘化作用的气流称为尘化气流。通过对尘粒运动状态的分析研究表明，一次尘化作用给予粉尘的能量是不足以使粉尘扩散飞扬的，它只造成局部地点的空气污染。造成粉尘进一步扩散，污染空间环境的主要原因是二次气流，即由于通风或冷热气流对流所形成的空间内气流。如图 2－5 所示，二次气流带动局部地点的含尘空气在整个空间内流动，使粉尘飞扬。所以，粉尘是依附于气流而运动的。

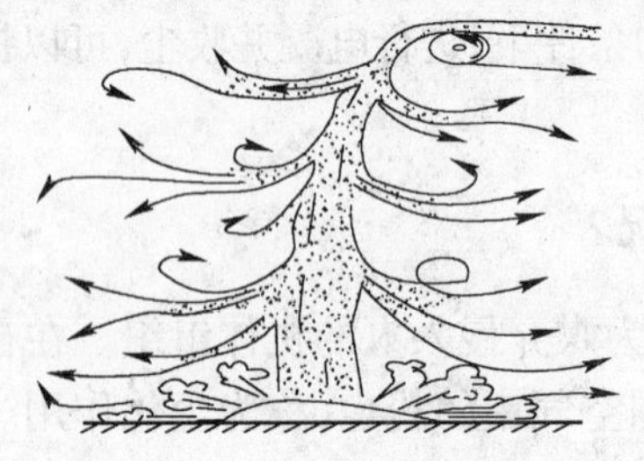

图 2－4 综合尘化作用

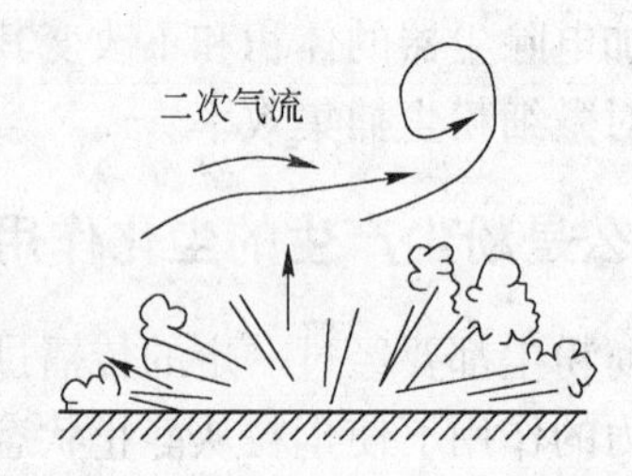

图 2－5 二次气流对粉尘扩散的影响

37. 什么是粉尘荷电性，粉尘的荷电性在防治技术上有何意义？

(1)粉尘荷电性。粉尘在产生和运动过程中，由于相互碰撞、摩擦、放射线照射、电晕放电及接触带电体等原因而带有一定电荷的性质，称为粉尘荷电性。粉尘荷电后其某些物理性质会发生变化，如凝聚性、附着性及其在气体中的稳定性等，同时对人体的危害也将增强，在其他条件相同的情况下，荷电粉尘在肺内阻留量达 70% ～74%，而非荷电粉尘 10% ～16%。粉尘的荷电量随温度的升高、比表面积的加大及含水率的减小而增大。尘粒带电程度还能影响吞噬细胞作用的速度。此外，荷电量还与粉尘的化学成分等有关。电除尘器就是利用粉尘能荷电的特性进行工作的。

(2)粉尘的荷电性在防治技术上的意义有：

1)定性定量研究分析粉尘的荷电性质、特点，是探索、揭示尘粒运动微观规律，发现和控制粉尘危害重要科技手段的新途径。

2)粉尘荷电理论的建立，为新型高效除尘设备，特别是呼吸性粉尘危害防治技术的研究，开辟了新的领域。

3)由于同性电荷粒子间产生斥力而将粒子推向沉积物表面，又由于粒子上的电荷在沉积物表面感应产生异性电荷，从而产生引力，导致粒子沉积。按此性质，可吸入的带电粉尘粒子所受到的静电力要比重力大得多，从而导致在呼吸系统粉尘沉积量的增大。鉴此，专家提示，在计算粉尘在人体内沉积量时，可以增加到最大(42%)，并要求在粉尘性质测定和吸入实验中注意这一问题。

38. 什么是爆炸危险性粉尘？

在一定的质量浓度和温度(或火焰、火花、放电、碰撞、摩擦等作用)下会发生爆炸的粉尘称为爆炸危险性粉尘。爆炸危险性粉尘(如泥煤、松香、铝粉、亚麻等)在空气中的质量浓度只有在达到某一范围内才会发生爆炸,这个爆炸范围的最低质量浓度称为爆炸下限,最高质量浓度称为爆炸上限。粉尘的粒径越小,比表面积越大,粉尘和空气的湿度越小,爆炸危险性越大。对于有爆炸危险的粉尘,在进行通风除尘系统设计时必须给予充分注意,采取必要的防爆措施。例如,对使用袋式除尘器的通风除尘系统可采取控制除尘器入口含尘质量浓度,在系统中加入惰性气体(仅用于爆炸危险性很大的粉尘)或不燃性粉料,在袋式除尘器前设置预除尘器和冷却管,消除滤袋静电等措施来防止粉尘爆炸。防爆门(膜)虽然不能防止爆炸,但可控制爆炸范围和减少爆炸次数,在万一发生爆炸时能及时泄压,可防止或减轻设备的破坏,降低事故造成的损失。

粉尘爆炸特性两层含义:

(1)与能否引起粉尘爆炸的界限条件有关的特性,如粉尘云的爆炸上限浓度、下限质量浓度,粉尘云着火特性(粉尘的最低着火温度、最小着火能量等)。

(2)在爆炸最充分条件下,粉尘爆炸所表现出来的特性,如最大爆炸压力,最大爆炸压力上升速度等。

39. 爆炸性粉尘是如何分级、分组的?

(1)Ⅲ类 A 级的粉尘物质。

1)非导电性易燃纤维。

①T_{1-1}组,即引燃温度 $T>270$℃,如木棉纤维、烟草、纸纤维、亚硫酸纤维、人造毛短纤维等。

②T_{1-2}组,即引燃温度 $T=200\sim270$℃,如木炭纤维等。

2)非导电性爆炸性粉尘。

①T_{1-1}组,即 $T>270$℃,如小麦、玉米、砂糖、橡胶、染料、聚乙烯、苯酚树脂尘等。

②T_{1-2}组,即 $T=200\sim270$℃,如可可、米糖粉等。

(2)Ⅲ类 B 级的粉尘物质。

1)导电性爆炸性粉尘。

①T_{1-1}组,即 $T>270$℃,如镁、铝、铝青铜、锌、焦炭、炭黑、钛等。

②T_{1-2}组,即 $T=200\sim270$℃,如含油铝粉、铁、煤等。

2)火药、炸药粉尘。

①T_{1-2}组,$T=200\sim270$℃,如黑火药、TNT 等。

②T_{1-3}组,$T=140\sim200$℃,如硝化棉、吸收药、黑索今、太安等。

40. 粉尘爆炸危害是怎样产生的,影响其危害程度的主要因素有哪些?

(1)由于粉尘爆炸属于伴随高速化学反应发生的一种爆发性能量释放,所以,粉尘爆炸危害主要来自于以瞬间性、爆发性为特点的强大摧毁力和破坏力;其次是来自于粉尘爆炸所引起的有毒、有窒息作用的气体危害及次发性燃烧、爆炸或其他危害。

(2)影响粉尘爆炸危害程度的主要因素有:

1)发生粉尘爆炸的范围,在其他因素类似条件下,粉尘爆炸所处的空间范围越大,其危害程度越大。

2)粉尘性质及其爆炸威力,主要指粉尘类别及其燃烧热、燃烧速度、粒径分布、比热、热传导率、带电性、凝聚性等理化性质,如燃烧热越高的粉尘,爆炸质量浓度下限越低,其爆炸威力越大。

3)含尘空气组成。除氧气外,含尘空气中所含窒息性气体、惰性粉尘、灰分等越多,危害程度越低。

4)爆炸后产生的有毒有害气体状况。凡在爆炸时产生有毒有害气体的均可能导致粉尘爆炸危害的扩大。

5)含尘空气爆炸时所处的空间状况。作业环境及其对冲击波和冲击气流所起的集中、密闭或屏障作用,人员分布及防护状况等。

41. 粉尘发生爆炸必须具备哪些条件?

粉尘和其他物质一样具有一定能量。由于粉尘的粒径小,表面积大,所以其表面能也增大。一块1g煤的表面积只有5~6cm^2,而1g的煤粉飘尘,其表面积可达2m^2。粉尘与空气混合,能形成可燃的混合气体,若遇明火或高温物体,极易着火,顷刻间完成燃烧过程,释放大量热能,使燃烧气体骤然升高,体积猛烈膨胀,形成很高的膨胀压力。燃烧后的粉尘,氧化反应十分迅速,它产生的热量能很快传递给相邻粉尘,从而引起一系列连锁反应。粉尘发生爆炸必须具备一定的条件,归纳如下:

(1)粒径大小。这是影响其反应速度和灵敏度的重要因素。颗粒越小越易燃烧,爆炸也越强烈。粒径在200μm以下,且分散度较大时,易于在空中飘浮,吸热快,容易着火。粒径超过500μm,并含有一定数量的大颗粒则不易爆炸。

(2)化学成分。有机物粉尘中若含有COOH、OH、NH_2、NO、C=N、C=N和N=N的基团时,发生爆炸的危险性较大;含卤素和钾、钠的粉尘,爆炸趋势减弱。

(3)爆炸质量浓度。在一个给定容积中,能够传播火焰的悬浮粉尘的最小重量称为爆炸质量浓度。通常,达到粉尘爆炸质量浓度的粉尘才会发生爆炸。面粉尘的爆炸质量浓度约为15~20g/m^3,散粮尘爆炸质量浓度约为30~40g/m^3。

(4)空气湿度。当空气湿度较大时,亲水性粉尘会吸附水分,从而使粉尘难以弥散和着火,传播火焰的速度也会减小。湿度大的粉尘即使着火,其热量首先消耗在蒸发粉尘中的水分,然后才用于燃烧过程。粉尘湿度超过30%便不易起爆。

(5)有足够的点火温度。粉尘爆炸大都起源于外部明火,如机械撞击、电焊或切割、静电火花或电火花、摩擦火花、火柴或高温体传热等。这类火源最低点火温度为300~500℃。

(6)足够的氧气。粉尘悬浮环境中需含有足够维持燃烧的氧气。

(7)粉尘紊动程度。悬浮在空气中的粉尘,紊动强度越大,越易吸收空气中的氧气而加快其反应速率,越容易爆炸。

42. 粉尘爆炸的防范措施有哪些?

(1)防止粉尘爆炸的点火源。

(2)防止形成可爆粉尘云。

1)氮气、二氧化碳或惰性气体惰化。

2)在粉尘中加入惰性粉尘。

3)把粉尘质量浓度控制在爆炸极限之外。

4)防止粉尘沉积。

(3)减轻爆炸损失。

1)使用抗爆结构的设备,即设备的抗压强度能承受爆炸压力。

2)爆炸隔离。

3)爆炸泄压。

4)爆炸抑制。

43. 什么是粉尘的放射性,其危害性如何?

(1)放射性粉尘。含有放射性核素(radioynuslide)或被放射性核素污染的、且其物理性质与危害性质方面具有放射性特点的、能使人体受到损害的颗粒物,称为粉尘放射性或放射性粉尘。其放射性活度单位是贝可勒尔(Bq),常用单位是居里(Ci)。按粉尘的放射性产生一般分为两种:

1)粉尘的原生放射性。即在粉尘初始组分中,本身就含有放射性核素的,称粉尘的原生放射性。

2)粉尘的次生放射性。一般粉尘因吸附了天然或人工的放射性核素而具有放射性的,称粉尘的次生放射性。

(2)放射性粉尘对人体的危害极大,它可以通过空气、饮用水和复杂的食物链等多种途径进入人体,还可以外照射方式危害人体健康。如过量的放射性粉尘进入人体(即过量的内照射剂量)或受到过量的放射性外照射,会发生急性的或慢性的放射病(表2-2)。引起恶性肿瘤、白血病,或损害其他器官,如骨髓、生殖腺等。因此应注意研究放射性同位素在环境中的分布、转移和进入人体的危害等问题,以便随时进行检查和控制。

表2-2　高辐照剂量对人体的影响

剂量(毫雷姆)	影　响
100000	几分钟内死亡
10000	几小时内死亡
1000	几天内死亡
700	几个月内90%死亡,10%幸免
200	几个月内10%死亡,90%幸免
100	没有人在短期内死亡,但是大大增加了患癌症和其他缩短寿命疾病的几率,女子永远不育,男子在2~3年内不育

44. 什么是矿山粉尘的荷电性、光学特性、悬浮性?

微小粒子因空气的电离以及尘粒之间的碰撞、摩擦等作用,使尘粒带有电荷,称为矿山粉尘的荷电性。矿山粉尘的荷电性可能是正电荷,也可能是负电荷。带有相同的电荷的尘粒,互相排斥,不易凝聚沉降;带有异电荷时,则相互吸引,加速沉降。

矿山粉尘的光学特性是指矿山粉尘对光的反射、吸收和透光强度等性能。在测尘技术中,常常用到这一特性。

分散度高的尘粒可以较长时间在空气中悬浮,不易降落,称为矿山粉尘的悬浮性。它是微细矿尘的一种物理特性。

45. 什么是矿山粉尘的湿润性?

矿山粉尘的湿润性是指矿山粉尘与液体亲和的能力。湿润性决定采用液体除尘的效果,容易被水湿润的矿山粉尘称为亲水性矿山粉尘,不容易被水湿润的矿山粉尘称为疏水性矿山粉尘。这种分类是相对的,对于粒度5μm以下的呼吸性矿山粉尘,即使是亲水性的,也只有在尘粒与水滴具有相对速度的情况下才能被湿润。亲水性矿山粉尘表面吸附能力强,易于与水结合,使矿山粉尘直径增大、重量增加而易于降落。喷雾防尘就是利用这个原理,将矿山粉尘从气流中分离出来,达到除尘目的。

46. 什么是矿山粉尘的黏性力,它在矿山尘害防治技术上有何实用意义?

矿山粉尘的黏性力是指尘粒间或尘粒与其他物质表面间的分子吸引力。矿山粉尘的黏性力是粉尘的力学特性之一,是粉尘物质分子力的表现。

矿山粉尘黏性力的这种特性,不仅使粉尘在运输、贮存等处理作业中,产生集聚和对其他物体表面产生附着,包括对作业工人皮肤、毛发、衣物产生的附着作用,还会对除尘设备、防护设施、用品产生黏性附着,影响防治效果。如对袋式除尘器的糊袋使滤过阻力增大,不易清灰;应用电除尘时,则造成极板清灰量增大需加大振打力等。所以,粉尘黏性力是除尘器选型,确定振打强度、袋式除尘器反吹强度等的重要参数。

47. 确定矿山粉尘化学成分的实用意义是什么?

虽然矿山粉尘主要来自矿岩,其化学成分基本上与母体矿岩成分相同,但是,由于在产尘过程中,因重力、吸附、挥发、分离等作用,成分可能发生变化,甚至有的有明显差异,所以,矿山粉尘的成分、含量应通过化验分析确定。

矿山实践证明,矿山粉尘化学成分及含量的确定实用意义如下:

(1)用作对人体健康、生态环境危害因素、程度的评价。

(2)除尘设施、设备设计、选择的重要前提、依据。

(3)矿山企业防治技术、管理措施制定和决策的依据。

(4)确定尘肺病人健康管理措施的依据。

(5)提供主管部门、科学调研基础资料的主要内容。

48. 二氧化硅有哪几种存在状态,各状态是哪些物质?

根据硅与氧的结合的状态不同,二氧化硅分为结合状态和游离状态。通常把含游离状态二氧化硅的矿山粉尘称为硅尘,它是致尘肺(又称硅肺)——肺组织纤维化作用很强的物质。各状态的二氧化硅物质如下:

(1)结合状态的二氧化硅。结合状态的二氧化硅指硅酸盐矿物,如长石($K_2O \cdot Al_2O_3 \cdot 6SiO_2$)、石棉($CaO \cdot 3MgO \cdot 4SiO_2$)、滑石($3MgO \cdot 4SiO_2 \cdot H_2O$)等。

(2)游离状态的二氧化硅。游离状态的二氧化硅主要是指石英以及燧石、鳞石英、白石英等。石英的游离状态二氧化硅含量一般在99%以上,并且在自然界分布很广,既是酸性火山岩的必要组成成分,也是砂岩、变质岩的组成成分。

49. 为什么要求矿山测定游离二氧化硅成分及含量等的粉尘理化性质?

由于二氧化硅在地壳总重量中占83%之多,是在矿岩中分布最广泛、赋存最大的一种物质,所以许多矿山的矿岩中差不多都含有二氧化硅。正因为其在自然界中分布广,特别是游离二氧化硅在各种火成岩、火成变质岩、砂岩及黄金矿、钨矿、钼矿、磁铁石英岩等矿岩中,含量较高;加之游离二氧化硅尘是使肺组织产生纤维化作用(即患硅肺)很强的物质,所以,游离二氧化硅成分及含量的测定是大多数矿山必须进行的一项工作。

50. 二氧化硅对人体的危害性如何?

含结合状态二氧化硅的粉尘,即硅酸盐矿物,除石棉尘、滑石尘等几种矿岩外,对肺组织无明显的致纤维化作用,因此对人的危害较轻。矿山粉尘中游离状态二氧化硅是引起硅肺病的主要原因,含量超高,危害超大。

51. 矿山含尘量的计量指标有哪些?

矿山含尘量的计量指标有:

(1)矿山粉尘质量浓度(mg/m^3 或粒/cm^3)。

(2)产尘强度(g/t 或 g/m^3、g/s 等)。

(3)相对产尘强度(mg/t 或 mg/m^3)。

(4)矿山粉尘沉积量($g/(m^2 \cdot d)$)。

(5)矿尘的分散度(%)。

52. 矿山粉尘浓度表示方法有几种?

矿山粉尘浓度的表示方法有质量法、计数法两种。

(1)质量法:每立方米空气中所含浮尘的毫克数,单位为 mg/m^3。

(2)计数法:每立方厘米空气中所含浮尘的颗粒数,单位为粒/cm^3。

我国规定采用质量法来计量矿山粉尘浓度。《煤矿安全规程》对井下有人工作的地点和人行道的空气中粉尘(总粉尘、呼吸性粉尘)浓度标准作了明确规定(表2-3)。同时还规定作业地点的粉尘质量浓度,井下每月测定两次,井上每月测定1次。

表2-3 我国煤矿粉尘质量浓度标准

粉尘中游离 SiO_2 含量/%	最高允许质量浓度/$mg \cdot m^{-3}$	
	总粉尘	呼吸性粉尘
<10	10	3.5
10~50	2	1
50~80	2	0.5
≥80	2	0.3

53. 什么是矿山粉尘沉积量,什么是矿山粉尘产尘强度?

矿山粉尘沉积量是指单位时间在巷道表面单位面积上所沉积的矿山粉尘量,单位为

g/(m^2·d)。这一指标用来表示巷道中沉积粉尘的强度,是确定岩粉散布周期的重要依据。

矿山粉尘的产尘强度是指作为一台设备、一个采掘工作面或一个机组的矿山某个尘源,在单位时间内的产尘量,单位是mg/s或g/s。常用相对产尘强度(即每采掘1t或$1m^3$矿岩所产生的矿山粉尘量)来表示,单位为mg/t或mg/m^3。凿岩或井巷掘进工作面的相对产尘强度也可按每钻进1m钻孔或掘进1m巷道计算。相对产尘强度使产尘量与生产强度联系起来,便于比较不同生产情况下的产尘量。

54. 什么是矿山粉尘的分散度,如何划分其计测范围?

(1)矿山粉尘的分散度是指矿山粉尘的整体组成中各种粒度的尘粒所占的百分比。矿山粉尘分散度是衡量矿山粉尘颗粒大小构成的一个重要指标,是研究矿山粉尘性质与危害的一个重要参数。

(2)我国对矿山粉尘的分散度划分为四个计测范围:小于2μm、2~5μm、5~10μm、大于10μm。矿山粉尘组成中,小于5μm的尘粒所占的比例越大,对于人体的危害就越大。

根据矿井的实测资料,矿山粉尘的分散度(数量百分比)大致是:大于10μm的占2.7%~7%,5~10μm的占4%~11.5%,2~5μm的占25.5%~35%,小于2μm的占46.5%~60%。

矿山粉尘中微细颗粒多,所占比例大,称为高分散度矿山粉尘;反之称为低分散度矿山粉尘。矿山粉尘分散度越高,危害性越大,而且越难捕获。一般情况下,矿井生产过程中产生的矿山粉尘,小于5μm的往往占80%左右;湿式作业条件下,矿山粉尘质量浓度可以降低,但分散度增加,个别场合小于5μm的矿山粉尘可达90%以上。这部分矿山粉尘不仅危害性很大,而且更难捕获和沉降。为此,通常作为通风防尘工作的重点。

55. 什么是矿山粉尘粒度、比表面积,其关系如何?

(1)矿山粉尘粒度是指矿山粉尘颗粒的平均直径,单位为μm。矿山粉尘的比表面积是指单位质量矿山粉尘的总表面积,单位为m^2/kg或cm^2/g。

(2)矿山粉尘的比表面积与粒度成反比,粒度越小,比表面积越大,因而这两个指标都可以用来衡量矿山粉尘颗粒的大小。煤岩破碎成微细的尘粒后,首先其比表面积增加,因而化学活性、溶解性和吸附能力明显增加;其次更容易悬浮于空气中,表2-4所示为在静止空气中不同粒度的尘粒从1m高处降落到底板所需的时间;第三,粒度减小容易使其进入人体呼吸系统,所以,呼吸性粉尘是矿山预防尘肺病的重点对象。

表2-4 尘粒沉降时间

粒度/μm	100	10	1	0.5	0.2
沉降时间/min	0.043	4.0	420	1320	5520

56. 矿山粉尘的密度在防治技术上有何重要性?

(1)粉尘密度是鉴别不同矿岩粉尘物理性质的主要表达值之一。

(2)由于尘粒的沉降速度、所受空气阻力的大小均与粉尘密度成正比,所以粉尘密度是分析不同矿岩尘粒空气动力学特性、计算其在重力场和离心力场中沉降速度及时间的重要数据。

(3)在矿山技术工作中,粉尘密度是进行工作场所和大气环境评价、防治措施制定,乃至除尘设备选型等所必不可少的重要参数。

57. 为什么硫化粉尘会发生爆炸,其爆炸需要具备哪些条件?

(1)硫化矿中含有可燃性硫,当矿山粉尘中含硫量达到一定数值时就具有爆炸性。硫化矿山粉尘的产生主要是钻孔、放矿和爆破。当采用分段起爆时,先起爆的炸药爆炸提供热源便有可能引起矿山粉尘爆炸。

(2)硫化粉尘爆炸需要具备条件主要有:

1)硫化粉尘含量高于40%;

2)硫化粉尘含水量低于5%;

3)硫化粉尘质量浓度:黄铁矿大于0.39g/L;磁黄铁矿大于0.425g/L;黄铜矿大于0.505g/L;硫大于35g/L。

4)有足够的引爆能量,例如在0.83m^3铁箱中,引爆硫化矿山粉尘的炸药量应大于5g。

58. 如何判别硫化矿山粉尘爆炸?

(1)爆破时将摄影胶卷做成旗状固定在离工作面一定距离(5~20m)的巷道壁上,一旦矿山粉尘爆炸,胶卷将被灼烧,以此来判断何处曾发生硫化矿山粉尘爆炸。

(2)借助于高温热敏电阻,测定距工作面7~10m以内的空气温度,若温度在100~700℃时,即可判定为曾发生矿山粉尘爆炸。

59. 预防硫化矿山粉尘爆炸的措施有哪些?

(1)采用电雷管爆破,并且尽量采用低段毫秒雷管。

(2)在药包上涂一层比热较大的惰性物质(如硅胶),或者用水或惰性物质作充填物,这样爆破时能吸收大量的热,避免爆破后温度急剧升高。

(3)采用极限温度很低的炸药,如煤矿安全炸药。

(4)加强通风和喷雾洒水,使矿山粉尘稀释和增湿,减少爆炸危险性。

(5)不采用反向起爆。反向起爆容易造成爆炸压力波及火焰集中现象,并经炮孔口喷出而引爆硫化矿山粉尘。一些试验表明,在装药量较少时采用反向起爆就会引起瓦斯爆炸。但是,在相同条件下采用正向起爆,即使装药量大得多(多几倍),也不会引起瓦斯爆炸。有的国家煤矿安全规程明确规定,有瓦斯、煤矿粉尘爆炸危险的工作面不准采用反向起爆。我国原煤炭部也有过类似规定。

(6)加强炮孔堵塞工作。试验资料表明,堵炮泥引爆矿山粉尘的装药量,远比不堵炮泥引爆矿山粉尘的装药量多得多。说明不堵、少堵或用炸药包装纸充当炮泥堵塞炮孔是十分危险的。所以,在有硫化矿山粉尘爆炸危险的地方应禁止采用不堵孔爆破。

(7)尽量采用深孔爆破,不用浅孔和覆土爆破。

60. 煤矿粉尘主要组成成分是什么?

煤矿粉尘的主要组成成分是煤尘和岩尘。运用焦磷酸重量法,可测定煤矿粉尘中游离二氧化硅含量;运用原子吸收光谱法,可测定粉尘中主要金属与类金属元素含量(如Ni、Pb、

Mn、As、Cd、Fe、Ca、Mg、Zn、Cu 等)。

61. 监测煤矿井下粉尘质量浓度有什么意义?

监测煤矿井下粉尘质量浓度,是评价煤矿粉尘危害水平,分析煤矿粉尘组成成分的依据,还可为探讨粉尘性职业损害机制提供依据和方法。如运用粉尘采样器采集煤矿粉尘,计算作业场所瞬时总粉尘质量浓度(PC - STEL)和时间加权平均呼吸性粉尘质量浓度(PC - TWA),有利于对井下接尘在岗作业工人进行职业健康监护。

62. 煤尘通过加热器会出现什么现象?

(1)只出现稀少的火星或根本没有火星。

(2)火焰向加热器两侧以连续或不连续的形式在尘雾中缓慢地蔓延。

(3)火焰极快地蔓延,甚至冲出燃烧管外,有时还会听到爆炸声。

63. 煤尘爆炸分为几类,有哪些主要原因?

煤尘爆炸可分为纯煤尘爆炸、瓦斯与煤尘混合爆炸两大类型。

造成矿井煤尘的爆炸原因主要有:

(1)煤尘本身具有爆炸性。

(2)煤尘管理松弛,各项防止煤尘飞扬的措施(如煤层注水、喷雾洒水、隔爆防爆等)都不落实。

(3)矿井生产过程中,煤尘产生量大,工作面的巷道中煤尘飞扬,大量积聚,煤尘没有及时清除。

(4)有引燃、引爆源,如瓦斯爆炸、违章爆破、明火、电火花或灰烬火源等。

64. 放炮引起煤尘爆炸的因素有哪些?

(1)违章放糊炮引起爆炸:如放炮崩大矸石,溜煤眼堵眼用炮崩引起煤尘爆炸。

(2)炮泥不合要求:炮眼内封泥少,充填煤粉、煤块、易燃物,不封泥,引起煤尘爆炸。

(3)巷道贯通时放空炮引起煤尘爆炸。

(4)使用非煤矿安全炸药、延期雷管引起煤尘爆炸。

65. 电气事故引起煤尘爆炸的因素有哪些?

电气事故引起煤尘爆炸,一般都是先引起瓦斯爆炸,再引起煤尘爆炸。其因素有:

(1)使用非防爆型放炮器。

(2)使用非防爆型电气设备或电气设备失爆引起爆炸。

(3)电缆敷设不当,电缆与电气设备连接不好。如 1981 年 12 月 24 日,中原某煤矿掘进煤巷,因电缆被挤压漏电,造成停电停风,瓦斯积聚,当再次送电时,电火花引起掘进头积聚的瓦斯爆炸,爆炸的冲击波把运输大巷的煤尘吹扬,引起煤尘连续爆炸事故,造成百余人死亡,破坏巷道 2000 余米。

(4)违章检修电气设备引爆。

(5)矿灯管理和使用不当引爆。

66. 影响煤尘的爆炸性的因素有哪些?

影响煤尘的爆炸性的因素有:

(1)煤尘可燃挥发分。

(2)煤尘的硫分。

(3)煤尘的灰分。

(4)煤尘的水分。

(5)煤尘的粒度。

(6)空气中的瓦斯含量。

(7)引燃热源。

(8)煤尘的环境条件。

(9)煤尘的飞扬性、在巷道中的分布、巷道的状况和巷道中沉积煤尘的情况、引燃物的种类等,都能影响煤尘的爆炸性。

67. 煤尘可燃挥发分与爆炸特性有什么关系?

煤尘的挥发分是衡量它有无爆炸性及爆炸性强弱的主要指标。一般情况下,煤尘的可燃挥发分越高,爆炸性越强;可燃挥发分越低,爆炸性越弱,甚至无爆炸性。我国煤尘通过试验,煤尘可燃挥发分与爆炸特性的关系见表2-5。煤尘的最高爆炸压力和最大压力上升率与煤尘挥发分近似于正比关系。

表2-5 煤尘可燃挥发分与爆炸特性的关系

煤尘可燃挥发分/%	爆炸特性
<10	基本无爆炸性
10~15	弱爆炸性
15~27	较强爆炸性
>27	很强爆炸性

68. 煤尘的硫分、水分、灰分、粒度与爆炸特性有什么关系?

煤尘的硫分、水分、灰分、粒度与爆炸特性关系如下:

(1)煤尘的硫分越高,煤尘的爆炸性越强。原无爆炸性煤尘,在含有高硫分时,也具有爆炸性。

(2)煤尘在水分低、环境高温时,水分加速化学反应,促进煤尘燃烧和爆炸。煤尘水分高,增大颗粒粒径和自重,降低飞扬能力。煤尘燃烧时,水分吸热,阻碍化学反应,降低煤尘燃烧和爆炸性。

(3)当灰分超过30%时,灰分越高,发生燃烧和爆炸的可能性越小。引燃时灰分吸收部分热量,减弱煤尘的燃烧和爆炸性。煤的天然灰分、水分都很低,只有人为地掺入灰分、水分,才能防止煤尘的爆炸。

(4)粒径小于1mm的煤尘粒子都能参与爆炸,但爆炸主体是粒径小于0.075mm的煤尘。粒径粒度越小,爆炸性越强,所以远离尘源的回风巷道内,潜在的爆炸危险性大于尘源附近。但当尘粒直径小于0.01mm时,爆炸性有所减弱。

69. 空气中的瓦斯含量、引燃热源与煤尘爆炸特性有什么关系?

(1)当空气中存在瓦斯时,煤尘爆炸下限质量浓度将降低。空气中瓦斯体积浓度越高,煤尘爆炸下限越低(表2-6)。

表2-6 空气中瓦斯体积浓度与煤尘爆炸下限的关系

空气中瓦斯体积浓度/%	0.5	1.0	1.5	2.0	2.5	3.0
煤尘爆炸下限/$g \cdot m^{-3}$	35	27	22	16	10	6

(2)引燃热源温度越高,能量越大,越容易点燃煤尘,爆炸强度越大。

70. 煤尘的环境条件有哪些,其与爆炸特性有什么关系?

(1)煤尘的环境条件包括:

1)爆炸空间的形状和容积大小。

2)空间的长短和断面积大小及变化情况。

3)空间内有无障碍物。

4)通道有无拐弯等。

(2)煤尘的环境条件对煤尘爆炸的强弱程度有较大影响。如爆炸波传播的通道中有障碍物、断面突然变化或拐弯等处,爆炸压力还将上升。

71. 煤尘爆炸的直接原因有哪些?

(1)使用非煤矿安全炸药在煤层中放炮,放炮的火焰把爆破后扬起的煤尘点燃引爆。

(2)放炮时违章操作(如不掏净炮孔内的煤粉、不填或少填炮泥、用炮纸和煤粉代替炮泥、放炮前不洒水等),使放炮时出现明火把煤尘引爆。

(3)不适当地使用毫秒雷管(如毫秒雷和最后一段延期时间超过130ms等)或在煤层中使用段发雷管,使后起爆的爆炸火焰点燃先起爆形成的高质量浓度煤尘和沼气。

(4)在煤层中放连珠炮,用多根放炮导线连续放炮。

(5)在有煤尘沉积的地方放明炮,或在煤仓中放炮处理堵仓。

(6)倾斜井巷中跑车、矿车和轨道的摩擦热或碰撞,产生火花点燃被扬起的沉积煤尘。

(7)局部火灾或沼气爆炸点燃被扬起的沉积煤尘等。

72. 煤尘爆炸性的鉴定方法有哪些?

煤尘爆炸性的鉴定方法有两种:一种是在大型煤尘爆炸试验巷道中进行,这种方法比较准确可靠,但工作繁重复杂,所以一般作为标准鉴定用;另一种是在实验室内使用大管状煤尘爆炸性鉴定仪进行,方法简便,目前多采用这种方法。

73. 如何鉴定煤尘爆炸性?

按照《煤矿安全规程》规定:新矿井的地质精查报告中,必须有所有煤层的煤尘爆炸性鉴定材料。生产矿井每延深一个新水平，由矿务局组织一次煤尘爆炸性试验工作。同一试样应重复进行5次试验，其中只要有一次出现燃烧火焰，就定为爆炸危险煤尘。在5次试验中都没有出现火焰或只出现稀少火星，必须重做5次试验，如果仍然如此，定为无爆炸危险煤尘；在重做的试验中，只要有一次出现燃烧火焰，仍应定为爆炸危险煤尘。

74. 煤尘爆炸的机理是什么？

煤尘爆炸是在高温或一定点火能的热源作用下，空气中氧气与煤尘急剧氧化的反应过程，是一种非常复杂的链式反应。一般认为其爆炸机理及过程主要表现在以下方面：

(1)煤本身是可燃物质，当它以粉末状态存在时，总表面积显著增加，吸氧和被氧化的能力大大增强，一旦遇见火源，氧化过程迅速展开。

(2)当温度达到300~400℃时，煤的干馏现象急剧增强，放出大量的可燃性气体，主要成分为甲烷、乙烷、丙烷、丁烷、氢和1%左右的其他碳氢化合物。

(3)形成的可燃气体与空气混合在高温作用下吸收能量，在尘粒周围形成气体外壳(即活化中心)，当活化中心的能量达到一定程度后，链反应过程开始，游离基迅速增加，发生了尘粒的闪燃。

(4)闪燃所形成的热量传递给周围的尘粒，并使之参与链反应，导致燃烧过程急剧地循环进行，当燃烧不断加剧使火焰速度达到每秒数百米后，煤尘的燃烧便在一定临界条件下跳跃式地转变为爆炸。

75. 煤尘爆炸有哪些特征？

(1)形成高温、高压、冲击波。煤尘爆炸火焰温度为1600~1900℃，爆源的温度达到2000℃以上，这是煤尘爆炸得以自动传播的条件之一。在矿井条件下煤尘爆炸的平均理论压力为736kPa，但爆炸压力随着离开爆源距离的延长而跳跃式增大。爆炸过程中如遇障碍物，压力将进一步增加，尤其是连续爆炸时，后一次爆炸的理论压力将是前一次的5~7倍。煤尘爆炸产生的火焰速度可达1120m/s，冲击波速度为2340m/s。

(2)煤尘爆炸具有连续性。

(3)煤尘爆炸的感应期。煤尘爆炸也有一个感应期，即煤尘受热分解产生足够数量的可燃气体形成爆炸所需的时间。根据试验，煤尘爆炸的感应期主要决定于煤的挥发分含量，一般为40~280ms，挥发分越高，感应期越短。

(4)挥发分减少或形成“粘焦”。煤尘爆炸时，参与反应的挥发分约占煤尘挥发分含量的40%~70%，致使煤尘挥发分减少，根据这一特征，可以判断煤尘是否参与了井下的爆炸。

(5)产生大量的CO。煤尘爆炸时产生的CO，在灾区气体中的体积浓度可达2%~3%，甚至高达8%左右。爆炸事故中受害者的大多数(70%~80%)是由于CO中毒造成的。

76. 煤尘爆炸的条件是什么？

煤尘爆炸必须同时具备三个条件：煤尘本身具有爆炸性；煤尘必须悬浮于空气中，并达到一定的比例；存在能引燃煤尘爆炸的高温热源。

(1)煤尘的爆炸性。煤尘具有爆炸性是煤尘爆炸的必要条件。煤尘爆炸危险性必须经过试验确定。

(2)悬浮煤尘的质量浓度。井下空气中只有悬浮的煤尘达到一定浓度时,才可能引起爆炸,单位体积中能够发生煤尘爆炸的最低和最高煤尘量称为下限和上限质量浓度。低于下限质量浓度或高于上限质量浓度的煤尘都不会发生爆炸。煤尘爆炸的浓度范围与煤的成分、粒度、引火源的种类和温度及试验条件等有关。一般说来,煤尘爆炸的下限质量浓度为30~50g/m^3,上限质量浓度为1000~2000g/m^3。其中爆炸力最强的质量浓度范围为300~500g/m^3。

(3)引燃煤尘爆炸的高温热源。煤尘的引燃温度变化范围较大,它随着煤尘性质、浓度及试验条件的不同而变化。我国煤尘爆炸的引燃温度在610~1050℃之间,一般为700~800℃。煤尘爆炸的最小点火能为4.5~40mJ。这样的温度条件,几乎一切火源均可达到。

77. 影响煤尘爆炸的因素有哪些?

(1)煤的挥发分。一般说来,煤尘的可燃挥发分含量越高,爆炸性越强(即煤化作用程度低的煤,其煤尘的爆炸性强),爆炸性随煤化作用程度的增高而减弱。

(2)煤的灰分和水分。煤内的灰分是不燃性物质,能吸收能量,阻挡热辐射,破坏链反应,降低煤尘的爆炸性。煤的灰分对爆炸性的影响还与挥发分含量的多少有关,挥发分小于15%的煤尘,灰分的影响比较显著;大于15%时,天然灰分对煤尘的爆炸几乎没有影响。水分能降低煤尘的爆炸性,因为水的吸热能力大,能促使细微尘粒聚结为较大的颗粒,减少尘粒的总表面积,同时还能降低落尘的飞扬能力。

(3)煤尘粒度。粒度对爆炸性的影响极大。1mm以下的煤尘粒子都可能参与爆炸,而且爆炸的危险性随粒度的减小而迅速增加,75μm以下的煤尘特别是30~75μm的煤尘爆炸性最强。在同一煤种不同粒度条件下,爆炸压力随粒度的减小而增高,爆炸范围也随之扩大,即爆炸性增强。粒度不同的煤尘引燃温度也不相同。煤尘粒度越小,所需引燃温度越低,且火焰传播速度也越快。

(4)空气中的瓦斯体积浓度。瓦斯参与使煤尘爆炸下限降低。瓦斯体积浓度低于4%时,煤尘的爆炸下限可用式(2-6)计算。

$$\delta_m = k\delta \tag{2-6}$$

式中 δ_m——空气中有瓦斯时的煤尘爆炸下限,g/m^3;

δ——煤尘的爆炸下限,g/m^3;

k——瓦斯体积浓度对煤尘爆炸下限的影响系数(表2-7)。

表2-7 瓦斯体积浓度对煤尘爆炸下限的影响系数

空气中的瓦斯体积浓度/%	0	0.50	0.75	1.0	1.50	2.0	3.0	4.0
k	1	0.75	0.60	0.50	0.35	0.25	0.1	0.05

(5)空气中氧的含量。空气中氧的含量高时,点燃煤尘的温度可以降低;氧的含量低时,点燃煤尘云困难,当氧含量低于17%时,煤尘就不再爆炸。煤尘的爆炸压力也随空气中

含氧的多少而不同。含氧高,爆炸压力高;含氧低,爆炸压力低。

(6)引爆热源。点燃煤尘云造成煤尘爆炸,就必须有一个达到或超过最低点燃温度和能量的引爆热源。引爆热源的温度越高,能量越大,越容易点燃煤尘云,且煤尘初爆的强度也越大;反之温度越低,能量越小,越难以点燃煤尘云,且即使引起爆炸,其初始爆炸的强度也越小。

第三章 矿山粉尘的危害

78. 粉尘的环境影响是何含义?

由于粉尘的存在及其产生的作用,使环境受到影响,统称粉尘的环境影响。在一般情况下,粉尘对环境影响的产生,有个从量变到质变的发展过程,当其影响超过环境容量或自净能力时,就会对环境造成危害。

鉴于地球自然环境系统结构上的特点,作为大气不定组分的尘埃,对整个环境系统的影响是具有双重性的,即既有有害的一面,也存在无害或有利的一面。

79. 粉尘对地球环境系统无害或有利方面主要体现在哪些方面?

(1)容量范围内的大气自然含尘,有利于地球表面现有温度的形成。

(2)有对天空的增蓝作用。由于蓝色光波短,易被散射而把天空变蓝;然而尘埃恰恰是起散射作用的,所以天空才如此湛蓝和明朗。

(3)有对天空阳光的折光作用。日出之前和日落之后,由于高空中的尘埃可将阳光折射回地表,形成黎明或黄昏;否则,将会白昼突然来临,黑夜骤然而至,就像突然出了隧道又骤然进入隧道一样。

(4)有人所共知的云雨凝结核作用。大气中的水蒸气即使达到饱和状态,如果没有吸湿性微粒的凝结核作用,水蒸气就难以成雨。

80. 粉尘对环境有哪些污染?

(1)粉尘排放于大气中可引起大气污染,危害人类健康。

(2)粉尘还能大量吸收太阳紫外线短波部分,严重影响儿童的生长发育。

(3)粉尘还使光照度和能见度降低,影响室内作业的视野。

(4)爆炸性粉尘,如煤尘、铝尘和谷物粉尘在一定条件下会发生爆炸,造成经济损失和人员伤亡。

81. 粉尘对环境的影响及危害是如何分类的?

(1)按尘源性质分类:

1)自然尘源,如火山爆发尘害。

2)人为尘源,如生产粉尘对人体健康危害。

(2)按危害的重复性分类:

1)一次性危害,如煤尘爆炸危害。

2)重复性危害,如核爆炸落灰的长期性、多次性危害。

(3)按对环境质量的影响及危害分类:

1)直接危害,如造成呼吸系统疾病。

2)间接危害,如降尘危害生物生长及生物体有害成分增加。

(4)按污染范围分类:

1)对作业场所的污染,如所致尘肺。

2)对大气环境的污染,如所致大气质量下降。

(5)按危害对象及性质分类:

1)人体健康危害,如呼吸系统疾病所致癌症。

2)对生态系统危害,如大气污染。

3)对机电设备、产品的危害,如加速部件磨损、精密件粉尘污染。

4)对人行交通、作业安全的危害,如使作业场所能见度降低,造成安全事故。

5)爆炸危害,如煤尘爆炸危害。

6)放射性危害,如放射性疾病。

(6)按所含有害物质分类:

1)毒副作用危害,如铅尘危害。

2)放射性危害,如放射性疾病。

3)致癌,如石棉尘致癌。

4)硅肺等尘肺,如游离二氧化硅尘危害。

5)其他危害,如锰中毒等。

(7)按游离二氧化硅含量分类:

1)游离二氧化硅含量大于10%,如硅肺病;

2)游离二氧化硅含量小于10%,如尘肺病。

82. 工业产尘为何是我国大气含尘的主要污染源?

工业产尘是我国大气含尘的主要污染源,这是由我国能源结构状况及尘害防治技术与管理现状所决定的。以煤为主要能源的燃煤型污染源是我国工业产尘的主要污染源。据统计,全国废气排放总量 $77275 \times 10^8 m^3$ 中,属燃料过程排放的为 $52624 \times 10^8 m^3$,其中经过消烟除尘的占61%。属生产过程排放的 $24651 \times 10^8 m^3$,净化处理率50.66%。

83. 粉尘对大气气象有什么影响?

随着现代社会生产活动的迅速发展,人为污染源排放于大气层中的微粒物所占比例,正以每十年增加一倍的幅度上升。因此,对大气气象的影响愈加引人注目。

除因大量粉尘进入大气平流层所产生的平流层温度变异而导致的近地大气、地表气温、生态环境恶化等全球性环境影响外,由于以微细尘粒为凝结核所形成的水分子微粒在平流层能存在1~3年之久,使包括平流层在内的大气含尘所产生的与人类生产、生活息息相关的气象危害日益加剧。在近地大气中,尘粒的凝聚效应使空气更加混浊,如英国伦敦和曼彻斯特都先后出现过一年中有200多天中午能见度低于10.5km。

84. 飘尘对人体健康有哪些影响?

(1)飘尘能长驱直入侵蚀肺泡。在吸入的飘尘中,一部分随呼吸排出体外,一部分沉积在肺泡上,沉积率随微粒的直径减小而增加,其中1μm 左右的微粒80%沉积于肺泡上,且沉积时间也最长,可达数年之久。大量飘尘在肺泡上沉积下来,可引起肺组织的慢性纤维化,使肺泡的切换机能下降,导致肺心病、心血管病等一系列病变。

(2)飘尘是多种污染物的"载体"和"催化剂"。它吸附的物质极为复杂,其中可能含有:

1)各种有机化合物。研究表明,大气中的有机污染物绝大多数吸附在大气颗粒上,特别是一些有致癌作用的多环芳烃几乎全部吸附在5μm 的小颗粒上。

2)难熔的各种金属化合物及放射性物质。这些物质侵入肺部组织后,可引起各种金属中毒或放射性污染的疾病。

3)硫酸盐及硝酸盐,主要是硫的氧化物同水或金属化合物作用而成的。如空气中的二氧化硫常常被飘尘吸附,飘尘中的金属可将二氧化硫催化氧化,再与水作用形成硫酸雾,其毒性比二氧化硫强10倍。这样的微粒吸入肺部后,则会引起肺水肿和肺硬化导致死亡。著名的伦敦烟雾事件就是由当时空气中的高浓度的二氧化硫和飘尘共同作用造成的,共造成12000多人丧生。

(3)飘尘还能散射和吸收阳光,降低能见度。城市环境中飘尘含量较高,儿童所受的紫外线照射量减少,妨碍了儿童体内维生素 D 的合成,于是肠道吸收钙、磷的机能衰退,使钙代谢处于负平衡状态,造成骨骼钙化不全,导致佝偻病、小儿软骨病。

(4)飘尘进入人体呼吸系统后,其中有毒有害物质能很快被肺泡吸收并由血液送至全身,不经过肝脏的转化就起作用,因此对人体健康危害最大。

85. 飘尘在肺泡内的沉积率是怎样的?

沉积率是指在单位时间内,单位面积上的沉积粉尘的颗粒数[粒/(cm^2·s)]。不同粒径飘尘在肺泡内的沉积率如图3-1所示。

86. 粉尘的危害表现在哪些方面?

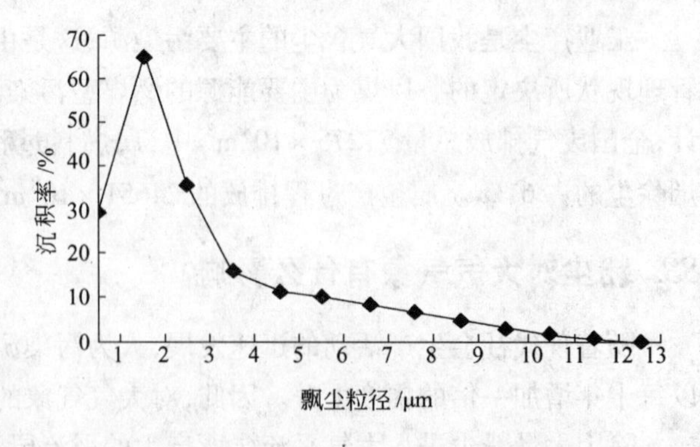

图3-1 不同粒径飘尘在肺泡内的沉积率

由于粉尘的存在,使得对粉尘起扩散、稀释及容纳作用的空气、水体、土壤等环境基质,自然及人为的自净、控制能力、粉尘承受体的承受能力,地理、气象、空气动力学条件及时间因素,粉尘性质、理化因素、赋存状态,对其危害有加重或减轻作用的其他物质或相关因素的影响状况等方面因素,相互作用、影响而产生的有害效应,称为粉尘危害。

粉尘的危害的主要表现形式:对人体的危害、对生产的影响、对环境的影响(图3-2)。粉尘除造成经济上的损失外,还有些易燃易爆的粉尘,可能会引起爆炸事故发生,不利于安全生产。

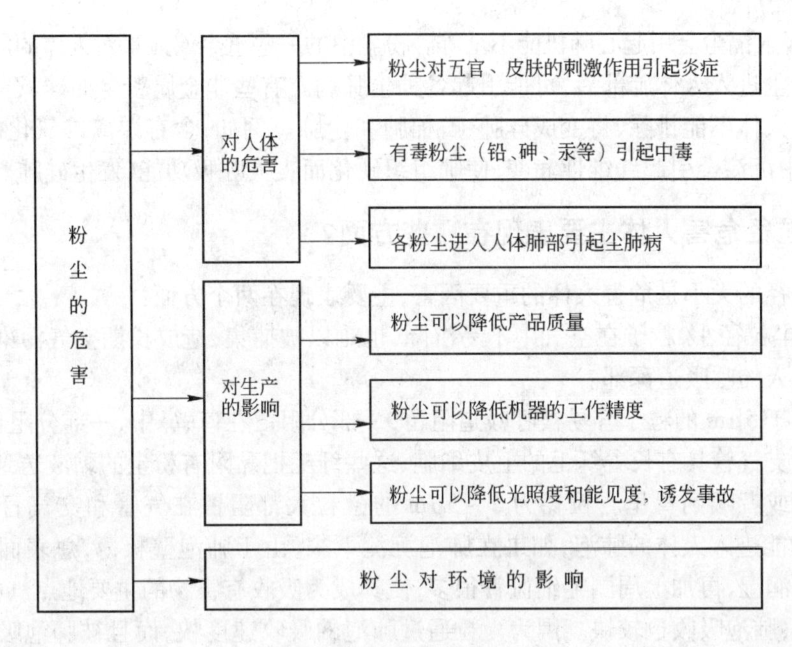

图 3－2 粉尘危害的主要表现

87. 粉尘对人体健康直接危害有哪些？

自然或人为产生的粉尘，在能对粉尘起扩散、稀释及容纳作用的受体（空气、水体、土壤等）的环境容量，自然及人体的自净能力，人为控制能力，粉尘的性质及作用于人体的时间、剂量等因素的相互影响和作用下，对人体所产生的有害效应，称为粉尘对人体健康的危害。

粉尘对人体健康的危害同粉尘的性质及粒径大小和进入人体的粉尘剂量有关。在不同因素条件的影响、协同下，粉尘直接对人体健康的危害，在范围上是非常广泛的。一般分为三种情况：

（1）致病性危害。主要指粉尘作用于人体后所引起的疾患，如铅中毒、尘肺、哮喘等呼吸系统疾病。

（2）直接致以伤亡的危害。粉尘在其他因素协同作用下，所产生的以突发性为主要特征的杀伤性危害，如煤尘爆炸、尘暴所致人员伤亡等。

（3）在心理健康上的危害。按世界卫生组织作出的包括心理健康在内的健康定义，可理解为即使粉尘未直接作用于人体，但却通过眼睛等感观系统，给人造成不舒服、担心、压抑、厌烦等心理不良感受的，即心理健康危害。但其至今，并未得到法律规定的公认，更不用说列入职业危害。

88. 粉尘的化学性质是危害人体的主要因素，为什么？

粉尘的化学性质决定它在人体内参与和干扰生化过程的程度和速度，从而决定危害的性质和大小。有些毒性很强的金属粉尘（铬、锰、镉、铅、镍等）进入人体后，会引起中毒以致死亡。例如铅使人贫血，损害大脑；锰、镉损害人的神经、肾脏；镍可以致癌；铬会引起鼻中隔溃疡和穿孔以及肺癌发病率增加。此外，它们都能直接对肺部产生危害，如吸入锰尘会引起中毒性肺炎;吸入镉尘会引起心肺机能不全等。粉尘中的一些重金属元素对人体的危害很大。

一般粉尘进入人体肺部后,可能引起各种尘肺病。有些非金属粉尘如硅、石棉、炭黑等,由于吸入后人体不能排除,将变成硅肺、石棉肺和尘肺。例如,含有游离二氧化硅成分的粉尘,在肺泡中沉淀会引起纤维性病变,使肺组织硬化而丧失呼吸功能,发生硅肺。

89. 粉尘粒径危害人体主要表现在哪些方面?

粉尘粒径的大小是危害人体的重要因素,主要表现在两个方面:

(1)粉尘粒径小,粒子在空气中不易沉降,也难以被捕集,造成长期空气污染,同时易于随空气吸入人的呼吸道深部。

粒径大于5μm的粒子容易被呼吸道阻留,一部分阻留在口、鼻中,一部分阻留在气管和支气管中。支气管具有长着纤毛的上皮细胞,这些纤毛把黏附有粉尘的黏液送到咽喉,然后被人咳出去或者咽到胃里。粒径为2~5μm的微粒大都阻留在气管和支气管,粒径小于2μm的微粒能进入人体的肺泡,如果在肺泡沉淀下来,由于肺泡壁板薄,总表面积大,有含碳酸液体的润湿,再加上周围毛细血管很多,使其成为吸收有害物的主要地点。粒径小的尘粒较易溶解,肺泡吸收也较快。因为尘粒通过肺泡的吸收速度快,而且被肺泡吸收后,不经肝脏的解毒作用,直接被血液和淋巴液输送至全身,对人体有很大的危害性。

(2)粉尘粒径小,其化学活性增大,表面活性也增大(由于单位质量的表面积增大),加剧了人体生理效应的发生与发展。例如锌和一些金属本身并无毒,但将其加热后形成烟状氧化物时,可与体内蛋白质作用而引起发烧,发生所谓铸造热病。再有,粉尘的表面可以吸附空气中的有害气体,液体以及细菌病毒等微生物,它是污染物质的媒介物,还会和空气中的二氧化硫联合作用,加剧对人体的危害。相同质量的粉尘,粉尘粒径越小,总表面积越大,危害也越大。

从上述分析可以看出,2μm以下的粉尘对人体危害较大。据实测,生产车间产尘点空气中的粉尘粒径大多在9μm以下,而且2μm以下者约占40%~90%。

90. 不同粒径的尘气微粒被人体吸入到什么部位?

由于诱导气流的尘化作用,将不同粒径的尘气微粒吸入到不同的呼吸器官:

(1)7.0μm以上的被口腔吸附。

(2)4.7~7.0μm的进入咽喉。

(3)3.3~4.7μm的进入气管。

(4)1.1~3.3μm的进入支气管。

(5)0.65~1.1μm的进入肺泡,如图3-3所示。

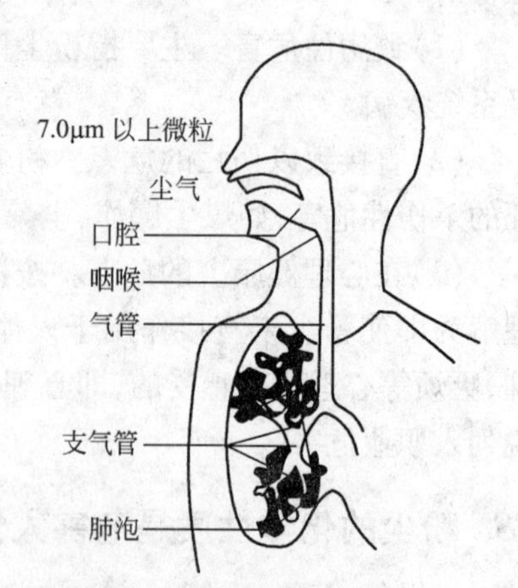

图3-3 尘气微粒进入呼吸器官的部位

91. 粉尘对生产有哪些影响?

粉尘对生产的影响主要是降低产品质量和机器工作精度,若感光胶片、集成电路、化学试剂、精密仪表和微型电机等产品,被粉尘玷污或其转动部件被磨损、卡住,就会降低质量甚至报废。有些工厂曾经由于对生产环境的粉尘控制不严而受到许多损失。粉尘还使光照度和能见度降低，影响室内作业的视野。有的粉尘对建筑物还有物理和化学的侵蚀及破坏。

92. 粉尘在人体内的蓄积与清除功能是怎样的？

人体能通过多种途径将大部分吸入的尘粒清除掉，人体防御和清除尘粒的功能是滤尘、运送和吞噬功能。三者相互联系，不可分割。

含尘气流经过鼻腔、咽部和气管时，由于沿途的撞击和惯性使粒径小于15μm的尘粒沉积下来，经鼻腔黏膜和气管黏膜分泌物将它粘住并排出体外。鼻腔滤尘效能约为吸入粉尘总量的30%～50%，滞留在气管、支气管的上呼吸道粉尘颗粒粒径一般小于10μm，是借助于呼吸道黏膜所分泌的黏液和黏膜上皮的纤毛运动，其中有97%～98%的尘粒伴随黏液排出体外。如图3－3所示，在下呼吸道，由于支气管逐级分支气流速度变慢或方向改变，使尘粒沉积黏着在各级气管壁上，一般将粒径小于5μm（或以小于7μm为界限）称为呼吸性粉尘，其通过气管、支气管进入肺泡。吸入并残留在肺内的粉尘，只占吸入粉尘量的2%、3%。其中小于0.2μm的尘粒还可随呼气的气流带出体外。由此看来进入肺泡的尘粒黏着在肺泡表面的液体上被肺巨噬细胞吞噬，并通过巨噬细胞的阿米巴样运动移送到具有纤毛上皮的细支气管的黏膜表面，并和黏液混在一起，通过纤毛运动排出。还有一部分粉尘被巨噬细胞吞噬后，通过肺泡间隙进入淋巴管，流入肺门淋巴结，这些尘粒是通过巨噬细胞而被清除的。

93. 从事粉尘作业前应做哪些准备工作？

（1）首先要进行操作技能和知识上的准备。

（2）了解粉尘作业对健康有哪些危害，如何进行防护。

（3）了解相关的法律法规常识，如《中华人民共和国职业病防治法》等。

（4）寻找正规的职业介绍服务机构，注意是否有劳动部门颁发的《介绍职业证》和工商部门颁发的《营业执照》。

（5）上岗前要与用人单位签订劳动合同。

（6）了解自己的权利，工厂应该负责对粉尘作业的劳动者进行职业健康检查，建立职业健康监护档案，并进行岗前的职业卫生培训。

94. 粉尘作业的个人卫生保健措施有哪些？

（1）加强个人卫生。

1）要注意个人防护用品使用中的卫生，如使用防尘、防毒口罩，在使用前应了解其性能、用法和如何判断失效等知识，经常更换滤料，以免误用或使用无效口罩。保持清洁卫生，做到专人专用，防止交叉感染。

2）要注意个人卫生，不要在车间内抽烟、进食和饮水及存放食品、水杯，更不能在生产炉热饭、烤食品，以免毒物污染食品进入消化道。要勤洗手，凡是脱离操作后，做其他事前要洗手，如抽烟、吃饭、喝水、去卫生间等。尘毒作业工人下班后要洗澡，换干净衣服回家，工作服勤换洗，不得穿回家等。

（2）科学加强营养。应在保证平衡膳食的基础上，根据接触毒物的性质和作用特点，适当选择某些特殊需要的营养成分加以补充，以增强全身抵抗力，并发挥某些成分的解毒作用。

1）高蛋白。蛋白质及其组成的氨基酸，如半胱氨酸、甲硫氨酸和甘氨酸，除参与集体的蛋白质合成外,还对某些毒物具有解毒的功能。

2)高维生素。维生素是许多重要酶的组成部分,参与机体一系列物质代谢过程。尤其是接触损害神经系统的毒物,应增加维生素 B1、B6、C 等;接触损害造血器官的毒物,应增加维生素 B 族的叶酸、B6、B12、维生素 C 等促进骨髓的造血机能。

3)适当量的糖。糖可提供葡萄糖醛酸与毒物结合,排出体外,如苯。

4)补充微量元素。接触锰时应补铁,锌和硒可防止或抑制镉的某些毒性,接触镉应多服用维生素 D 和钙,接触损害精神系统的毒物,钙、磷也应充足。

5)低脂肪。饮食中脂肪过多,可增加铅、烃类和卤代烃在肠道内的吸收等。

6)多喝水。夏季的高温作业工人,补充含盐清凉饮料,可促进毒物的排泄,而且提倡喝茶水,茶含有鞣酸,能促进唾液分泌,有解渴作用,又含咖啡因,兴奋中枢神经,解除疲劳。

(3)加强锻炼、促进代谢。

(4)禁烟、酒。酒(乙醇)可将储存在骨骼内的铅动员到血流中,产生铅中毒症状。

95. 什么是粉尘过敏,如何避免?

粉尘过敏者吸入粉尘时,会出现如鼻子痒、皮肤痒、眼睛痒、气喘咳嗽等过敏症状的现象,称为粉尘过敏。粉尘过敏与花粉过敏一样,是属于吸入式过敏。

避免粉尘过敏最简单的方法就是远离过敏原——粉尘。尽量避免与粉尘直接接触,带上脱敏药物,如苯海拉明、息斯敏等;若遇皮肤发痒、全身发热、咳嗽、气急时,应迅速离开此地;如症状较轻,可自行口服苯海拉明、息斯敏或扑尔敏;一旦出现哮喘症状时,则应及时到医院诊治。

96. 粉尘引起尘肺病危害过程是怎样的?

一般粉尘经过呼吸道进入肺部,最后沉积在肺泡中,引起肺部病变。不同的粉尘会引起不同尘肺病,有些非金属粉尘如二氧化硅、石棉、炭黑等,由于吸入人体后不能排除,将变成硅肺、石棉肺或尘肺。例如含有游离二氧化硅成分的粉尘,在肺泡内沉积会引起纤维性病变,使肺组织硬化而丧失呼吸功能,发生硅肺病。粉尘引起尘肺病危害过程如图 3-4 所示。

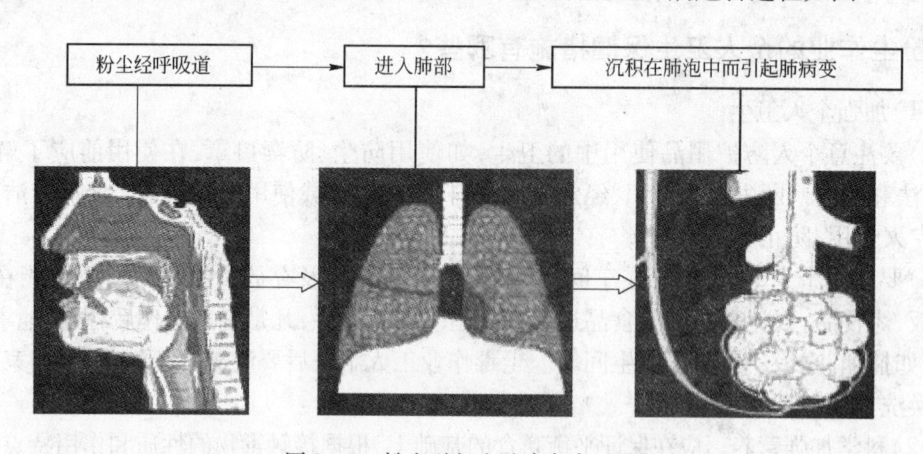

图 3-4 粉尘引起尘肺病危害过程

97. 当前我国矿山尘肺病危害现状如何?

矿业生产为我国经济社会发展提供了90%的一次能源、80%的工业原材料、70%以上的农业生产资料,矿业及矿产品加工业产值约占全国GDP的30%,在矿山从事各种劳动的职工约2100万。但是,矿业生产在为社会提供巨大的物质财富的同时,由于生产作业场所的劳动条件较差,作业环境空气中有毒、有害物质污染较为严重,使得各类职业病普遍高发,对工人的安全与健康造成了严重的威胁。

(1)尘肺病发病率居高不下。卫生部公布的数字表明,自20世纪50年代以来,截至2005年我国累计报告尘肺病例607570例,这个数字相当于世界其他国家尘肺病人的总和。其中已经约有140000多人死亡,病死率在20%以上,现存活病人为470089例。近年来,每年新发尘肺病达10000例。2005年各类职业病报告12212例,其中尘肺病病例报告9173例,占各类职业病总数的75%。尘肺病例死亡966例。

根据2005年尘肺病例数据分析表明,硅肺和煤工尘肺仍是最主要的尘肺病,两者共占尘肺病例总数的90.8%,专家估计尘肺病实际发生的病例数不少于100万人。现在厂矿企业劳动者的体检率低,报告不全。据2005年对山西、辽宁两省进行的尘肺病情况调查统计,国有重点煤矿职业性健康检查的体检率为64%,国有地方煤矿体检率为37%,乡镇煤矿体检率为39%,非煤企业体检率为38%。以此推算,平均体检率不到50%。

专家预计今后10年至15年我国尘肺病发病总数还将呈继续上升趋势。

(2)煤矿尘肺病发病情况十分严重。2005年尘肺新病例来自煤炭行业4477例,占48.80%,其次是冶金行业905例,占9.87%。

2005年国家煤矿安全监察局对我国23个省市16792个煤矿企业尘肺病例调查统计数据并不能说明国有煤矿尘肺病例比地方和乡镇煤矿企业发病率高,只能从另一个角度说明地方级乡镇煤矿企业的职业病防治工作的力度比较或者非常弱,特别是乡镇煤矿对于职业病的防治工作几乎处于空白状态。

(3)农民工成为尘肺病主要受害群体。目前,我国职业病危害正呈现出三大转移趋势,一是由城市工业区向农村转移;二是由东部地区向中西部转移;三是由大中型企业向中小型企业转移,职业病分布越来越广。

1.3亿进城农民工,相当一部分在有毒、有害作业岗位,矿山开采、建筑施工、危险化学品三个行业的工作场所,大部分是农民工。有些企业一旦发现农民工患职业病或有患病苗头就立即解雇;对农民工和本企业固定职工的劳动保护待遇实行双重标准,不与农民工签订劳动合同、不告知作业岗位危害因素、不进行岗前培训、不给农民工进行健康体检、不给农民工建立健康监护档案和办理工伤社会保险。这些农民工一旦患上职业病,由于没有劳动合同,企业主不提供职业史证明,致使诊断、治疗和工伤补助得不到落实。

据国有煤矿农民工尘肺病发病状况调查表明,接受健康检查的农民工患病率高达4.74%,最短患病工龄只有1.5年,平均6.69年,与正式职工发病最短工龄25年、发病率0.89%的数字相比,农民工职业病具有发病工龄短、患病率高的特点,其职业病以尘肺病最多。如果按这种趋势发展下去,农民尘肺职业病将成为农村中一个突出的社会问题。

98. 如何确定粉尘作业危害程度的大小?

根据《生产性粉尘作业危害程度分级标准》,要确定接触某种生产性粉尘的危害程度,需进行全面的综合分析。首先应确定其危害程度的定性指标,即生产性粉尘中游离二氧化硅含量;然后再评定危害程度的定量指标,即工人接尘时间肺总通气量及生产性粉尘质量浓度的超标倍数。该标准将生产性粉尘作业危害程度共分为五级危害(0级、Ⅰ级、Ⅱ级、Ⅲ级、Ⅳ级)。确定危害程度时,只要将现场所获得的三项指标数据,在危害程度分级表中找到相应的位置,即可在分级表中查出其危害等级。

(1)生产性粉尘中游离二氧化硅的含量,系指生产性粉尘中含有结晶型游离二氧化硅的质量分数。其含量高低对硅肺的发生和发展起着重要作用。该标准中将其划分为四类:即含量等于或小于10%的游离二氧化硅粉尘、含量为10%~40%的游离二氧化硅粉尘、含量为40%~70%的游离二氧化硅粉尘及含量大于70%的游离二氧化硅粉尘。

(2)工人接尘时间肺总通气量,系指工人在一个工作日的接尘时间内吸入含有生产性粉尘的空气总体积。在接触同一种性质的生产性粉尘行业中,由于工人所处的生产条件不同,劳动强度和接尘作业的持续时间差异悬殊,因而实际吸入到肺内的粉尘也不同。考虑到我国生产方式的复杂情况,将工人接尘时间肺总通气量作为一项定量指标,列入分级标准。工人接尘时间肺总通气量,实际包括两项内容,即工人接尘工时调查,以及接尘时间肺总通气量的测定。该指标既表示工人劳动强度的大小,又反映工人实际接尘作业时间的长短。

(3)生产性粉尘质量浓度超标倍数,是指作业场所实际测得的粉尘质量浓度值,超过国家标准的倍数,计算方法如下:生产性粉尘质量浓度超标倍数= 粉尘实测值/该粉尘最高允许质量浓度-1,然后,取几次所测定的粉尘质量浓度超标倍数的算术平均值表。

例如,某铸件清理岗位使用的天然沙时,游离二氧化硅的含量是99.50%。一个工作日中一个工人的肺总通气量6999L,作业场所中粉尘质量浓度是4mg/m^3,国家标准规定最高允许质量浓度是1mg/m^3,根据计算,超标倍数为3,在《生产性粉尘作业危害程度分级标准》(GB 5817—86)表3我国常见接尘工种与工作日内实际接尘时间肺总通气量中找到相应位置,查出该岗位粉尘危害程度为Ⅲ级。该标准不适用于放射性粉尘以及引起化学中毒危害性粉尘。

99. 矿山粉尘对人的生理有哪些影响?

研究结果表明,空气动力学直径 $d>10\mu m$ 的粉尘粒子,基本上被阻止于人的鼻腔内;$2\mu m<d<10\mu m$ 的粒子,约90%可以进入并沉积于呼吸道的各个部位,10%可以到达肺的深处,并沉积于肺中;$d<2\mu m$ 的粒子,100%可以吸入肺中,其中0.3~2μm的粒子几乎全部沉积于肺部而不能呼出。根据进入人体内粉尘量及各类粉尘理化性质的不同,可引起不同的病变。

(1)局部刺激作用。吸入的粉尘颗粒首先作用于呼吸道黏膜,早期可致毛细血管扩张,黏液分泌增加等机能亢进的保护性反应。随着作用时间的延长可先后引起鼻炎、咽炎、喉炎、气管炎和支气管炎等呼吸道炎症;刺激性强的粉尘(如石灰、砷、铬酸盐尘等)可引起鼻黏膜糜烂、溃疡。

(2)中毒作用。吸入含有铅、锰、砷等毒物的粉尘,可引起全身性的中毒反应。

(3)变态反应。一些有机粉尘,如棉、大麻等,可引起支气管哮喘、外源性过敏性肺泡炎、过敏性皮炎、湿疹、鼻炎等。

(4)光感作用。露天作业时,落在皮肤上的沥青粉尘,在日光的照射下,可产生光化学作用,引起光照性皮炎。

(5)致癌致畸作用。放射性物质、镍、铬酸盐等粉尘可引起肺癌;汽车的刹车和离合器摩擦片产生的石棉粉尘,具有致癌、致突变性,可引起石棉肺、肠胃癌、胸腹膜间皮瘤、石棉疣等。此外,石棉与吸烟有显著的协同作用,能增加吸烟致癌的危害性。

(6)感染作用。破烂的布屑、谷物、兽毛等粉尘有时带有病原菌,如丝菌、放射菌的炭疽菌等,可引起肺霉菌或炭疽等。

(7)致纤维化作用。长期吸入硅尘、石棉尘等可引起进行性、弥散性的纤维细胞和胶原纤维增生为主的肺间质纤维化,从而发生尘肺。

100. 矿山粉尘对人体健康有哪些影响?

(1)破坏人体正常的防御功能。长期大量吸入生产性粉尘,可使呼吸道黏膜、气管、支气管的纤毛上皮细胞受到损伤,破坏了呼吸道的防御功能,肺内尘源积累会随之增加,因此,接尘工人脱离粉尘作业后还可能会患尘肺病,而且会随着时间的推移病程加深。

(2)可引起肺部疾病。长期大量吸入粉尘,使肺组织发生弥漫性、进行性纤维组织增生,引起尘肺病,导致呼吸功能严重受损而使劳动能力下降或丧失。硅肺是纤维化病变最严重、进展最快、危害最大的尘肺。

(3)致癌。有些粉尘具有致癌性,如石棉是世界公认的人类致癌物质,石棉尘可引起间皮细胞瘤,可使肺癌的发病率明显增高。

(4)毒性作用。铅、砷、锰等有毒粉尘,能在支气管和肺泡壁上被溶解吸收,引起铅、砷、锰等中毒。

(5)局部作用。粉尘堵塞皮脂腺使皮肤干燥,可引起痤疮、毛囊炎、脓皮病等;粉尘对角膜的刺激及损伤,可导致角膜的感觉丧失、角膜浑浊等;粉尘刺激呼吸道黏膜,可引起鼻炎、咽炎、喉炎等。

101. 矿山粉尘危害性表现在哪几个方面?

矿山粉尘危害性表现在如下四个方面:

(1)污染工作场所,危害人体健康,引起职业病。工人长期吸入矿山粉尘后,轻者会患呼吸道炎症、皮肤病,重者会患尘肺病。尘肺病引发的矿工致残和死亡人数在国内外都十分惊人。

(2)某些矿山粉尘(如煤矿粉尘、硫化尘)在一定条件下可以爆炸。煤尘能够在完全没有瓦斯存在的情况下爆炸,对于瓦斯矿井,煤尘则有可能参与瓦斯同时爆炸。煤尘或瓦斯煤尘爆炸,都将给矿山以突然性的袭击,酿成严重灾害。

(3)加速机械磨损,缩短精密仪器使用寿命。随着矿山机械化、电气化、自动化程度的提高,矿山粉尘对设备性能及其使用寿命的影响将会越来越突出,应引起高度的重视。

(4)降低工作场所能见度,增加工伤事故的发生。在某些综采工作面干割煤时,工作面煤尘质量浓度高达4000~8000mg/m^3,有的甚至更高,这种情况下,工作面能见度极低,往往会导致误操作,造成人员的意外伤亡。

102. 矿山粉尘在产生和危害上的特点是什么？

(1)产尘强度大。一台运矿汽车在干燥路面运行时产尘强度高达15000～35800mg/s；

(2)持续时间长。井下凿岩机产尘强度虽然只有80～200mg/s，但由于其持续时间长，使许多井下作业点粉尘质量浓度超标，据16个矿山统计，井下采掘工作面的粉尘合格率仅为47.4%～49.2%。

(3)突发性强。一次卸矿岩50t时，在2～3s内可使卸料口上空粉尘质量浓度高达3000mg/m³。

(4)危害性大。除有的有可爆可燃及放射性危害外，一般矿山的粉尘危害是不仅使矿区空气污染，还会累及水体、土壤受到污染；不仅对岗位工人健康有危害，还会对大气环境及生态环境造成危害。

103. 矿山粉尘的危害可分为哪几类？

(1)矿山粉尘对大环境的危害。

1)飘尘危害：对大气环境的危害、对生态环境的危害、对人体健康的危害。

2)降尘危害：对大气环境的危害、对土壤的污染、对水体的污染。

(2)矿山粉尘对小环境(作业场所)的危害。

1)一般性粉尘：对人体健康的危害(如尘肺)、加速风机叶片等气流通过部件的磨损、对精密件的污染、影响能见度造成安全危害。

2)特殊性粉尘：爆炸性粉尘(如煤尘爆炸)、放射性粉尘(如放射性危害)。

104. 工作场所空气中硅尘允许质量浓度如何规定？

工作场所空气中硅尘允许质量浓度规定见表3－1。

表3－1 工作场所空气中硅尘允许质量浓度 (mg/m³)

硅尘类别	8小时工作日平均允许接触水平	接触上限值
总粉尘 含10%～50%游离 SiO_2 粉尘	1	2
总粉尘 含10%～80%游离 SiO_2 粉尘	0.7	1.5
总粉尘 含80%以上游离 SiO_2 粉尘	0.5	1.0
呼吸性粉尘 含10%～50%游离 SiO_2 粉尘	0.7	1.0
呼吸性粉尘 含10%～80%游离 SiO_2 粉尘	0.3	0.5
呼吸性粉尘 含80%以上游离 SiO_2 粉尘	0.2	0.3
其他游离 SiO_2 含量低于10% 硅尘	2.5	5.0

105. 我国目前采用的粉尘卫生标准是什么？

为使工人免受粉尘危害，防止尘肺病发生，国家制定了卫生标准。我国目前采用的粉尘卫生标准是《工业企业设计卫生标准》(TJ 36—79)(表3－2)。

现行卫生标准采用总粉尘最高允许质量浓度为标准，对进行卫生学评价和监督、改善劳动条件、保护工人健康起到很大作用。随着科学的发展及对粉尘危害认识的深入，卫生标准也在不断完善。1959年国际尘肺会议以后，一些国家采用了总粉尘与呼吸性粉尘两个标准，把允许质量浓度值与游离二氧化硅含量直接联系起来；粉尘质量浓度取工作日或工作周时间加权平均值。我国也在研究改进中。

表3-2 《工业企业设计卫生标准》中车间空气中粉尘的最高允许质量浓度

序　号	物质名称	最高允许质量浓度/mg·m^{-3}
1	含有10%以上游离SiO_2的粉尘（石英，石英岩等）	2
2	石棉粉尘及含有10%以上石棉的粉尘	2
3	含有10%以下游离SiO_2的滑石粉尘	4
4	含有10%以下游离SiO_2的水泥粉尘	6
5	含有10%以下游离SiO_2的煤尘	10
6	铝、氧化铝、铝合金粉尘	4
7	玻璃棉和矿渣棉粉尘	5
8	烟草及茶叶粉尘	3
9	其他粉尘	13

注：1. 最高允许质量浓度是指工人工作地点空气中有害物质所不应超过的数值。工作地点是指工人为观察和管理生产过程而经常或定时停留的地点，如生产操作在车间内许多不同地点进行，则整个车间均算为工作地点。

2. 含有80%以上游离二氧化硅的生产性粉尘，不宜超过1mg/m^3。

3. 其他粉尘是指游离二氧化硅含量在10%以下，不含有毒物质的矿物性和动植物性粉尘。

106. 尘粒在呼吸系统的沉积区域有哪些？

尘粒在呼吸系统的沉积分为三个区域：

(1)上呼吸道区，包括鼻、口、咽和喉部。

(2)气管、支气管区。

(3)肺泡区，包括无纤毛的细支气管、肺泡管、肺泡管入口、肺泡和肺泡囊。

一般认为，空气动力学直径在10μm以上的尘粒为可见粉尘，大部分沉积在鼻咽部；10μm以下为显微粉尘和超显微粉尘可进入呼吸道深部，沉积在上呼吸道，长时间积累会破坏肺部细胞，不可治愈，危害生命。

107. 颗粒物对人体呼吸系统的危害是怎样产生的？

粒径不同的飘尘随空气吸入肺部，就会以碰撞、扩散、沉积等方式，滞留于呼吸道的不同部位：

(1)大于5μm的飘尘，多滞留于上呼吸道；小于5μm的飘尘，多滞留于细支气管和肺泡；0.01～1μm的飘尘，在肺泡内沉积率最高。

(2)滞留于鼻咽部和气管的尘粒，与人体吸入的二氧化硫等有害气体会产生刺激和腐蚀黏膜的联合作用，损伤黏膜、纤毛，引起炎症并增加气道阻力。连续作用会导致慢性鼻炎、慢性气管炎。

(3)滞留于细支气管和肺泡的尘粒会与二氧化氮等产生联合作用，损伤肺泡和黏膜，引起支气管和肺部炎症。长期作用会诱发慢性阻塞性肺部疾患并出现继发感染，导致肺心病死亡率增高。

108. 可吸入颗粒物对人类健康危害最大,为什么?

在粉尘家族中,可吸入颗粒物(PM10)在环境空气中持续的时间很长,对人体健康危害最大的,对大气能见度影响持久。研究表明,可吸入颗粒物可以导致癌症、畸形和基因突变。大气可吸入颗粒物是导致人类死亡率上升的重要原因之一,也是导致全球气候变化、大气光化学烟雾事件、酸沉降和臭氧层破坏等重大环境问题的重要因素。

可吸入颗粒物被人吸入后,会累积在呼吸系统中,引发许多疾病。粗颗粒物可侵害呼吸系统,诱发哮喘病;细颗粒物可能引发心脏病、肺病、呼吸道疾病,降低肺功能等。因此,对于老人、儿童和已患心肺病者等敏感人群,风险是较大的。另外,环境空气中的颗粒物还是降低能见度的主要原因,并会损坏建筑物表面。

109. 铁矿粉尘对人体有何危害?

铁矿粉尘主要成分为Fe_2O_3,其含量大约为25%;此外还有多种金属与非金属元素,如铝、钛、砷等。长期接触铁矿粉尘,人体内铁过剩,可使染色体损伤加重,细胞内铁浓度增高,有可能通过改变DNA结构而导致肿瘤。

110. 锰矿粉尘是怎样危害人体健康的?

锰矿粉尘主要是锰及其化合物,易溶于多种酸中。由于低价氧化锰比高价的易溶于水,故低价氧化锰相对毒副作用更大;新鲜锰尘较陈旧的毒副作用大;锰尘粒径小于5μm的毒副作用更大。当锰及其化合物粉尘从呼吸道吸入后,除因长期慢性刺激可致鼻黏膜肥厚或萎缩性改变外,可引起间质性肺炎、锰尘肺,还会导致中枢神经系统、胆碱能系统及代谢系统的异常和损害。

111. 人体吸入铅、镉、铊等金属尘粒后有何危害?

铅、镉、铊等以颗粒状态存在于大气中,被人体吸入后会造成毒害作用。这些毒物对健康危害的程度,与其在大气飘尘中的含尘质量浓度和人体持续吸入的时间有关,如大气中铅尘含量即使为$10mg/m^3$的低质量浓度,连续吸入3个月也会降低肺脏排除异物的功能。

112. 职业性呼吸系统疾病有几种表现形式?

(1)尘肺。尘肺是指在生产过程中吸入生产性粉尘所引起的以肺组织纤维化为主的疾病。由于吸入粉尘的质和量的不同而产生不同程度的危害。职业性尘肺是指长期吸入一定量的生产性粉尘所引起以肺组织纤维化为主的全身性疾病。

(2)粉尘沉着症。有些金属(铁、钡、锡等)粉尘吸入人体后,可在肺组织中呈异物反应,并继续轻微纤维化,但对人体危害较小,脱离粉尘作业后,病变可逐渐消退。

(3)有机粉尘引起的肺部病变。不同的有机粉尘有不同的生物作用,如引起支气管哮喘、棉尘症、职业过敏性肺炎、混合性尘肺等。

113. 按病因尘肺分为哪几类?

(1)硅肺:吸入含游离二氧化硅粉尘引起。

(2)硅酸盐肺:吸入含结合型二氧化硅粉尘引起。

(3)炭尘肺:吸入煤、石墨、炭黑、活性炭等粉尘引起。

(4)混合性尘肺:吸入含游离二氧化硅和其他物质的混合性粉尘引起。

(5)其他尘肺:如磷灰石粉引起的尘肺、金属或其他化合物所引起的尘肺等。

114. 粉尘致尘肺发生的机理是什么?

各种粉尘的理化特性不同,对机体的作用及引起的反应也不尽相同,表现出病变的性质、严重程度也各异,即各种粉尘的致纤维化能力强弱不同,引起肺部损害的性质和程度也不同。其致尘肺发生的机理如下:

(1)小而局灶的间质损害。主要在细支气管周围,病灶由蓄积的粉尘、噬尘细胞及中度增生的网状纤维组成,不伴有胶原化或胶原化不明显,这类损害多半由致纤维化作用较弱的粉尘引起,如铁尘和煤尘引起的很多分散性损害属此类。

(2)局灶性、结节性细支气管、血管周围间质纤维化。病灶中噬尘细胞大量坏死,成纤维细胞增殖,胶原纤维明显增生,如由石英或其他致纤维化作用较强的粉尘所引起的尘肺。

(3)细支气管及肺泡壁弥漫性间质纤维化。病变多在呼吸性细支气管,并可波及非呼吸性细支气管,并有肺泡间隔的纤维化,如石棉尘引起的石棉肺。

(4)大块纤维化。在上述第二、第三类损害的基础上,由于大量胶原纤维的融合病灶及局部组织缺氧、炎症、肺不张及免疫学因素的共同作用,病变常融合成团块,有时可表现为进行性团块纤维化。

115. 尘肺病诊断原则是什么?

根据可靠的生产性粉尘接触史、现场劳动卫生调查资料,以技术质量合格的 X 射线后前位胸片表现作为主要依据,参考动态观察资料及尘肺流行病学调查情况,结合临床表现和实验室检查,排除其他肺部类似疾病后,对照尘肺诊断标准片做出尘肺病的诊断和 X 射线分期。

116. 尘肺病预防措施有哪些?

尘肺病预防的关键在于最大限度防止有害粉尘的吸入,只要措施得当,尘肺病是完全可以预防的,其主要预防措施如下:

(1)控制尘源、防尘降尘。尘肺的病因是吸入致病的生产性矿物性粉尘,没有粉尘或控制粉尘浓度在允许浓度之下,可以消除尘肺或明显降低尘肺的危害。

(2)接尘工人的健康监护。对从事粉尘作业的人员开展健康监护和定期的医学检查,是早期发现尘肺病人的主要手段。早期发现病人或高危人群,早期采取干预措施,可预防疾病的进一步发展,健康监护包括上岗前体检、在岗期间的定期检查和离岗时体检,对于接尘工龄较长的工人还要按规定进行离岗后的随访检查。

(3)个人防护和个人卫生。佩戴防尘护具,如防尘安全帽、防尘口罩、送风头盔、送风口罩等;讲究个人卫生,勤换工作服,勤洗澡;不吸烟,不酗酒,养成良好的生活习惯。

117. 硅肺病是怎样发生的?

针对硅肺的发生,长期以来有过许多种解释,如机械损伤说、溶解说、硅醇基说等。近年通行的解释是：

(1)人体长期吸入硅尘后，即使有良好的防御和自净功能，仍有一定量粉尘沉积于肺内。英国对煤矿工人尘肺尸检证明，在尘肺标本中蓄积尘粒量达8~20g，此量与病人X射线胸片表现呈正相关系。

(2)呼吸性硅尘，特别是粒径小于5μm者，进入肺泡后，被肺泡内巨噬细胞吞噬，并被包围于溶酶体中。此时，硅尘粒及其硅醇基与溶酶体膜或细胞的质膜进行反应，破坏了膜的正常结构，从而改变溶酶体膜及质膜的通透性。溶酶体酶被释放出来，也能对细胞或肺组织进行分解作用，造成细胞死亡及肺组织损伤。坏死细胞中的硅尘粒被释放出后，会再被吞噬、再破坏，不断发生肺泡巨噬细胞死亡的连续反应。同时，巨噬细胞还会释放一些活性因子，促进肺部发生炎症及免疫反应，使肺中的工淋巴细胞数目增多、活性增强，同时也释放一些工淋巴细胞因子，这些因子又促使工淋巴细胞的增生和分化。在这两种因子作用下，工淋巴细胞能产生更多的抗体。

(3)肺泡巨噬细胞被二氧化硅激活后，除释放激活工淋巴细胞的因子(白细胞介素1L-1)外，还释放一些致纤维细胞，向有关的炎症部位移动、增生，合成更多的胶原纤维，最后形成以胶原纤维为主要成分的硅结节。在硅结节中，胶原纤维排列规则，形成如同洋葱状的同心圆。这种结节还可以不断扩大和增长。在肺中硅尘不断被吞噬，其结果是破坏新生的巨噬细胞，促进纤维化。即使工人脱离硅尘岗位后，病变仍能继续和恶化。

118. 发生硅肺与哪些因素有关？

(1)粉尘的粒径。如大于10μm者易于沉降，危害小；呼吸性粉尘，特别是小于5μm者可长时飘浮，不仅易于吸入肺内，并能在肺泡中被巨噬细胞吞噬。

(2)SiO_2含量。粉尘中游离SiO_2含量越高，越易引发硅肺，且发病越快。

(3)粉尘的浓度。浓度越大，吸入的粉尘量越多，越容易发生尘肺病。

(4)作业工龄。从事硅尘作业时间越长，吸入量越大，越易发病。

(5)工种。不同工种有不同的产尘状况和与单位时间吸入含尘空气量有关的劳动强度。

(6)个体因素。如未成年人以及健康状况较差、呼吸系统感染(尤其是肺结核)、营养不良、个体防护较差等人均易发病。

119. 放射性粉尘的电离辐射线及危害部位有何不同？

由于粉尘所含放射性核素的不同，所产生的电离辐射线在性质上有α射线、β射线和γ射线之别，因此对人体所产生的照射其危害部位也不相同，如α射线只有进入机体才能产生危害，而β射线、γ射线既能产生内照射危害，也能产生外照射危害。

120. 放射性粉尘对健康危害的照射方式分为哪几类？

(1)浸没照射。人体浸没于放射性粉尘污染的空气中，使全身皮肤受到外照射。

(2)吸入照射。由于吸入放射性粉尘使全身或肺脏、甲状腺等器官受到内照射。

(3)沉降照射。土地、路面、器物、生物体、水体、饮食等接受放射性粉尘沉降后，除可产生二次扬尘所致浸没和吸入照射外，通过饮食、接触途径也可进入人体。

(4)混合照射。上述两三种同时产生者。

121. 哪些放射性特性与人体健康危害有关？

(1)放射性粉尘的放射性，与其化学状态无关。

(2)靶器官受放射性核素元素及化合物化学性质影响，如碱土元素较多转移至骨骼，稀土元素较多转移于肝脏，放射性碘化合物较多转移、蓄积于甲状腺等。

(3)每一种放射性核素都有一定的半衰期，在半衰期内放射具有一定能量的射线，除非在核反应条件下，任何化学、物理或生化手段处理都不能改变这一特性。

(4)放射性核素进入机体后，即对机体产生持续性照射，直至蜕变成稳定性核素或被全部排出体外为止。

122. 人体遭受不同核辐射量的后果是怎样的？

遭受核辐射的危险程度取决于遭受辐射量以及时间的长短。美国“核规则委员会”称，如果是在几个小时内遭受大剂量辐射的话，那么就极可能死亡，至少患病。表3－3是遭受辐射线辐射量(毫雷姆)不同时的后果。

表3－3　人体遭受不同核辐射量的后果

剂量(毫雷姆)	后　果
450000～800000	30天内进入垂死状态
200000～450000	脱发，血液产生严重变化，一些人于2～6周内死亡
60000～100000	出现各种辐射病
10000	患癌症可能性为一百三十万分之一
5000	每年所遭受辐射的最高界限
700	相当于大脑扫描的核辐射量
400	即人在自然界中遭受的核辐射量
60	相当于每年医疗检查所受的辐射量
40	人体内的辐射量
10	乘飞机时遭受的辐射量
8	建筑材料每年的辐射量
1	腿或手臂进行X光照射的辐射量

123. 预防职业病的主要措施有哪些？

(1)进行技术革新、改造生产工艺，如以无毒或低毒的物质代替有毒或剧毒的物质；以低噪声设备代替高噪声设备等；生产过程实现机械化、自动化，从而减少工人与有害因素接触的机会。

(2)采取通风、排毒、降噪、隔离等技术性措施来降低或消除生产性有害因素。

(3)加强生产设备的管理，防止毒物的“跑、冒、滴、漏”污染环境。

(4)对新建、改建、扩建和技术改造项目进行“三同时”审查，确保这些项目完成后有害因素的浓度或强度可以达到国家标准。

(5)制定和严格遵守安全操作规程，防止发生意外事故。

(6)加强个人防护，养成良好的卫生习惯，防止有害物质进入体内。

(7)合理安排休息制度，注意营养，增强机体对有害物质的抵抗能力。

（8）对接触生产性有害作业的工人，进行就业前体格检查和定期体格检查，及早发现禁忌症及职业病患者，及早进行处理。

（9）根据国家制定的一系列卫生标准，定期检测作业环境中生产性有害因素的浓度或强度，及时发现问题，及时解决。

第四章　矿山粉尘的检测

124. 粉尘测定内容有哪些，其计量方法如何？

(1)生产场所空气中粉尘测定的项目较多，但目前从卫生学角度规定，主要测定的项目有粉尘浓度、粉尘分散度及粉尘中游离二氧化硅的含量。

(2)粉尘计量方法如下：

1)粉尘浓度是指单位体积空气中所含粉尘的质量或数量。粉尘浓度计量方法有质量法和数量法两种，质量粉尘浓度以毫克/立方米(mg/m^3)表示，数量粉尘浓度以粒/立方厘米(粒/cm^3)表示。

2)粉尘分散度为各粒径区间的粉尘数量或质量分布的百分比。两者都用%表示。

3)粉尘中游离二氧化硅含量为粉尘中结晶型的二氧化硅含量的百分比，用%表示。

125. 为什么要对工作场所粉尘浓度进行测定？

评价作业场所空气中粉尘对人体健康的危害程度、研究改善防尘技术措施以及评价其效果，都需要对粉尘浓度进行测定。目前，我国卫生标准中粉尘最高允许浓度的指标是采用质量浓度。因此在国家标准 GB 5748—85 中规定“作业场所空气中粉尘测定方法中采用质量法”。因为用质量法所测得的粉尘浓度准确性较高，且尘肺的发生和发展与生产现场空气中的粉尘质量浓度有一定的关系。

126. 我国粉尘浓度测定标准与国际标准有何不同？

当前人们越来越注意那些与人体健康有关的尘粒，即能进入人鼻腔、口腔内的粒子，称为总粉尘。在粉尘浓度的测定方面，中国卫生标准与国际标准有所不同：

(1)中国卫生标准的规定：用一般敞口的采样器采集一定时间悬浮在空气中的全部固体微粒。

(2)国际标准组织(ISO)1983 年第 8 次修订规定：总粉尘定义为 1 ~ 3m/s 入口速度所捕集到的尘粒；在静止空气中选用入口直径为 2 ~ 10mm 的采样器，能收集空气动力学直径达 30μm 的尘粒。

127. 粉尘采样点是如何选定的？

采样点的选定以能代表粉尘对人体健康的危害为原则。考虑粉尘发生源在空间和时间上的扩散规律，以及工人接触粉尘情况的代表性，测定点应根据工艺流程和工人操作方法而确定。

(1)在生产作业地点较固定时，应在工人经常操作和停留的地点，采集工人呼吸带水平的粉尘，距地面的高度应随工人生产时的具体位置而定，例如在站立生产时，可在距地面1.5m左右尽量靠近工人呼吸带进行采样。坐位、蹲位工作时，应适当放低。为了测得作业场所的粉尘平均浓度，应在作业范围内尽可能均匀选择若干点进行测定。求得其算术或几何平均值和标准差。

(2)在生产作业不固定时，应在接触粉尘浓度较高的地点、接触粉尘时间较长的地点和工人集中的地点分别进行采样。

(3)在有风流影响的作业场所，应在产尘点的下风侧或回风侧粉尘扩散较均匀地区的呼吸带进行粉尘浓度的测定。

128. 粉尘浓度测定方法有哪些？

测定悬浮粉尘浓度的方法很多，根据测定原理可分为捕集测定法和悬浮测定法。根据定量方法可分为绝对浓度测定法和相对浓度测定法。

(1)绝对浓度的测定法。将捕集到的粉尘用天平称其质量求出粉尘的质量浓度，或用显微镜计数求其数粒浓度，或用光学手段对悬浮粉尘直接计数，这些都是绝对浓度测定法。

(2)相对浓度测定法。捕集悬浮粉尘，通过测得与粉尘量有相关物理量，求得粉尘浓度，或测定悬浮粉尘的相对物理量，求得粉尘的浓度。如β射线测尘仪、压电晶体测尘仪等。

129. 如何选用合适的采样方法？

采样方法的选择应随测尘的目的而定。

(1)为探索作业场所粉尘分布规律和监督检查，采用快速测尘法较为合适。

(2)为确定尘源强度，了解产尘环境被粉尘污染程度，研究改善防尘措施，采用现行的短时点采样法较为合适。

(3)对粉尘作业场所常规监测，采用个体及连续采样方法较为合适。

130. 滤膜测尘质量法的原理是什么，有何特点？

目前，我国规定的粉尘质量浓度测定方法是采用滤膜计重法，其工作原理是：抽取一定体积的含尘空气，将粉尘阻留在已知质量的滤膜上，采样后滤膜的增量，求出单位体积空气中粉尘的质量浓度。

滤膜测尘质量法具有采样简便、操作快速及准确性较高的优点。但在不同的环境条件下应该区别对待：在矿井下高湿环境或水雾存在的情况下采样时，样品称量前应做干燥处理；在有油雾的空气环境中采样时，可用石油醚除油，再分别计算粉尘浓度和油浓度。

131. 滤膜测尘质量法要使用哪些器材？

滤膜测尘质量法要使用的器材有采样器、滤膜、采样头、滤膜夹及样品盒、气体流量计、天平、秒表或相当于秒表的计时器、干燥器。

(1)采样器。采用经过国家防尘通风安全产品质量监督检验检测中心检验合格的，并经国务院所属部委一级鉴定的粉尘采样器。在需要防爆的作业场所采样时，应使用防爆型粉尘采样器，采样器附带采样支架。

(2)滤膜。滤膜测尘法是以滤膜为滤料的测尘方法。测尘用滤膜一般有合成纤维与硝化纤维两类。我国测尘用的是合成纤维滤膜。由直径1.25~1.5μm的一种以高分子化合物过氯乙烯制成的超细纤维构成物,所组成的网状薄膜孔隙很小,表面呈细绒状,不易破裂,具有抗静电性、憎水性、耐酸碱和质量轻等特点,纤维滤膜质量稳定性好,在低于55℃的气温下不受温度变化影响。当粉尘质量浓度低于50mg/m^{3}时,用直径为40mm的滤膜;高于50mg/m^{3}时,用直径为75mm的滤膜。当过氯乙烯纤维滤膜不适用时,改用玻璃纤维滤膜。

(3)采样头、滤膜夹及样品盒。采样头一般采用武安Ⅲ型(图4-1),采样头可用塑料或铝合金制成,滤膜夹由固定盖、锥形环和螺丝底座组成。滤膜夹及样品盒用塑料制成。

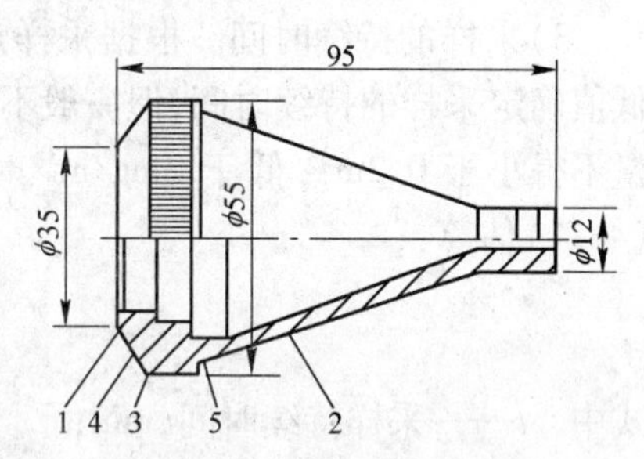

图4-1 武安Ⅲ型采样头
1—顶盖;2—漏斗;3—固定盖;4—锥形环;5—螺丝底座

(4)气体流量计。常用15~40L/min的转子流量计,也可用涡轮式气体流量计,需要加大流量时,也可用40~80L/min的转子流量计,其精度为±2.5%。流量计至少每半年用钟罩式气体计量器、皂膜流量计或精度为±1%的转子流量计校正一次。若流量计管壁和转子有明显污染时,应及时清洗、校正。

(5)天平。用感量为0.0001g的分析天平。按计量部门规定,每年检定一次。

(6)秒表或相当于秒表的计时器。

(7)干燥器。干燥器内盛变色硅胶。

132. 滤膜测尘质量法的测定步骤有哪些?

(1)采样前的准备。

1)称量滤膜。用镊子取下滤膜两面的夹衬纸,将滤膜置于天平上称量至恒重(相邻两次的质量差不超过0.1mg),编号(可按滤膜夹号)、记录质量。

2)滤膜的固定。滤膜夹应先用酒精棉球擦净。

①旋开滤膜夹的固定盖,用镊子夹取已称量的滤膜,毛面向上平铺在锥形环上,再将固定盖套上,并拧紧。

②检查固定的滤膜有无皱褶或裂隙,若有时应重新固定。

③将装好的滤膜放入带有编号的样品盒内备用。

3)直径75mm滤膜(漏斗形)的固定。

①旋开滤膜夹的固定盖。

②用镊子将滤膜对折两次成90°角的扇形,然后张开呈漏斗状,置于固定盖内,使滤膜紧贴固定盖的内锥面。

③用锥形环压紧滤膜的周边,将螺丝底座拧入固定盖内。如滤膜边缘由固定盖的内锥面脱出时,则应重装。

④用圆头玻璃棒将滤膜漏斗的锥顶推向对侧,在固定的另一方向形成滤膜漏斗。

⑤检查安装的滤膜有无漏隙,若有应重装。

⑥将装好的滤膜夹放入带有编号的样品盒内备用。

(2)现场采样。采样前应对生产场所的作业情况进行调查,对工艺流程、生产设备、操作方法、粉尘发生源、粉尘扩散规律、主要防尘措施等进行了解。根据采样点选定的原则选好采样点。

1)采样开始时间。在连续性产尘的作业点,开始作业 30min 后粉尘质量浓度稳定时采样,阵发性产尘作业点,应在工人工作时采样。

2)采样的流量。常用流量为 14～40L/min。一般以 20L/min 或 25L/min 的流量采样,粉尘质量浓度较低时,可适当加大流量,但不得超过 80L/min,在整个采样过程中,流量应稳定。

3)采样的持续时间。根据采样点的粉尘质量浓度估计值及滤膜上所需粉尘增量的最低值确定采样的持续时间,但一般不得小于 10min(当粉尘质量浓度高于 $10mg/m^3$ 时,采气量不得小于 $0.2m^3$;低于 $2mg/m^3$ 时,采气量为 $0.5～1m^3$),采样的持续时间一般按式(4－1)估算:

$$t \geqslant \frac{1000\Delta m}{C q_V} \tag{4-1}$$

式中 t——采样持续时间,min;

Δm——要求的粉尘增量,其质量应大于或等于 1mg;

C——作业场所的估计粉尘质量浓度,mg/m^3;

q_V——采样时的流量,L/min。

4)采样。

①架设采样器。将已准备好的滤膜夹从样品盒中取出,放入采样头内,拧紧顶盖,安装在采样器上,再将采样器固定在采样支架上。采样器距地面 1.5m 左右,采样时滤膜的受尘面应迎向含尘气流。当迎向含尘气流无法避免飞溅的泥浆、砂粒对样品的污染时,受尘面可以侧向。

②检查采样器、流量计和采样接头的连接部分的气密性。

③开动采样器的电源开关,迅速调节流量旋钮,达到预定的流量,同时计时器计时进行采样,在采样过程中要保持流量稳定。

④根据现场情况,按照采气量的要求确定采样时间,采样终止,关闭电源开关,记录采样的流量和时间。采集在直径为 40mm 滤膜上的粉尘增量不应少于 1mg,但不得多于 10mg;直径为 75mm 的滤膜应做成锥形漏斗进行采样,其粉尘增量不受此限。

⑤采样结束后,轻轻地拿下采样头,再从采样头内取出滤膜夹,将受尘面向上,小心放入样品盒中,带回实验室进行称量分析。

⑥采样记录。采样时应对采样日期、采样地点、样品编号、采样流量及时间、生产工艺、作业环境、尘源的特点、防尘措施的使用情况以及个体防护措施等进行详细记录。

(3)采样后样品的处理。

1)用镊子小心地将滤膜取下,一般情况下不需要干燥处理,可直接放在规定的天平上称量至恒重,记录质量,取其较小值进行计算。

2)如果采样时现场的相对湿度在 90% 以上或有水雾存在时,应将滤膜放在干燥器内干燥 2h 后称量,记录测定结果,称量后再放入干燥器中干燥 30min,再次称量。当相邻两次的质量差不超 0.1mg 时,取其最小值。

3)当采样地点空气中有油雾存在时,应将滤膜进行除油处理,分别计算出粉尘及油雾的浓度。

133. 滤膜测尘的除油方法有哪些?

在矿山测尘中,由于凿岩机喷散出大量机雾油,会使滤膜采样后称量所得的结果偏大,需要将滤膜除油后,才能得到粉尘的真实增重。常用的滤膜除油方法有石油醚除油法、汽油除油法两种。

(1)石油醚除油法的原理是将采集有粉尘和机油的滤膜经石油醚处理除去机油,干燥后称量,测定出粉尘和机油的质量,再换算出粉尘和机油的浓度。

(2)汽油除油法的原理是将采集有粉尘和机油的滤膜经汽油处理除去机油,称量至恒重,换算出粉尘的浓度。

134. 滤膜测尘时应该注意哪些事项?

(1)为了提高采气量的精度,在采样前应先用预试滤膜对所需采样流量进行调节,待调好后再换上已称量的滤膜采样。

(2)在现场采样前,检查采样系统是否漏气。可采用简易方法,即用手掌堵住装有滤膜的采样头进气口(注意勿使滤膜破裂或受到污染),在抽气条件下,流量计的转子即刻回到静止状态,否则表示有漏气现象。

(3)采样前后的滤膜如被污染或粉尘失落时,应作废并重新安设滤膜和采样。

(4)采样前后滤膜的称量所使用的天平、砝码均应相同。

(5)滤膜在采样前后的称量间隔时间应尽量缩短,以免因环境条件的变化影响测定结果的准确性。

(6)因滤膜具有较强的静电性,滤膜在采样前后称量时,应使用滤膜静电消除器,先进行除静电后再称量。

135. 滤膜测尘数量法的原理是什么,所用试剂、器材有哪些?

滤膜测尘数量法主要用于石棉纤维粉尘数量浓度测定。

工作原理:用过氯乙烯纤维滤膜采集空气中的石棉粉尘,滤膜经加透明剂透明后,在相差显微镜下测,计算单位体积空气中石棉纤维的数量(粒/cm^3)。

滤膜测尘数量法所用的透明试剂:邻苯二甲酸二甲酯(分析纯)、单酸二乙酯(分析纯)。

所用器材:采样器、滤膜、滤膜贮存器、相差显微镜、目镜测微计、物镜测微尺、秒表、载物玻片、镊子、剪刀、具塞玻璃瓶(50mL)、滴管、离心机等。

136. 滤膜测尘数量法的测定步骤有哪些?

(1)采样。采样流量为1~2L/min,采样时间不少于14min,其他同一般的粉尘的采样。

(2)石棉粉尘样品的制备。

1)载物玻片及盖玻片的清洗,将载物玻片和盖玻片用洗液浸泡后用自来水充分清洗,再用蒸馏水清洗,最后用酒精棉球擦净,在载物片的一端贴上空白标签纸备用。

2)滤膜透明试剂的配制。将邻苯二甲酸二甲酯及单酸二乙酯按1:1的体积比配成溶液,再按每毫升溶液中含0.05g清洁滤膜的比例配制成透明溶液,配后放置24h,离心去除杂质,取其上清液放在具塞的玻璃瓶中备用。配制后的透明液需在两个月内使用,存放时间过长溶液的透明度降低,影响测定结果。当室内温度过低时,溶液透明度也降低,此时可适当加温。在配制透明液的操作过程中,应避免粉尘的污染。

3)标本的制备。

①从滤膜夹中取出已采集石棉粉尘的滤膜,受尘面向上,用剪刀将滤膜剪成两部分备用。

②用滴管取1~2滴滤膜透明液滴于载物玻片的中央,60s后将已剪好的滤膜受尘面向上放在透明液上。此后滤膜开始溶解并逐渐透明。30min后在其上面加盖清洁的盖玻片,此时要注意避免产生气泡。如产生气泡可用小镊子在盖玻片上轻轻加压,把气泡排除。

③标本制备好后,应将测试条件或编号写在盖玻片的标签上,放回贮存盒中保存,以备镜检计测。

(3)石棉纤维的计数。

1)计测石棉纤维的大小、数目需使用相差显微镜,其放大倍数为400(目镜10×,物镜40×)。按常规调整光环和相板,再调节视野内的光强。

2)目镜中的测微计在使用前需用物镜测微尺标定。

3)计数视野面积的计算。用目镜测微计测量限定面积的直径D,按公式$A=\pi D^2/4$计算出测定视野的面积。

4)石棉纤维的计数。

①计测的石棉纤维是指长度$L>5\mu m$,纤维直径$W<3\mu m$,$L/W>3$。

②穿过视野边缘的石棉纤维,只计上视野,不计下视野或任选1/2视野。

③相互交叉的纤维要分别计数。

④成束未分开的纤维按一根计算。

⑤互相接触的纤维,一根纤维的一端接到另一根纤维的一端,按一根计算。

(4)石棉纤维浓度按式(4-2)计算。

$$c=\frac{An}{aVN} \tag{4-2}$$

式中 c——石棉纤维浓度,粒/cm^3;

A——滤膜采尘面积,cm^2;

n——测出的纤维总根数,根;

a——显微镜一个计测视野的面积,cm^2;

V——采样气体体积,cm^3;

N——计测视野数,个。

137. 常用快速直读测尘法有哪些?

快速直读测尘法是用于测定相对粉尘浓度的测尘仪。这种仪器测定速度快,使用简便,而且可以在生产场所立即直接读出粉尘浓度的相对值,经换算可直接测得现场粉尘浓度的数值。这种测尘仪是利用不同的物理学原理而研制的。常用测尘仪有β射线测尘仪、压电晶体质量测尘仪和光散射式粉尘浓度计。

138. β射线测尘仪的原理是什么,其特点是什么?

β射线测尘仪是利用尘粒可以吸收β射线的原理而研制的。当β射线通过粉尘粒子时,可根据尘粒吸收β射线的数量计算出粉尘的质量浓度,因为粉尘粒子吸收β射线的量与粉尘粒子的质量成正比关系。利用这一原理测定粉尘浓度,其优点是尘粒吸收β射线的量只与粉尘质量成正比关系,而不受粉尘粒度、成分和颜色的影响。这种原理优于利用光学原理测尘的仪器。

利用β射线测尘仪可以直接读出粉尘的质量浓度。这种仪器操作比较简单,获得结果迅速,适于瞬间测定环境中的粉尘浓度,但也可以较长时间采样。粉尘一般是采集在有黏着剂的玻璃板上,多是利用冲击的原理采样,也可以采集在滤膜上,采集在滤膜上的粉尘处理后也可以在显微镜下观察或作成分分析。该仪器除可测定总粉尘浓度外,如使用呼吸性粉尘预分离器时,还可测定呼吸性粉尘浓度,测定精度一般为±10%。

139. 压电晶体测尘仪的原理是什么,其特点是什么?

压电晶体测尘仪是利用石英压电晶体有一定的振荡频率,当晶体表面沉积有一定量的粉尘粒子时就会改变其振荡频率,根据频率的变化求出粉尘浓度。其工作程序是用小型抽气泵把含尘空气抽到一个惯性冲击式的分粒装置中,除去粒径大于10μm的尘粒。然后利用电沉降的原理,使尘粒采集在石英晶体上。采样时间一般为24s或120s;根据采样后粉尘重量的不同,振荡频率的改变,以一定的系数换算成粉尘的质量浓度,这种测尘仪的优点是能较快地获得现场的粉尘浓度,如多次连续采样可以了解生产过程中粉尘浓度的变化规律。其缺点是粉尘浓度的测定范围有限,一般在10mg/m^{3}以内,因此在粉尘浓度较高的生产场所不适合使用。

由于该仪器所测得的结果是相对浓度,需要用直接方法(如滤膜法)测定的结果进行比较,找出一定的换算系数,经计算后求得粉尘浓度。

石英振荡器实际上相当于一个超微量天平,也称压电天平,灵敏度很高。因此比较适合测定大气中的飘尘、呼吸性粉尘及小粒径占绝大多数的粉尘,如测定室内污染等。

140. 光散射式粉尘浓度计的原理是什么,其特点是什么?

光散射式粉尘浓度计是利用光照射尘粒引起的散射光经过光电器件转换为电子信号以测量悬浮粉尘浓度的一种快速测尘仪。其工作程序为:被测量的含尘空气由微型抽气泵吸入到仪器内,通过尘粒测量区域,此时尘粒受到由专门光源经透镜产生的平行光照射,各个尘粒引起的不同方向(或某一方向)的散射光,由光电倍增管接受转变为电子信号,如果光学系和尘粒系一定,则这种散射光强度就与粉尘浓度成正比。这样可将散射光量经过转换元件变换成为有比例的电脉冲,通过单位时间内的脉冲记数,就可以测知悬浮粉尘的相对浓度。该仪器灵敏度较高,测量范围为0.01~100mg/m^3,使用方便,不需要复杂的采样设备和称量技术,可以迅速地直读所测生产场所瞬间的粉尘浓度,尤其是了解生产过程中粉尘浓度的变化规律时,使用该测尘仪更有意义。由于这种测尘仪所测得的数值是相对浓度,所以要按照该仪器已标定的换算系数进行计算,以求得粉尘浓度。该测尘仪测定精度为±10%。

光散射式粉尘浓度计的优点是可立即测得瞬间空气的粉尘浓度,缺点是所测得的结果受粉尘粒子大小和粉尘颜色的影响。因此,在使用这种相对浓度测尘仪时,需先用滤膜质量测尘法进行对比实验和标定,以得出相应的质量浓度转换系数。

141. 作业场所呼吸性粉尘浓度的测定有什么意义？

我国作业场所空气中粉尘浓度的测定一直采用定点短时间的常规采样方法，这种方法适用于对作业环境的粉尘危害进行卫生学评价，是最高允许浓度卫生标准。但是这种方法不能测定劳动者在一个班中所接触到的真实的粉尘浓度。由于尘粒空气动力学直径对粉尘在呼吸道内沉降部位的影响，呼吸性粉尘测定是根据粉尘粒径的大小、比重和形状不同，沉积在呼吸道内的部位也不同而进行的有针对性的测定。

由于呼吸性粉尘（小于7.07μm）是能进入肺泡内的粉尘，是导致尘肺的主要因素，因此进行呼吸性粉尘监测对了解和掌握粉尘浓度与尘肺发病之间的关系具有实际意义。

142. 什么是呼吸性粉尘浓度，其测定方法有哪些？

呼吸性粉尘采样器，就是模拟沉积在肺泡区内那部分粉尘的测尘仪器，用这种粉尘采样器测定的粉尘浓度，称为呼吸性粉尘浓度。

在《工作场所有害因素职业接触限值》GBZ 2—2002 的标准中确定了两种呼吸性粉尘测定方法：一种为时间加权平均浓度测定，目前采用较普遍的为个体接触时间加权平均浓度；另一种为短时间接触允许浓度测定。

143. 短时间接触呼吸性粉尘浓度测定方法有哪些，其原理如何？

短时间接触呼吸性粉尘浓度测定方法有水平淘析器质量法、惯性撞击性质量法、旋风分离器质量法。

（1）水平淘析器质量法原理。利用空气动力学原理，使粉尘在重力作用下，按 BMRC 曲线的定义，使呼吸性粉尘和非呼吸性粉尘分离，非呼吸性粉尘沉降在淘析板上，而呼吸性粉尘采集在滤膜上，可进行称量并计算呼吸性粉尘浓度。

（2）惯性撞击器质量法原理。抽取一定体积的含尘空气，通过惯性撞击方式的分粒装置将较粗大的尘粒撞击在涂抹硅油的玻璃捕集板上，而通过玻璃捕集板周围的微细尘粒，则阻留在纤维滤膜上，由采样后的玻璃捕集板及滤膜上的增量，计算出单位体积空气中呼吸性粉尘和总粉尘的质量（mg/m^3）。

（3）旋风分离器质量法的原理。抽取一定体积的含尘空气，通过粉尘采样头进气口时，沿切线方向进入采样头内壁，在锥形圆筒内产生离心力，粉尘粒子受离心力的作用，把粗大尘粒抛向器壁，由于粉尘本身的重力，落到采样头底部的接尘罐内。而离心后的微细尘粒则随气流流动，通过出气口时，被阻留在采样头上部安装的滤膜上，由采样后滤膜及接尘罐的增量，计算出单位体积空气中呼吸性粉尘和总粉尘浓度。

144. 水平淘析器质量法需要哪些器材？

（1）水平淘析采样器。

（2）分析天平：感量为0.0001g 或0.00001g。

（3）具有10h 以上计时功能的计时器。

（4）55mm 滤膜。

（5）滤膜夹（带托网），及滤膜盒。

(6)不锈钢小镊子。

(7)干燥器装有变色硅胶。

(8)记录本。

(9)十字头螺丝刀。

145. 水平淘析器质量法检测分析步骤有哪些?

(1)采样前准备。

1)滤膜安装。在分析天平上准确称量厚度为55mm的滤膜一张,并记录其质量,用干净的滤膜夹将滤膜夹紧。然后用十字头螺丝刀打开弧形门,旋松过滤器的翼形压环,将夹有滤膜的滤膜夹放入过滤器内,夹子上的小凹耳应朝上,调整好夹子的位置后,旋紧翼形压环,关上弧形门,并拧紧螺丝钉。

2)电池组安装。用钥匙打开采样器的前门,将充足电的电池插入采样器内的电池室,并将其插头插入采样器的插座内,迅速插到底,后将止动弹簧片推到右边,并拧紧锁。

(2)现场采样。将采样器处于水平位置,可通过采样器自身的水准泡来调整水平,并调到呼吸带高度,打开电源开关进行采样,同时计时并观察流量计流量(2.5L/min)。采样结束时,再次检查流量,并记录连续采样时间。

(3)采样后的处理。将采样器平放在工作台上,轻轻擦拭采样器表面的粉尘,然后用十字螺丝刀打开弧形门,把翼形压环松到底,仔细地将滤膜夹从过滤器中取出来,再从滤膜夹里用小镊子取下滤膜,然后放置分析天平上称量至恒重。

146. 水平淘析器质量法检测分析应注意哪些事项?

(1)采样器在未装滤膜情况下不得开机。

(2)采样时采样器一定要保持水平,不得倾斜,携带时避免碰撞、振动。

(3)采样前要旋紧螺丝及上好锁,避免采样时打开影响测定。

(4)取滤膜拧翼形压环时,不可用力过猛,以免引起振动。

(5)使用完采样器后,应轻擦仪器内外,并将电池组取下充足电,便于下次使用。

147. 惯性撞击器质量法需要哪些器材?

(1)采样器:采用产品检验合格的采样器。

(2)采样头:惯性撞击式采样头。特性符合 British Medical Research Council 绘制的标准采样曲线(BMRC 曲线)。采样头前级捕集效率大于7.07μm为100%,5μm为50%,2.2μm为10%。

(3)捕集板:圆形无色玻璃捕集板。

(4)滤膜:直径为40mm过氯乙烯纤维滤膜。

(5)天平:感量不低于0.0001g的分析天平,有条件时最好用感量为0.00001g的分析天平。

(6)硅油:国产7501真空硅脂。

(7)秒表或相当于秒表的计时器。

(8)干燥器:内盛有变色硅胶。

(9)牙科用弯头镊子。

148. 如何采用惯性撞击器质量法检测?

(1)分粒装置的准备。将分粒装置内壁用无水乙醇擦干净,并晾干放在洁净的器皿中。

1)玻璃捕集板的清洗。首先将玻璃捕集板放置在中性洗涤液中浸泡,除去污物,用蒸馏水进行冲洗,最后用95%乙醇或无水乙醇脱脂棉球擦净、晾干。

2)玻璃捕集板涂抹硅油。用清洁的牙科弯头镊子的一侧尖部,蘸取约1~2mg的硅油,滴在玻璃捕集板中央,使镊子头部与捕集板成平行,将硅油滴由中间向外扩张涂抹,涂抹范围的直径在15mm左右,使捕集板边缘距摊开的硅油外缘4~5mm;因硅油的黏度很高,刚涂抹后有不均匀现象,经4h以后,捕集板表面上的硅油,随时间的延长而扩散平滑均匀,因此向玻璃捕集板涂抹硅油的工作,应在采样前一天进行,但必须注意使其不受污染。

3)玻璃捕集板的固定。将已涂好硅油的玻璃捕集板,用镊子夹取,迅速放在天平秤盘上称量至恒重,记录后再将捕集板(涂油面向上)小心地安放在分粒装置前部的冲突台上,压紧金属卡环,使其固定。

4)滤膜的安装。将直径40mm的纤维滤膜用镊子取下两面的夹衬纸,置于天平秤盘上称量至恒重,记录后将滤膜装入金属的滤膜夹中夹紧,安装在分粒装置底座的金属网上,将冲突台部分与底座螺旋旋紧,盖上保护盖即可带到现场进行采样。

(2)现场采样。选好采样地点,将采样器安装在支架上并调到呼吸带高度。然后将采样头安装在采尘器上,采样头进气口迎向含尘气流;采样流量必须按规定20L/min设置,在采样过程中,要保持流量的稳定;采样时间根据现场的粉尘种类及作业情况而定,一般采样时间为20~25min,浓度较高的煤尘可采3~5min。

(3)样品的称量。采样结束后,应小心取下分粒装置,用防护罩盖好进气口,将其轻轻地直立,放入样品箱中。带回实验室后一般不需干燥处理,可直接放在天平上分别进行捕集板和滤膜采样后的称量,并记录质量。如果采样现场的相对湿度在90%以上,或有水雾存在时应进行干燥处理后再称量至恒重。

(4)样品的计算。呼吸性粉尘浓度ρ_R按式(4-3)计算,总粉尘浓度ρ_T按式(4-4)计算。

$$\rho_R = \frac{f_2 - f_1}{q_V t} \times 1000 \tag{4-3}$$

$$\rho_T = \frac{(G_2 - G_1) + (f_2 - f_1)}{q_V t} \times 1000 \tag{4-4}$$

式中 ρ_R——呼吸性粉尘质量浓度,mg/m^3;

f_1——采样前滤膜的质量,mg;

f_2——采样后滤膜的质量,mg;

ρ_T——总粉尘质量浓度,mg/m^3;

G_1——采样前捕集板的质量,mg;

G_2——采样后捕集板的质量,mg;

q_V——采样流量,20L/min;

t——采样时间,min。

149. 惯性撞击器质量法检测应注意哪些事项?

(1)玻璃捕集板要洗净擦干,涂抹硅油要适量(0.5~5mg),粉尘捕集效率不受影响。

(2)滤膜夹要清洗干燥,安装滤膜后要夹紧,防止采样时被气流抽出夹外,影响测定结果。滤膜上粉尘增量不可小于0.5mg,也不得多于10mg。

(3)采样头(分粒装置)可使用蒸馏水或无水乙醇脱脂棉球或纱布擦洗。

(4)到作业场所前后,要注意保护好样品,使其不受污染和粉尘掉落。

(5)采样流量必须是20L/min,否则会改变采样头对粉尘的捕集效率而影响测定结果。

(6)采样头各部安装时,一定要旋紧螺旋,否则漏气时会改变分离曲线。

150. 旋风分离器质量法需要哪些器材?

(1)采尘器:采用产品检验合格的采样器,在需要防爆的作业场所采样时,用防爆型或本质安全型采样器。

(2)采样头:旋风离心式采样头,特性符合BMRC曲线。

(3)接尘罐:高为23mm,直径14mm。

(4)滤膜:采用直径40m的过氯乙烯纤维滤膜。

(5)天平:感量不低于0.0001g的分析天平,有条件的最好使用感量为0.00001g的分析天平。

(6)秒表或相当于秒表的计时器。

(7)干燥器:内盛有变色硅胶。

(8)弯头镊子。

151. 如何采用旋风分离器质量法检测?

(1)采样头的准备。用镊子夹取95%酒精棉球,将接尘罐内外擦净晾干;将接尘罐在分析天平上称量至恒重,并记录重量;将称量好的接尘罐,安放在采样器底部的底盒内。

(2)滤膜的称量安装。取直径40mm的滤膜,用镊子取下两面的夹衬纸,置于分析天平上称量至恒重,并记录质量。

(3)现场采样。采样流量必须按规定20L/min设置,在采样过程中要保持流量稳定;采样时间为10~20min,如遇粉尘浓度较高时可采样3~5min;采样结束后,小心地将旋风式采样头取下,轻轻地放入样品箱中,一般情况下不需要干燥处理,可直接放在天平上分别进行滤膜和接尘罐采样后的称量,并记录。

如果现场采样时的相对湿度在90%以上或有水雾存在时应进行干燥处理后再称量至恒重,并进行计算。

(4)粉尘浓度计算。呼吸性粉尘浓度ρ_R的计算参照式(4-3)进行计算。

152. 旋风分离器质量法检测应注意哪些事项?

(1)接尘罐和滤膜夹要擦净晾干,滤膜夹安装时,要将滤膜压紧,以免在采样过程中抽出。

(2)旋风式采样头的离心圆筒在每次采样后要及时清擦,清除积尘后再使用。

(3)采样流量必须是20L/min,否则将改变旋风采样头对粉尘的捕集效率,影响测定结果。

(4)到作业场所采样前后,要注意保护好样品,使其不受污染和粉尘掉落。

153. 个体接触时间加权平均浓度(呼吸性粉尘)测定原理是什么?

生产作业的劳动者在进入作业场所前,将个体采样器佩戴腰间并固定,将采样分离器(采样头)固定在距离呼吸器官300mm处。连续抽取一定体积的含尘空气,将粉尘阻留在已知质量的滤膜上,由采样后滤膜的增重质量计算出劳动者一个工班平均接触的呼吸性粉尘浓度(质量)。

154. 个体接触时间加权平均浓度(呼吸性粉尘)测定方法需要哪些器材?

(1)个体粉尘采样器。

(2)精度1~5级、分度值0.1L/min的转子流量计。

(3)个体粉尘采样器专用工具。

(4)感量为0.00001g的电子分析天平。

(5)呼吸性粉尘个体采样滤膜。

(6)滤膜静电消除器。

(7)干燥器。

155. 如何使用个体接触时间加权平均浓度(呼吸性粉尘)测定方法?

(1) 采样前准备。将个体粉尘采样器主机和采样头一一编号,一台主机和与之相对应的采样头使用同一编号。

将粉尘监测中心传递来的空白滤膜装在采样头的滤膜夹内(冲击采样头还应装上涂有硅酯的捕集板,向心式采样头还应装入第一级滤膜)。将个体粉尘采样器型号和采样头编号填入粉尘数据卡。

按照使用说明书要求,将个体粉尘采样器充足电。

用连接管将个体粉尘采样器主机与同一编号的采样头相连接。启动采样泵,用转子流量计检查采样流量,将流量调至规定值或规定值±5%范围内,并将流量填入与所用滤膜编号相对应的粉尘数据卡。若当地气象条件导致流量误差大于±5%时,应予修正。

(2)采样。测尘专管员在采样器收发室,将计时器清零,打开个体粉尘采样器电源开关,发给采样人员。并将采样起始时间、采样人员姓名、采样工种、接尘作业场所等信息资料填入粉尘数据卡。

采样人员接到个体粉尘采样器后,要正确佩戴。用腰带将个体粉尘采样器主机系于腰部,使连接管从肩部绕过,将采样头固定于胸前(鼻以下300mm内)。要确保连接管通畅,无折扁。

采样人员在正常工作情况下进行工班采样,采样过程中不得将个体粉尘采样器从身上取下弃置一旁,不准关机、拆卸个体粉尘采样器和污染采样头中的滤膜。尽量避免碰撞个体粉尘采样器各部件。

采样人员作业结束离开井口后,应及时到采样器收发室交回个体粉尘采样器。

测尘专管员收回个体粉尘采样器后，先用转子流量计检查采样后的采样流量，然后关机。将采样流量和采样终止时间填入粉尘数据卡。

取下采样头，取出其中的滤膜，在与滤膜呈45°角的光束下，观察滤膜上的粉尘，若有发亮的粉尘颗粒，应作为无效样品处理。

将滤膜装入原样品袋内，用蒸馏水棉球擦拭采样头各部件，晾干后组装待用。

(3)样品包装与传递。

1)空白滤膜的包装与传递。将称量后的空白滤膜展开装入已编号的样品袋内，再将样品袋和粉尘数据卡装入影集中，经适当包装后，人工或邮寄传递到粉尘监测站。

2)载尘滤膜的包装与传递。采样后，测尘专管员用弯头镊子取出采样头中载尘滤膜，受尘面朝向内对折两次，装入原样品袋内，再将样品袋和粉尘数据卡装入影集中，经适当包装后，人工或邮寄传递到粉尘监测中心。

(4)滤膜称量。

1)空白滤膜的挑选和干燥处理。滤膜要经过国家有关部门指定的质量检验机构检验合格，有产品合格证；滤膜平整，无皱褶；表面洁净，无碎屑附着；边缘圆整，无残缺；每张滤膜均要经过光照检查，厚薄均匀，无破裂和针孔；称量前将滤膜放入干燥器内，干燥至恒重。

2)空白滤膜的称量。清扫天平称量盘，打开天平电源开关，预热30min后校准；经干燥处理的滤膜用静电消除器除静电后，放入天平内称量；称量后的滤膜装入样品袋内，并将其质量和编号填入粉尘数据卡。

3)载尘滤膜(样品)称量。检查核对样品，凡存在下列问题之一者，视为无效样品：样品袋上的滤膜编号与粉尘数据卡填写的滤膜编号不一致，粉尘数据卡项目填写不全或错误，无粉尘数据卡，采样前或采样后的采样流量误差大于规定值的±5%，样品损坏。

经检查合格的载尘滤膜放入干燥器内，干燥至恒重。称量干燥后的载尘滤膜，将称量结果填入相应的粉尘数据卡。称量后的样品放回原样品袋内保留，以备复查或作为游离二氧化硅含量测定样品。

从一批已称量的空白滤膜或载尘滤膜中随机抽取10张，由不同人在不同日重新称量一次，两次称量结果的绝对误差均不应大于0.05mg；否则，应查明原因，重新称量这批滤膜。

(5)呼吸性粉尘浓度计算。

呼吸性粉尘浓度ρ_R按式(4-5)计算，

$$\rho_R = \frac{m_2 - m_1}{V} \times 1000 \tag{4-5}$$

$$V = \frac{1}{2} \times (\text{采样前的流量} - \text{采样后的流量}) \times \text{样本时间} \tag{4-6}$$

式中　m_1——滤膜初重，mg；

m_2——滤膜终重，mg；

V——采样空气体积，L。

(6)矿井呼吸性粉尘几何平均质量浓度按式(4-7)计算。

$$\bar{\rho}_{R.T} = \lg^{-1} \frac{1}{n} \sum \lg \sum \bar{\rho}_{R.a} \tag{4-7}$$

式中　$\bar{\rho}_{R.T}$——矿井呼吸性粉尘几何平均质量浓度，mg,/m³；

$\bar{\rho}_{R.a}$——各接尘作业场所呼吸性粉尘算术平均值，mg/m^3；

n——矿井采样的接尘作业场所总数。

156. 工作场所粉尘分散度测定方法有哪些？

工作场所粉尘分散度测定方法主要有滤膜溶解涂片法、自然沉降法、级联冲击计量法三种。

(1)滤膜溶解涂片法。采样后的滤膜溶解于有机溶剂中，形成粉尘粒子的混悬液，制成标本，在显微镜下用目镜测微尺进行测定。

(2)自然沉降法。将含尘空气采集在沉降器的圆筒内，静置一定时间，使尘粒自然沉降在盖玻片上，制成标本，在显微镜下用目镜测微尺测定。

(3)级联冲击计量法。级联冲击器是根据粉尘的惯性力作用对粉尘进行粒径质量的测定，可同时粉尘测定浓度和粒径质量分布。

157. 使用滤膜溶解涂片法测定粉尘所需试剂和器材有哪些？

(1)醋酸丁酯(醋酸乙酯，化学纯)。

(2)瓷坩埚(25mL)或小烧杯。

(3)玻璃棒。

(4)玻璃滴管或吸管。

(5)载物玻片(75mm×25mm×1mm)。

(6)显微镜。

(7)目镜测微尺。

(8)物镜测微尺。

(9)计数器。

158. 如何使用滤膜溶解涂片法进行粉尘测定？

(1)粉尘标本的制备。

1)将采集粉尘的滤膜放在瓷坩埚或小烧杯中。

2)用吸管加入1～2mL的醋酸丁酯，再用玻璃棒充分搅拌，使滤膜溶解，制成均匀的粉尘混悬液。

3)用吸管吸取混悬液，加一滴于载物玻片上，用玻璃推片先将液滴向左右移动数次，然后与载物玻片成45°角向前推。1min后载物玻片上即可出现一层粉尘薄膜。

4)贴上标签，写明标本的编号、采样地点及日期等。

5)制好的标本可保存在玻璃器皿中，避免外界粉尘的污染。

(2)目镜测微尺的标定。粉尘粒子的大小是用放在显微镜目镜内的目镜测微尺来测量的。当显微镜光学系统放大倍率改变时，被测物体在视野中的大小也随之改变，但目镜测微尺在视野中的大小却不变，因此在测量时对目镜测微尺需事先用物镜测微尺进行标定。物镜测微尺是一标准尺度，其长度为1mm分成100个等份刻度，每一分度值为0.01mm，即10μm(图4－2)。

1)先在低倍镜下找到物镜测微尺的刻度线，并将其刻度线移到视野中央。

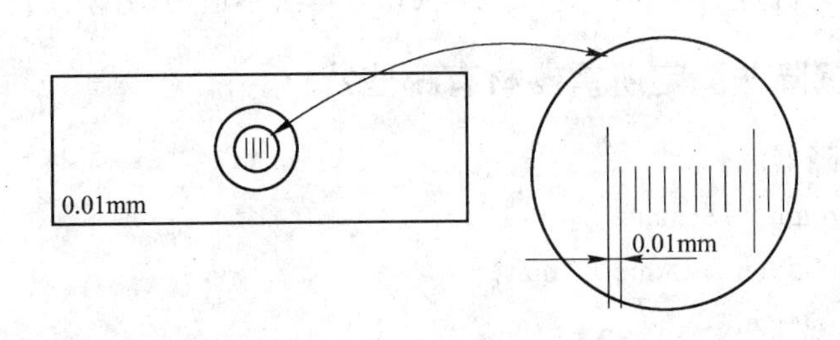

图 4－2　物镜测微图

2）转换成高倍镜（放大倍率 450～600 倍），调节细螺旋使视野中的物镜测微尺刻度清晰，然后再使物镜测微尺任一刻度与目镜测微尺的任一刻度相重合，然后再向同一方向找出两尺再次重合的刻度线。

3）分别数出重合部分的目镜测微尺和物镜测微尺的刻度数。然后计算出目镜测微尺的一个刻度在该放大倍率下所代表的长度。如目镜测微尺的 45 个刻度相当于物镜测微尺 10 个刻度，已知物镜测微尺一个刻度为 10μm，所以目镜测微尺一个刻度相当于$10/45\times10=2.2\mu m$（图 4－3）。

（3）分散度的测定。

1）取下物镜测微尺，将粉尘标本放在载物台上，先用低倍镜找到粉尘粒子，然后再用高倍镜观察。

2）用已标定好的目镜测微尺，无选择地依次测量粉尘粒子的大小，应随时调节微调螺旋使尘粒物像清晰，并尽量在视野的中心计测，遇长径量长径，遇短径量短径，每个样品至少测量 200 个尘粒，按粒径大小填报记录表，并算出其百分比（图 4－4）。

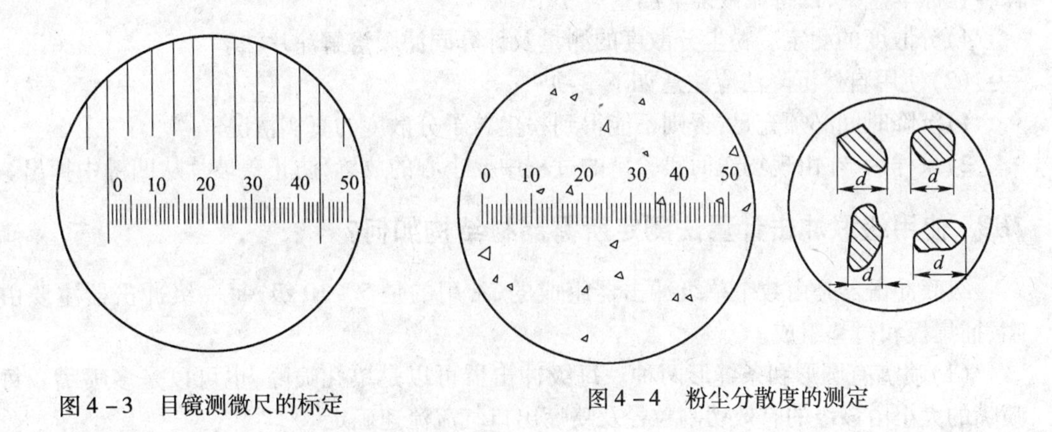

图 4－3　目镜测微尺的标定　　图 4－4　粉尘分散度的测定

159. 使用滤膜溶解涂片法应注意哪些事项？

（1）所用玻璃器皿等，应保持清洁避免粉尘污染。

（2）若粉尘颗粒过多影响测定时，可加适量醋酸丁酯稀释，重新制备标本进行测定。

（3）每批滤膜在使用之前应做对照实验，测其被污染情况。若滤膜本身仅含有少量粉尘，对测定结果影响不大。

(4)对可溶于有机溶剂中的粉尘和纤维状粉尘本法不适用,可采用自然沉降法。

160. 使用自然沉降法测定所需器材有哪些?

(1)格林氏沉降器。

(2)盖玻片(18mm×18 mm)。

(3)载物玻片(75mm×25mm×1mm)。

(4)胶水。

(5)镊子。

(6)显微镜。

(7)目镜测微尺。

(8)物镜测微尺。

(9)计数器。

161. 如何使用自然沉降法进行测定粉尘,应注意哪些事项?

(1)使用自然沉降法进行测定时,应按如下要求进行:

1)采样前准备。将盖玻片用铬酸洗液浸泡,先用水冲洗,再用95%酒精棉球擦净,放入沉降器的凹槽内,推动滑板至底座平齐,盖上圆筒盖,以备采样。

2)现场采样。在工人经常工作地点的呼吸带采样。将滑板向凹槽方向推动,直至圆筒位于底座之外,取下圆筒盖,上下晃动数次,使含尘空气融入圆筒内,推动滑板至与底座平齐,盖上圆筒盖,将沉降器放在没有振动的室内,水平静置3h,使尘粒自然沉降在盖玻片上。

3)标本的制备。将沉降器滑板推出底座外,用少许胶水涂在盖玻片的四角,并用载物玻片压在凹槽上,使盖玻片粘贴在载物玻片上,贴上标签写明标本的编号、采样地点及日期。保存在标本盒中,以备显微镜下测量。

4)分散度的测定。粉尘分散度的测量及计算同滤膜溶解涂片法。

(2)使用自然沉降法应注意如下事项:

1)沉降时间必须充足,否则不能得到粉尘粒子分散度的真实情况。

2)采样后,在由现场送回实验室的过程中要小心的放置,防止盖玻片从凹槽中掉出。

162. 使用级联冲击计量法测定所需器材结构如何?

级联冲击器是由数个单级冲击器组成的,常用的是5~10级,每一级冲击器主要由喷嘴、捕集板和衬垫组成。

(1)喷嘴有圆形和条缝形两种。每级冲击器可以是单孔喷嘴,也可以是多喷嘴。每级喷嘴的大小由该级的有效切割粒径及喷嘴出口气流流速确定。

(2)常用的捕集板是平板,可用于圆形或条缝形喷嘴的级联冲击器。锥形捕集板用于圆形喷嘴冲击器,锥体的底部可收集被冲击或反弹下来的大颗粒粉尘。直角形捕集板用于条缝形喷嘴冲击器。

(3)衬垫的作用是防止冲击到冲击板上的粉尘将已捕集的粉尘冲刷下来或反弹回气流引起二次扬尘,使用衬垫还可以方便捕尘和称量,保证称量的精度。常用的衬垫材料有氯乙烯纤维滤膜、玻璃纤维滤膜和涂油的金属箔等。

163. 级联冲击器有哪几类？

级联冲击器的种类较多，根据喷嘴形状、个数及捕集板的形式可以分为以下几类：

(1)单孔圆形喷嘴级联冲击器。这类冲击器是由几级每段一个圆形喷嘴的冲击段组成的。捕集板是平板形式。如国产 YCJ－Ⅰ型飘尘粒度浓度测定仪和 YCJ－Ⅱ型冲击式粉尘粒度浓度测定仪。

(2)多孔圆形喷嘴级联冲击器。此类多孔冲击器由于结构紧凑，适用于高温下作业，国内外已广泛应用于烟道粉尘粒径分布的测定。如 WY－Ⅰ型烟道冲击式粉尘分析仪及 YLF－Ⅰ型冲击式粉尘粒径分析仪等。

(3)狭缝形喷嘴级联冲击器。由狭缝形喷嘴冲出的气流中所含的尘粒，由旋转圆鼓形冲击板收集。

级联冲击器能够不破坏粉尘在分散介质中的原始状态而直接测定其原始状态下的粒径分布，其结构简单、紧凑、维护使用方便、体积小，收集性能稳定，而且具有自动分级的特点。但是也存在着“反弹”壁损失等缺点，导致二次粉尘飞扬和粉尘损失的误差。

164. 游离二氧化硅含量测定的意义是什么？

医学研究已经证明，生产性粉尘中的游离二氧化硅，是致尘肺病的主要矿物成分，因此当今世界各国矿山的安全规程中，对作业环境空气中粉尘浓度允许值的规定，都是以粉尘中的游离二氧化硅含量值为依据。我国 2006 年修订的《煤矿安全规程》中第 739 条规定：“作业场所空气中粉尘(总粉尘、呼吸性粉尘)浓度应符合表 4－1 的要求。”

表 4－1 作业场所空气中粉尘浓度标准

粉尘中游离 SiO_2 的含量/%	最高允许浓度/$mg \cdot m^{-3}$		粉尘中游离 SiO_2 的含量/%	最高允许浓度/$mg \cdot m^{-3}$	
	总粉尘	呼吸性粉尘		总粉尘	呼吸性粉尘
<10	10	3.5	50～<80	2	0.5
10～50	2	1	≥80	2	0.3

由此可见粉尘中游离二氧化硅的含量与尘肺癌的发生发展有着密切的关系，所以全面掌握并做好游离二氧化硅的含量监测，对于有效预防控制职业病的发生尤为重要。

165. 游离二氧化硅分析方法有哪些，其原理如何？

所谓游离二氧化硅，是指岩石中自然存在的结晶或非结晶形态的单晶体石英矿物成分。显然，粉尘中的游离二氧化硅来自各类本体岩石或其他矿物质中，如果本体岩石或其他矿物质中的游离二氧化硅成分组成分布是均一的，则所产生的粉尘及其中的游离二氧化硅含量应当有一定的比例。

目前，分析粉尘中的游离二氧化硅含量的方法，总的来说分为两大类。

第一类：利用特定的化学药剂将粉状粉尘样破坏(即溶解、熔融)，使其中的游离二氧化硅成分与其他成分完全分离开，然后采用直接计重法或采用化学容量法及比色法测出游离二氧化硅含量，此方法称为化学法，这类方法分为以下两类：

(1)焦磷酸重量法。硅酸盐溶于加热的焦磷酸而石英几乎不溶，以重量法测定粉尘中游离二氧化硅的含量。

(2)碱熔(钼蓝比色法)。在800~900℃高温下,混合熔剂与硫酸盐不起作用,而选择性地熔融游离二氧化硅,生成可溶性硅酸钠,在酸性条件下,硅酸钠与钼酸铵作用,形成硅钼酸配合物,遇还原剂可还原成钼蓝,根据颜色深浅进行比色。本方法适用于含硅酸盐少的样品,若样品中含硅酸盐多时,测定结果会比焦磷酸重量法偏高。

第二类:保持矿岩物质粉尘的化学组成不被破坏而直接测定其中的游离二氧化硅的含量。目前,广泛使用红外光谱吸收法及X射线荧光衍射分析法等,这些方法是利用石英所具有的光学特性和晶态转换垫的特性进行分析,因此也称为物理分析法。

红外光谱测定法基本原理:光谱学是研究物质与电磁辐射相互作用的一门学科,按频率大小的次序,将电磁波排成一个谱,此谱称为电磁波谱。不同频率(波长)的电磁波,所引起的作用也不同,因此出现了各种不同的波谱法。其中红外吸收波谱,仅是电磁波谱中的一种。按红外波长的不同,可分为三个区域,即近红外区(波长为0.77~2.5μm)、中红外区(波长为2.5~25μm)、远红外区(波长为25~1000μm)。红外光谱分析主要是应用中红外光谱区域。物质的分子是由原子或原子团(基团或功能团)组成的,在一个含有多原子的分子内,其原子的振动转动能级具有该分子的特征性频率。如果具有相同振动频率的红外线通过分子时,将会激发该分子的振动转动能级由基态能量跃迁到激发态,从而引起特征性红外吸收谱带,利用基团振动频率与分子结构具有一定相互关系,可确定该分子的性质,此即红外光谱的定性分析,其特征性吸收谱带强度与该化合物的质量,在一定范围内呈正相关关系,符合比尔·朗伯特定律,此即红外光谱的定量分析。

随着科学技术的发展,物理分析法所需的仪器设备更加完善和日益自动化。物理分析法的优点是样品用量少、测定速度快,而且可直接测定从空气中滤集的粉尘中游离二氧化硅的含量,是粉尘中游离二氧化硅含量测定的方向。

166. 使用焦磷酸重量法检测时需要哪些器材与试剂?

(1)器材。

1)硬质锥形烧瓶(50mL)、量筒(25mL)、烧杯(250~400mL)、玻璃漏斗(60°)等器皿。

2)温度计(0~360℃)。

3)玻璃棒(长300mm,直径5mm)。

4)可调式电炉(0~1100W)。

5)高温电炉(温度控制0~1100℃)。

6)瓷坩埚或铂坩埚(带盖);坩埚钳或尖坩埚钳、干燥器(内盛有变色硅胶)。

7)抽滤瓶(1000mL)。

8)玛瑙乳钵。

9)慢速定量滤纸(7~9瑙)。

10)粉尘筛(200目)。

(2)试剂(以下均为二级化学纯试剂)。

1)焦磷酸试剂,将85%磷酸试剂加热,沸腾至250℃不冒泡为止,冷却后,置于塑料试剂瓶中。

2)氢氟酸。

3)结晶硝酸铵。

4)0.1mol/L 盐酸。

167. 如何使用焦磷酸重量法进行粉尘测定?

(1)采样。采集工人经常工作地点呼吸带附近的悬浮粉尘。按滤膜直径为75mm的采样方法以最大流量采集0.2g左右的粉尘,或用其他合适的采样方法进行采样;当受采样条件限制时,可在其呼吸带高度采集沉降尘。

(2)分析步骤。

1)将采集的粉尘样品放在105℃±3℃烘干箱中烘干2h,稍冷,贮于干燥器中备用。如粉尘粒子较大,可先过200目粉尘筛,取筛下粉尘用玛瑙乳钵研细至手捻有滑感为止。

2)准确称取0.1~0.2g粉尘样品,置于50mL的锥形烧瓶中。

3)若样品中含有煤、炭素及其他有机物的粉尘时,应放在瓷坩埚中,在800~900℃下灼烧30min以上,使碳及有机物完全灰化,冷却后将残渣用焦磷酸洗入锥形烧瓶中;若含有硫化矿物(黄铁矿、黄铜矿、辉钼矿等),应加数毫克结晶硝酸铵于锥形烧瓶中。

4)用量筒取15mL焦磷酸,倒入锥形烧瓶中,摇动、搅拌,使样品全部湿润。搅拌时取一支玻璃棒与温度计用胶圈固定在一起,玻璃棒的底部比温度计长约2mm。

5)将锥形烧瓶置于可调电炉上,迅速加热至245~250℃,保持15min,并且用带有温度计的玻璃棒不断搅拌。

6)取下锥形烧瓶,在室温下冷却到100~150℃,再将锥形烧瓶放入冷水中冷却到40~50℃,在冷却过程中,用加热的蒸馏水(50~80℃)稀释到40~45mL,稀释时一边加水,一边用力搅拌混匀,使黏稠的酸与水完全混合。

7)将锥形烧瓶内液体小心移入250mL或400mL的烧杯中,用蒸馏水冲洗温度计、玻璃棒及锥形烧瓶。把洗液一并倒入250mL或400mL的烧杯中,并加蒸馏水稀释至150~200mL,用玻璃棒搅匀。

8)将烧杯放在电炉上煮沸内盛液体,同时将60°玻璃漏斗放置在1000mL抽滤瓶上,并在漏斗中放置无灰滤纸过滤(滤液中有尘粒时,须加纸浆),滤液勿倒太满,一般约在滤纸的2/3处。为增加过滤速度,可用胶管与玻璃抽气管相接,利用水流产生负压加速过滤。

9)过滤后,用0.1mol/L热盐酸(10mL左右)洗涤烧杯并移入漏斗中,将滤纸上的沉渣冲洗3~5次,再用热蒸馏水洗至无酸性反应为止(可用pH试纸检验)。如用铂坩埚时,要洗至无磷酸根反应后再洗三次,以免损坏铂坩埚。

10)将带有沉渣的滤纸折叠数次,放于恒重的瓷坩埚中,在80%的烘干箱中烘干,再放在高温电炉中炭化。炭化时要加盖并稍留一小缝隙,在炭化过程中,滤纸在燃烧时应打开高温电炉门,放出烟雾后,继续加温在800~900℃中灼烧30min,待炉内温度下降到300%左右时,取下瓷坩埚,在室温下稍冷后,再放入干燥器中冷却1h,称至恒重并记录质量。

(3)计算。

$$w_{SiO_2} = \frac{G_1 - G_2}{G_0} \times 100\% \qquad (4-8)$$

式中　w_{SiO_2}——粉尘中游离 SiO_2 含量;

G_1——坩埚及残渣质量；

G_2——空坩埚质量；

G_0——粉尘样品质量 。

168. 使用焦磷酸重量法应注意哪些事项?

(1)粉尘样品中如含有硫化矿物时(如黄铁矿、黄铜矿、辉钼矿等),需在加焦磷酸溶解时,加少许结晶硝酸铵。在120~170℃左右,硝酸铵分解对硫化物起氧化作用,同时冒出二氧化氮(NO_2),在此温度保持3~5min,使硫化矿物完全溶解。如所加硝酸铵量不够,可待温度降至100℃左右再补加硝酸铵继续加热,硝酸铵也可使有机物被氧化除去。

(2)粉尘样品中如含有碳酸盐时,在加热时因碳酸盐遇酸分解产生泡沫,要注意控制温度,缓慢加热,勿使作用太剧烈,以免样品损失。

(3)如样品为炭素粉尘时,如煤、石墨、活性炭等,称量后需先在瓷坩埚中炭化,并在900℃灼烧30min,使有机物及碳完全烧掉,冷却后将残渣用焦磷酸洗入锥形瓶中,如焦磷酸太黏可加温到40~50℃再用。

(4)焦磷酸溶解硅酸盐时,温度不得超过250℃,否则易形成胶状沉淀,影响测定。

(5)焦磷酸与水混合时应缓慢并充分搅拌,否则易形成胶状沉淀,使过滤困难。

(6)过滤时需用致密的无灰滤纸,如无致密的无灰滤纸或在滤液中见有白色的粉尘漏过时,可用较疏松的无灰滤纸做成纸浆倾倒在漏斗中放好的滤纸上,纸浆的制法是取一张无灰滤纸加10mL 1∶1 盐酸,煮5min 并捣烂,加水稀释到200mL,搅拌成悬浮液,平均分配到10个漏斗上使用。

169. 运用红外分光光谱法测定游离 SiO_2 的原理是什么,需要哪些器材与试剂?

生产性粉尘中最常见的是α-石英。三个特征吸收带(即800cm^{-1}、780cm^{-1}、595cm^{-1}三处)的特点在一定范围内其吸光度值与α-石英质量呈线性关系,符合朗伯·比尔定律。

器材及试剂。

(1)器材。红外分光光度计、压片机及锭片模具、感量为10^{-5}g 或10^{-6}g 分析天平、箱式电阻炉或低温灰化炉、干燥箱及干燥器、玛瑙乳钵、200 目粉尘筛、瓷坩埚、坩埚钳、无磁性镊子。

(2)试剂。

1)标准石英:纯度99%以上,粒度小于5μm,于10%氢氧化钠溶液中浸泡4h,以除去石英表面的非晶形物质,用蒸馏水冲洗至中性(pH 值为7),干燥备用。

2)溴化钾:优级纯或光谱纯。过200 目粉尘筛后,用湿式法研磨,于150℃烘干后贮存于干燥器中备用。

3)无水乙醇:分析纯。

170. 如何运用红外分光光谱法测定游离 SiO_2?

(1)样品采集。按粉尘浓度测定方法的规定进行采样,将阻留在滤膜上的粉尘称取质量,并记录。

(2)样品处理。将采尘后的滤膜受尘面向内对折三次,放置洁净的瓷坩埚内,置于低温灰化炉或电阻炉内逐渐加温至700℃±50℃,持续30min 后断电,温度降至100℃以下时,打开炉门小心取出，放置在干燥器中待用。

取溴化钾250mg和灰化后的粉尘样品一起放入玛瑙乳钵中研磨，充分研磨混合后，连同压片模具一起放入干燥箱内（110℃ ±5℃）10min，取出后迅速将样品用小毛刷扫至压片模具中，压力达25～30MPa，持续3min，制备出测定样品锭片。

取空白滤膜一张，放入瓷坩埚与测定样品同时灰化，与250mg溴化钾一起，放入玛瑙乳钵中研磨混匀，按上述方法进行压片处理，制备出参比样品锭片。

（3）样品测定。打开稳压电源，待电压稳定在220V后，打开红外分光光度计主机开关并预热1h，根据各种类型红外仪技术性能确定测试条件，以X横坐标记录900～600cm^{-1}的光谱图形，并在900cm^{-1}处校正0%和100%，以Y纵坐标表示吸光度值。

分别将测定样品锭片与参比样品锭片置于样品室光路中进行扫描，以不同角度，扫描3次，记录800cm^{-1}处的吸光度值。根据三次结果的平均吸光度值，查石英标准曲线，计算出样品中游离二氧化硅质量。

（4）石英标准曲线制备。精确称取小于5g标准石英，分别称取不同剂量的标准石英尘（10～1000g），各加入250mg溴化钾，并置于玛瑙乳钵中，充分研磨混匀，按上述样品制备方法作出透明锭片。

制备石英标准曲线样品的分析条件应与被测样品的分析条件完全一致。

将不同质量的标准石英锭片，置于样品室光路中进行波数扫描，根据红外光谱900～600cm^{-1}区域内游离二氧化硅具有三个特征吸收带的特点，即800cm^{-1}、780cm^{-1}、595cm^{-1}三处吸光度值为纵坐标，石英质量为横坐标，绘制出三条不同波数的石英标准曲线。

制备标准曲线时，每条曲线有6个以上质量点，每个质量点应不少于3个平行样品，并求出标准曲线回归方程。在无干扰的情况下，一般选用800cm^{-1}标准曲线进行定量分析。

（5）粉尘中游离二氧化硅含量计算。根据实测的粉尘样品的吸光度值，查石英标准曲线，求出样品中游离二氧化硅质量，按式（4－9）计算粉尘中游离二氧化硅含量。

$$w_{SiO_2} = \frac{M}{G} \times 100\% \qquad (4-9)$$

式中　w_{SiO_2}——粉尘中游离二氧化硅含量，%；

M——粉尘样品测出的游离二氧化硅的质量，mg；

G——粉尘样品质量，mg。

171. 运用红外分光光谱法测定游离SiO_2注意事项有哪些？

本法的石英最低检出量为10mg，平均回收率为96.0%～99.0%，精确度达0.64%～1.41%。

（1）粉尘粒度大小对测定结果有一定影响，粉尘样品、石英标准样品粒度小于5μm者占95%以上，方可进行测定分析。

（2）煤尘样品灰化温度对定量结果有一定影响，样品灰化时应从室温开始升温至600℃，若粉尘样品中存有大量高岭土成分时，在高于600℃灰化时产生分解，于800cm^{-1}附近产生波峰干扰；如灰化温度小于600℃时，可消除干扰。

（3）粉尘样品质量多少可影响吸收峰值，所以锭片直径为13mm时，岩尘样品质量在1～2mg，煤尘样品质量在4～6mg，微量锭片直径刀2mm时，粉尘样品不可低于0.5mg（十万分之一克天平)增量。

(4)为减少测量时产生随机性误差,实验室温度控制在18~26℃之间,相对湿度应小于50%。

(5)标准曲线应每半年进行修正或重新制作。

172. 为什么对粉尘测定数据、资料进行分析处理?

粉尘测定是对粉尘作业场所进行安全卫生监督的必要手段,粉尘测定资料反映生产场所粉尘污染及危害状况,为防尘措施的制定与效果的评价、改善作业环境等提供了科学依据,因此应按国家有关规定进行粉尘测定,同时做好测定资料的管理及统计分析工作。

对粉尘测定资料进行正确的统计分析,可使测定结果更具有科学性、可靠性,而不正确的处理可导致错误的结论,给安全生产、防尘、职业病防治带来不必要的损失,所以做好测定资料的统计分析处理是非常必要的。

173. 如何搞好粉尘资料的登记与整理?

(1)粉尘采样现场记录。粉尘采样现场记录表一般应包括采样地点、位置、采样时间、流量、生产工序及样品编号,还应有与粉尘有关的生产状况(包括粉尘来源、性质、粉尘在时间、空间扩散变化的情况等)、防尘措施、设备的使用情况、采样有无异常情况及采样时的生产环境、气象条件、采样日期及采样者。这种原始记录是一切测定结果的基础。粉尘采样现场记录格式见表4-2。

表4-2 粉尘采样现场记录

<table>
<tr><td colspan="2">矿别</td><td colspan="2">区科</td><td>工作地点</td></tr>
<tr><td colspan="2">采样地点及位置</td><td colspan="3">生产工序</td></tr>
<tr><td colspan="2">样品编号</td><td colspan="2">采样流量(L/min)</td><td>采样时间(min)</td></tr>
<tr><td rowspan="3">测定情况</td><td colspan="4">1. 生产情况</td></tr>
<tr><td colspan="4">2. 防尘措施、设施、设备及使用情况</td></tr>
<tr><td colspan="4">3. 采样情况</td></tr>
<tr><td colspan="2">气象条件:气温(℃)</td><td>气压(kPa)</td><td>气流(m/s)</td><td>相对湿度(%)</td></tr>
<tr><td colspan="2">采样日期: 年 月 日</td><td colspan="3">采样人:</td></tr>
</table>

(2)粉尘采样称量结果记录。粉尘采样结果是粉尘测定的核心部分,记录应更为详细。除对不同单位、不同粉尘种类、不同采样地点的样品加以记录外,还要记录采样时的流量和时间,以备在称量结果出现异常时分析异常情况出现的原因,便于对采样或称量时出现的问题做出正确的判断,粉尘采样称量结果见表4-3。

表4-3 粉尘采样称量结果

<table>
<tr><td rowspan="3">采样日期</td><td rowspan="3">粉尘种类</td><td rowspan="3">采样地点</td><td rowspan="3">样品编号</td><td rowspan="3">采样流量
/L·min⁻¹</td><td rowspan="3">采样时间
/min</td><td colspan="6">称量结果</td></tr>
<tr><td colspan="3">非呼吸性粉尘</td><td colspan="3">呼吸性粉尘</td></tr>
<tr><td>采前</td><td>采后</td><td>增重</td><td>采前</td><td>采后</td><td>增重</td></tr>
<tr><td></td><td></td><td></td><td></td><td></td><td></td><td></td><td></td><td></td><td></td><td></td><td></td></tr>
</table>

(3)粉尘浓度测定结果记录。一般可按一个月内依次测定日期的顺序逐个加以登记，即可看出粉尘浓度变化的概况，粉尘浓度测定结果见表4-4。

表4-4 粉尘浓度测定结果

采样单位	采样日期	粉尘种类	样品编号	流量/L·min^{-1}	采样时间/min	采样地点	浓度结果/L·min^{-1}			备注
							非呼吸性粉尘	呼吸性粉尘	总尘	

(4)粉尘浓度统计结果。粉尘浓度统计结果是将粉尘测定的原始数据结合测定情况，加以分析，使之上升为可供分析用的理性资料，这项工作是粉尘资料登记报告工作中的重要环节，只有经过统计分析的资料，才能去伪存真，使测定结果更具有真实性、准确性和代表性，使其成为可靠的资料。目前多按月统计进行报告，粉尘浓度统计结果见表4-5。

表4-5 ____矿____年____月粉尘浓度统计结果

国家标准/mg·cm^{-3}	尘类	低于标准/个	超过标准/个	小计/个	合格率/%	平均值/mg·m^{-3}	最高值/mg·m^{-3}	最低值/mg·m^{-3}
2	全岩巷道 半岩巷道 井上 小计							
6	砌碹巷道 喷浆巷道 井上 小计							
10	井上煤尘 井下煤尘 井上岩尘 小计							
合计	全岩 半岩 全煤 井上							

尘类	全岩	半煤岩	全煤	井上	合计
产尘点数					
应测点数					
实测点数					
实测率					

174. 如何对粉尘分散度进行测定记录？

粉尘分散度测定结果可按表 4－6 记录。

表 4－6　粉尘分散度测定结果

<table>
<tr><td>矿　别</td><td colspan="2"></td><td colspan="3">区　科</td><td colspan="2"></td><td colspan="3">工作地点</td><td colspan="2"></td></tr>
<tr><td>采样地点</td><td colspan="2"></td><td colspan="3">粉尘性质</td><td colspan="2"></td><td colspan="3">生产工序</td><td colspan="2"></td></tr>
<tr><td>采样方式</td><td colspan="2"></td><td colspan="3">样品编号</td><td colspan="2"></td><td colspan="3">采样日期</td><td colspan="2"></td></tr>
<tr><td>测定结果</td><td colspan="12"></td></tr>
<tr><td>测定方法</td><td colspan="12"></td></tr>
<tr><td>显微镜光学条件</td><td colspan="12"></td></tr>
<tr><td>目镜测微尺 1 刻度的长度/μm</td><td colspan="12"></td></tr>
<tr><td>粉尘粒径/μm</td><td colspan="3"><2</td><td colspan="3">2～5</td><td colspan="3">5～10</td><td colspan="3">>10</td></tr>
<tr><td>尘粒数/个</td><td colspan="3"></td><td colspan="3"></td><td colspan="3"></td><td colspan="3"></td></tr>
<tr><td>比例/%</td><td colspan="3"></td><td colspan="3"></td><td colspan="3"></td><td colspan="3"></td></tr>
<tr><td>报告者</td><td colspan="12">报告日期　　　　年　月　日</td></tr>
</table>

175. 如何对矿山粉尘测定结果进行评价？

为了对矿山生产环境中粉尘的来源、性质、存在情况、环境污染程度、对人体的危害程度等做出全面的评价，必须做到：

(1)根据粉尘浓度实测结果并结合生产情况、防尘措施及设备的情况以及粉尘中游离二氧化硅的含量及分散度的结果，用国家标准来衡量并进行综合分析。

(2)结合个体粉尘采样结果尤其是呼吸性粉尘及总粉尘采样结果，以便对人体危害状况进行可靠分析。

176. 如何对矿山粉尘测定的数据、资料进行分析处理？

对粉尘危害进行全面的正确的评价，仅有原始测定结果是不够的，还需对结果进行统计处理，才能去伪存真，科学地阐明事物的内在联系和规律，使结果更真实、可靠、具有代表性。

(1)指标的计算。实测率、合格率是常用的指标，一般以百分率表示(%)。

实测率是指实际测定的点次数占应测定点次数的百分率。

即　　实测率＝实测次数/应测次数×100%

合格率是指实测结果中达到粉尘卫生标准的点次数占实测点次数的百分率，也可称达标率。

即　　合格率＝合格次数/实测次数×100%

(2)平均数。平均数是分析计量资料常用的一种统计指标，用来描述一组同质计量资料集中趋势，平均水平的指标给人以概括的印象，且便于事物间进行比较。常用的有算术均数、几何均数、中位数等。在日常测定报表中的平均数即是算术均数，是反映月、季、年粉尘浓度集中趋势或平均水平的指标，当粉尘浓度波动范围不大、浓度分布呈正态分布时，用此指标较为合理，有代表性；当波动范围大、分布呈非正态分布时，则多以几何均数表示，即将粉尘测定结果进行对数换算，使之成为对数正态分布，再求对数的真值，即几何均数；此外也可用中位数表示平均水平。

1）算术均数。

$$\overline{X}=\frac{X_1+X_2+\cdots+X_n}{n}=\sum_{1}^{n}X_i \tag{4-10}$$

式中　$\overline{X}$——算术均数；

$X_1,X_2,\cdots,X_n$——样品结果；

n——测定例数。

2）几何均数。

小样本几何均数按式（4-11）计算。

$$G=\sqrt[n]{X_1X_2\cdots X_n} \tag{4-11}$$

为便于计算也可直接将原始结果先进行对数换算，求出几何平均值的对数后，再计算出对数的反对数，即可求出几何均值。

$$\lg G=\frac{\lg X_1+\lg X_2+\cdots+\lg X_n}{n}=\frac{\sum_{1}^{n}\lg X_i}{n} \tag{4-12}$$

式中　G——几何均数；

$\lg X_1,\lg X_2,\cdots,\lg X_n$——每个样品的对数值；

n——样本例数。

3）中位数。把粉尘测定结果按大小顺序排列，居中的那个测定值即为中位数，计算时因样品个数有奇、偶之分，方法略有不同。

奇数时，按式（4-13）计算。

$$M=\frac{(n+1)X}{2} \tag{4-13}$$

偶数时，按式（4-14）计算。

$$M=\frac{\frac{n}{2}X+\frac{n}{2}+1}{2} \tag{4-14}$$

式中　M——中位数；

X——样品结果；

n——样本例数。

当样本数足够大时，可编制频数分配表计算。

第五章　露天矿山粉尘的防治

177. 预防粉尘危害的措施有哪些？

生产性粉尘的危害是完全可以预防的，为了防止粉尘的危害，我国政府颁布了一系列法规和法令，预防粉尘危害的措施有组织措施、技术措施和卫生保健措施。

(1)组织措施。加强组织领导是做好防尘工作的关键。粉尘作业较多的厂矿领导要有专人分管防尘事宜；建立和健全防尘机构，制定防尘工作计划和必要的规章制度，切实贯彻综合防尘措施；建立粉尘监测制度，大型厂矿应有专职测尘人员，医务人员应对测尘工作提出要求，定期检查并指导，做到定时定点测尘，评价劳动条件改善情况和技术措施的效果；做好防尘的宣传工作，从领导到广大职工，让大家都能了解粉尘的危害，根据自己的职责和义务做好防尘工作。

(2)技术措施。技术措施是防止粉尘危害的中心措施，主要在于治理不符合防尘要求的产尘作业和操作，目的是消灭或减少生产性粉尘的产生、逸散，以及尽可能降低作业环境粉尘浓度。

1)改革工艺过程，革新生产设备，是消除粉尘危害的根本途径，应从生产工艺设计、设备选择，以及产尘机械在出厂前就应有达到防尘要求的设备等各个环节做起。如采用封闭式风力管道运输，负压吸砂等消除粉尘飞扬，用无硅物质代替石英，以铁丸喷砂代替石英喷砂等。

2)湿式作业是一种经济易行的防止粉尘飞扬的有效措施。凡是可以湿式生产的作业均可使用。例如，矿山的湿式凿岩、冲刷巷道、净化进风；石英、矿石等的湿式粉碎或喷雾洒水，玻璃陶瓷业的湿式拌料，铸造业的湿砂造型、湿式开箱清砂、化学清砂等。

3)密闭、吸风、除尘。对不能采取湿式作业的产尘岗位，应采用密闭、吸风、除尘方法。凡是能产生粉尘的设备均应尽可能密闭，并用局部机械吸风，使密闭设备内保持一定的负压，防止粉尘外逸。抽出的含尘空气必须经过除尘净化处理，才能排出，避免污染大气。

(3)卫生保健措施。预防粉尘对人体健康的危害，第一步措施是消灭或减少发生源，这是最根本的措施。其次是降低空气中粉尘的浓度。最后是减少粉尘进入人体的机会，以及减轻粉尘的危害。卫生保健措施属于预防中的最后一个环节，虽然属于辅助措施，但仍占有重要地位。

1)个人防护和个人卫生。对受到条件限制一时粉尘浓度达不到允许浓度标准的作业，佩戴合适的防尘口罩就成为重要措施。防尘口罩要滤尘率、透气率高，重量轻，不影响工人视野及操作。开展体育锻炼，注意营养，对增强体质，提高抵抗力具有一定意义。此外应注意个人卫生习惯，不吸烟，遵守防尘操作规程，严格执行未佩戴防尘口罩不上岗操作的制度。

2)就业前体检和定期体检。对新从事粉尘作业工人，必须进行健康检查，目的主要是发现粉尘作业就业禁忌症及作为健康资料。定期体检的目的在于早期发现粉尘对健康的损害,发现有不宜从事粉尘作业的疾病时,及时调离。

3)保护尘肺患者能得到合适的安排,享受国家政策允许的应有待遇,对其应进行劳动能力鉴定,并妥善安置。

178. 露天矿山的粉尘危害日益引人关注的原因是什么?

(1)露天开采矿石量占的比例大。在我国大中型矿山,如铁矿石产量,露天矿山占90%以上;小型矿山,尤其乡镇矿山,多为劳动密集型的人工作业,接尘人员多,粉尘污染严重。如对7个省10个县乡镇企业的调查,平均粉尘浓度超标5~43倍,粉尘合格率仅13%。

(2)同规模矿山,露天开采时,除采矿量外,还有几倍的剥岩工程量。据我国19座大中型矿山统计,剥采比平均3.7m^3/m^3,有的11.36m^3/m^3。采剥总量大,产尘量当然也大。

(3)因受季节、气象条件限制,特别是北方冬季时间长、夏季干燥等不利因素,致使露天矿山,特别是深凹露天矿山的尘害问题,已经成为"老大难"问题。如原冶金部即将"深凹露天矿山防尘"列为科技攻关项目。

(4)露天矿山产尘不仅直接危害职工健康,还会对矿区附近的大气造成常年性的污染,致使农作物减产,由此而产生的纠纷及赔款事件,已经是许多矿山令人头痛的问题。

(5)作业区内粉尘浓度增大,致使作业区内能见度大大降低,这一问题在有雾或夜间更显严重。由此,在包括矿坑底部矿岩卸载车辆多且频繁部位在内的作业区,不仅安全隐患丛生,而且还严重影响了正常生产效率。前苏联某一矿山曾因此停产约50h。

179. 小型乡镇露天矿山防尘现状如何?

我国大多数小型乡镇露天矿山,因技术装备、管理条件所限,尘害问题一般都比较严重。如一台手持式凿岩机,当不供水而进行干式凿岩时,产尘强度为200~400mg/s,也就是说,在静风条件下,10min就可使几十米范围的采场内粉尘浓度达10mg/m^3 以上。

由于这些矿山多缺乏系统的设计和规范的建设准备工作,致使这些矿山的"三同时"比例不到3%,特别是村镇、个体矿山,无防尘设施、无防尘用水、无监测检查的占90%以上。

在干式凿岩、人工装运及不利于粉尘扩散的狭小矿坑等不利条件下,由于多为近距离作业,加之人员密集,结果是一处产尘,多人吸尘,群体受害。而且,由于劳动强度大、单位时间内吸入的粉尘量大,尘肺病发病加快;又因为多是农民出身的打工者,不懂防尘知识、不懂法律知识,不知应当如何保护自己,在村镇管理极为松散的状态下,更没有劳动卫生机构的定期体检等,致使这些小型矿山的尘害防治问题日益突出。

180. 露天采场为什么是矿区大气污染防治的重点?

由于露天开采强度大,机械化程度高,而且受地面条件影响,在生产过程中产生粉尘量大,有毒有害气体多,影响范围广。据国内有关实测资料表明:穿孔设备的产尘量占总产尘量的6.30%,装载设备产尘量占总产尘量的1.19%,运输设备的产尘量占总产尘量的91.33%,凿岩设备的产尘量占总产尘量的0.57%,推土设备的产尘占总产尘量的0.61%。

不仅如此,在露天矿的开采过程中,使用了穿孔设备、装载设备及运输设备(包括柴油机动力设备)等和硐室爆破,促使露天矿内空气发生一系列尘毒污染;矿物、岩石的风化和氧化等过程也增加对露天矿大气的毒化作用。露天采场大气中混入的污染物质有粉尘、有害有毒气体和放射性气溶胶。如果不采取防止污染措施,露天矿内空气中的有害物质必将大大超过国家卫生标准规定的最高允许浓度,对矿工的健康和附近居民的生活环境将造成严重的危害。因此,防治矿区大气污染的主要对象是露天采场。

181. 露天矿山的粉尘有哪几类,其卫生特征有哪些?

(1)露天矿有两种尘源:一是自然尘源,如风力作用形成的粉尘;二是生产过程中产尘,如露天矿的穿孔、爆破、破碎、铲装、运输及溜槽放矿等生产过程都能产生大量粉尘,其产尘量与所用的机械设备类型、生产能力、岩石性质、作业方法及自然条件等许多因素有关。由于露天矿开采强度大,机械化程度高,又受地面气象条件的影响,不仅有大量生产性粉尘随风飘扬,而且还从地面吹起大量风沙,沉降后的粉尘容易再次飞扬。所以露天矿的粉尘及其导致尘肺病发生的可能性是不可低估的。

(2)露天矿卫生特征表现为:

1)硅肺病是由于吸入大量的含游离二氧化硅的粉尘而引起的。露天矿大气中的粉尘按其矿物和化学成分,可分为有毒性粉尘和无毒性粉尘。含有铅、汞、铬、锰、砷、锑等的粉尘属于有毒性粉尘;煤尘、矿尘、硅酸盐粉尘、硅尘等属于无毒性粉尘,但当这些粉尘在空气中含量较高时,也就成为"有毒"性粉尘了。

2)有毒性粉尘在致病机理方面与硅肺病不同,它不仅单纯作用于肺,其毒性还作用于机体的神经系统、肝脏、胃肠、关节以及其他器官,导致发生特殊性的职业病。

3)露天矿大气中粉尘的含毒性,还表现在粉尘表面能吸附各种有毒气体,如某些有放射性矿物存在的矿山。氡及其气体可吸附于粉尘表面而形成放射性气溶胶。因此,其对人体的危害就不限于硅肺病,还可导致肺癌等疾病。

182. 露天矿山的粉尘对大气有哪些影响?

露天矿山排放的粉尘中,总有一些粒径小于1μm的微细颗粒物,按大气学观点,这些微细固体颗粒总是以气溶胶的形式出现。

(1)气溶胶对大气中的辐射过程有明显作用。在太阳光和红外线波段的光学性质很活跃,并影响着这些波段的辐射传输,对地气系统辐射平均的影响也很显著,因而会减弱太阳光对地球表面的辐射强度,这会影响气候,包括降低温度、影响风速、风向等。

(2)气溶胶的非均相成核作用是云形成的主要机理,在云雾水和降水形成过程中是不可缺少的,同时也是大气污染烟、雾形成的主要原因。事实证明凝结核主要是直径小于0.1μm的气溶胶细粒子。

183. 露天矿山的粉尘对植物有什么危害?

当露天矿山的粉尘落到植物叶子上时,能使植物受到损害。碱性氧化钙粉尘可在植物表面形成一个强碱性反应覆盖区,叶子因此失去很多水分,并使细胞质受到伤害,多数情况下表现为表皮细胞与栅栏细胞的萎缩。对于酸性粉尘,在植物上形成一个黏附层,从而封闭换气用的气孔,阻碍呼吸和光合作用。对于运输扬起的粉尘落到植物叶子上也会降低它的光合作用效率,因为当红外线吸收增多时,粉尘层增强了对光合作用很重要的光谱区段的反射。这样蒙上粉尘的叶子比未蒙上粉尘的叶子就增加了温度,妨碍新陈代谢和水分平衡。

184. 矿山的地质条件如何影响露天矿山大气污染?

矿山的地质条件是影响露天矿环境污染的主要因素之一。因为矿山地质条件是确定剥离和开采技术方案的依据,而开采方向、阶段高度和边坡以及由此引起的气流相对方向和光照情况又影响着大气污染程度。此外,矿岩的含瓦斯性、有毒气体析出强度和涌出量也都与露天矿环境污染有直接关系。矿岩的形态、结构、硬度、湿度又都严重影响着露天矿大气中的空气含尘量。在其他条件相同时,露天矿的空气污染程度随开采深度的增加而趋向严重(图 5-1)。

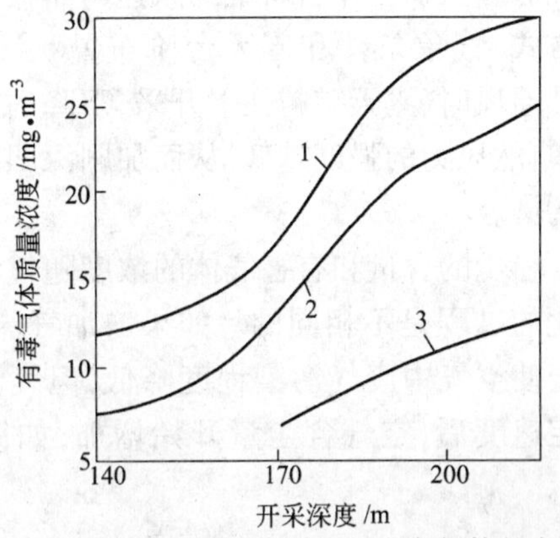

图 5-1 露天矿随深度增加与有毒气体的变化
1—醛类;2—二氧化碳;3—黑烟

185. 矿区的地形、地貌如何影响露天矿山大气污染?

矿区的地形和地貌对露天矿区通风效果有着重要的影响。例如山坡上开发的露天矿,最终也形成不了闭合的深凹,因为没有通风死角,故这种地形对通风有利,而且送入露天矿自然风流的风速几乎相等,即使发生风向转变和天气突变,冷空气也照常沿露天斜面和山坡流向谷地,并把露天矿区内粉尘和毒气带走。相反,如果露天矿地处盆地,四周有山丘围阻,则露天矿越向下开发,所造成深凹越大,这不仅使常年平均风速降低,而且会造成露天矿深部通风风量不足,从而引起严重的空气污染,而易经常逆转风向。而且会造成露天矿周围山丘之间的冷空气,不易从中流出,从而减弱了通风气流。

如果废石场的位置甚高,而且和露天矿坑凹的距离小于其高度的四倍时,废石场将成为露天矿通风的阻力物,造成通风不良、污染严重的不利局面。

一些丘陵、山峦及高地废石场,如果和露天矿坑边界相毗连,不仅能降低空气流动的速度,影响通风效果,而且促成露天采区积聚高浓度的有毒气体,造成露天矿区的全面污染。

186. 气象条件如何影响露天矿山所在地区污染?

气象条件如风向、风速和气温等是影响空气污染的诸因素的重要方面。例如长时间的无风或微风,特别是大气温度的逆增,能促成露天矿内大气成分发生严重恶化。风流速度和阳光辐射强度是确定露天矿自然通风方案的主要气象资料。所以要评价它们对大气污染的影响,应当首先弄清露天矿区常年风向、风速和气温的变化。

高山露天矿区气象变化复杂,冬季,特别是夜间变化幅度更大。前苏联西拜欺斯克露天矿在 1966 年发生了气温逆增,其中 89% 发生在寒冷季节,34% 发生在 1 月份,致使露天矿大气污染严重。其最大特点是发生在夜间和凌晨,如图 5-2 所示。炎热地区的气象,对形成空气对流、加强通风、降低粉尘和有毒气体的浓度是有利的。有强烈对流地区,且露天矿通风较好时,就不易发生气象的逆转。

在尘源和有毒气体产生强度不变的条件下,露天矿大气局部污染程度是下列诸因素的函数:产尘点的风速、风向、紊流脉动速度、尘源到取样地点的距离以及露天矿入风风流的污染状况。露天矿工作台阶上的风速与露天矿的通风方式、气象条件和露天台阶布置状况有关。自然通风时,露天矿越往下开采,下降的深度越大,自然风力的强度越低,从而加剧深凹露天矿的污染。

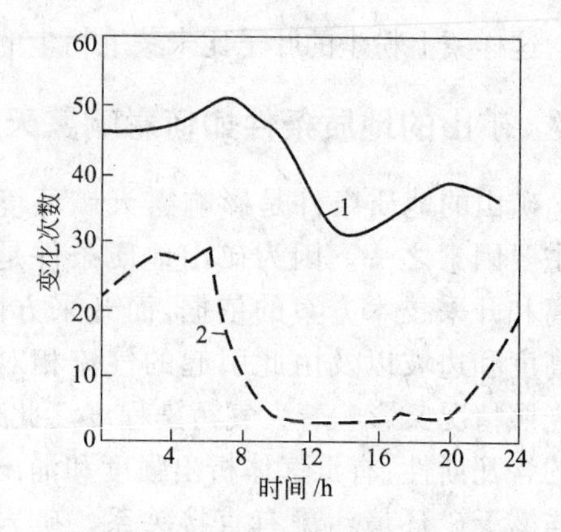

图 5-2 某矿一昼夜污染变化次数
1—冷天;2—热天

粉尘的含量和有害气体的浓度随气流速度变化的过程是不相同的。如果增加气流速度,就会使空气中废气污染程度降低,但气流达到一定速度后,空气含尘量开始增加,如图 5-3 所示。

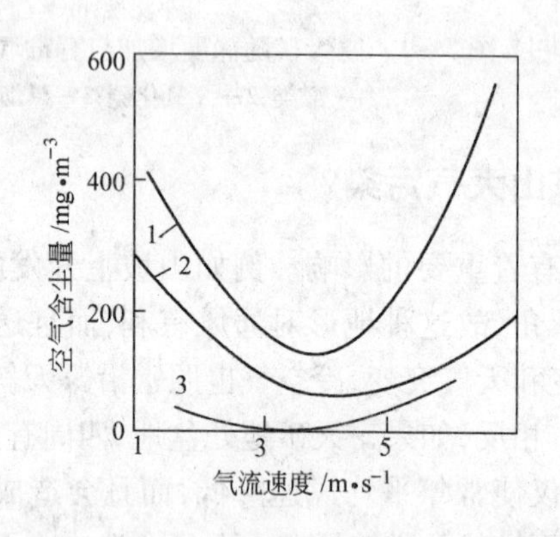

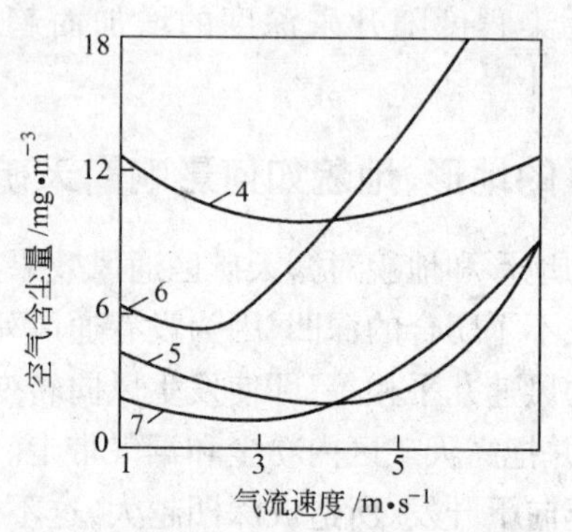

图 5-3 风向、风速变化与空气含尘量的关系
1—破碎机下风侧;2—破碎机上风侧;3—钻机下风侧
4—电铲装矿;5—电铲司机室;6,7—全矿污染

空气的含尘量和废气污染程度变化的特点在于气流速度过高会引起粉尘飞扬。当气流速度尚未达到一定数值时,粉尘和有害气体扩散过程将遵循同一规律,即有害气体和粉尘在空气中含量将下降;气流速度继续增加时,废气浓度继续下降,而空气中含尘量由于沉积粉尘飞扬而增加。这样的空气含尘量变化特征,符合局部污染或整个大气污染的特点,并与工作位置的空气污染和风向有关。在同样速度时的风向变化,可能 2~3 倍地或更多地改变露天矿大气污染和局部大气污染程度。

187. 采、装、运设备能力与露天矿山大气污染有哪些关系?

试验和研究表明:当其他条件相同时,空气含尘量 n(mg/m³)与矿山机械的生产能力的关系,可用式(5-1)表示。

$$n = n_e \exp\left[C_1 \frac{Q - Q_H}{Q_H} \right] \tag{5-1}$$

式中 n_e——已知生产能力或运行速度的矿山机械工作时的空气含尘量,mg/m³;

C_1——与机械类型、结构、开采矿岩的物理机械性质有关的系数;

Q_H，Q——已知的和新的机械生产能力（或机械移运速度），m^3/h（或 km/h）。

式(5-1)为一定结构的矿山机械工作时确定空气的含尘量。所谓"一定结构"指同一型号的电铲但斗容不同、同一结构的钻机但孔径不同，或直径相同但转速不同等。

在计算 Q 值时，对电铲、钻机而言是代表生产能力，即每小时若干立方米；对汽车、推土机和皮带运输机，是代表移动速度，即每小时若干公里。

采掘设备的生产能力与空气含尘量的关系如图5-4所示。图5-4表明，研究过程有三种状态：

(1)空气含尘量的增长速度比机械设备生产能力的增长速度慢。

(2)空气含尘量和机械设备生产能力的增长速度一样。

(3)空气含尘量的增长速度大大超过机械设备生产能力的增长速度。

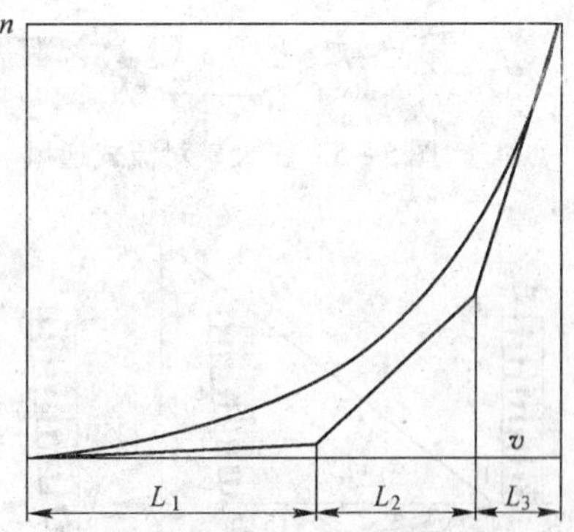

图5-4　采掘设备的生产能力与空气含尘量的关系

上述任何一种状态都取决于描述空气含尘量与机械设备生产能力关系曲线的正切线与横坐标之间的夹角的正切值。线段 L_1，其 $\tan\alpha < 1$，符合第一种状态；线段 L_2，其 $\tan\alpha = 1$ 符合第二种状态；线段三 L_3，其 $\tan\alpha > 1$，符合第三种状态。

露天矿机械设备能力对有毒气体生成量的关系大不相同。例如，使用火力凿岩，当不断增加钻进速度时，有毒气体生成量反而逐渐下降；对柴油发动的运矿汽车和推土机而言，尾气产生量和露天矿大气中有毒气体含量随运行速度提高而直线上升。

188. 露天矿岩的湿度与空气含尘量有什么关系？

露天矿岩的湿度是影响空气含尘量的主要因素之一。随着岩石自然湿度的增加（或者用人工方法增加岩石湿度），能使各种采掘机械在工作时的空气含尘量急剧下降，其关系可用式(5-2)表示。

$$n = n_e - \exp[-\alpha(\varphi - \varphi_e)] \qquad (5-2)$$

式中　n_e——开采具有自然湿度矿岩时的空气含尘量，mg/m^3；

φ_e——矿岩中自然湿度，%；

φ——人工增加矿岩湿度，%；

α——取决于矿岩性质和对矿岩加湿方法的系数。

当电铲工作时，如砂质岩的湿度从4%增加到8%时，电铲周围空气含尘量则从200mg/m^3下降到20mg/m^3；即水分增加一倍，台阶工作面空气中含尘量降为原来的十分之一。

但每种岩石都有自己的最佳值，超过该值后，空气中含尘量降低不多。所以，如果增加岩体的湿度超过上述极限值，从经济和卫生方面考虑都是不合适的。

189. 露天矿自然通风方式有几类，其分类的依据和特征如何？

露天矿自然通风的基本方式有四类：

对流式（图5-5）、逆增式（图5-6）、直流式（图5-7）、复环流式（图5-8）。

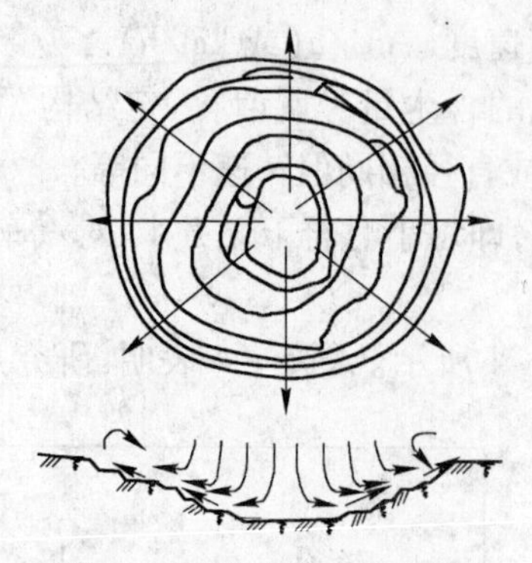

图 5－5 露天矿对流式通风

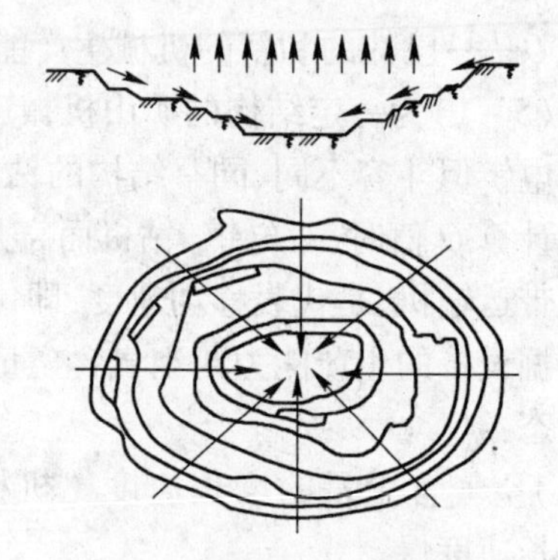

图 5－6 露天矿逆增式通风

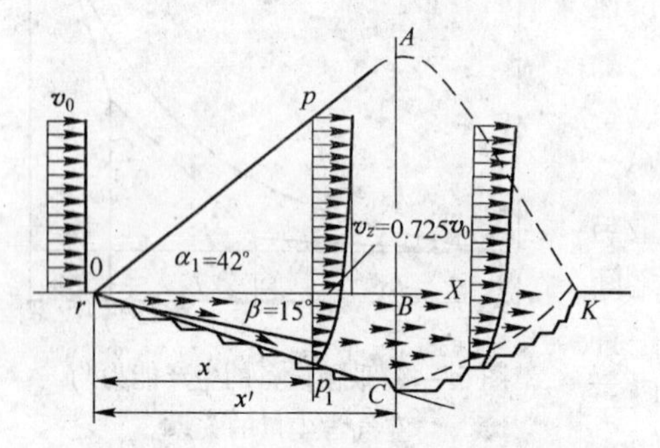

图 5－7 露天矿直流式通风

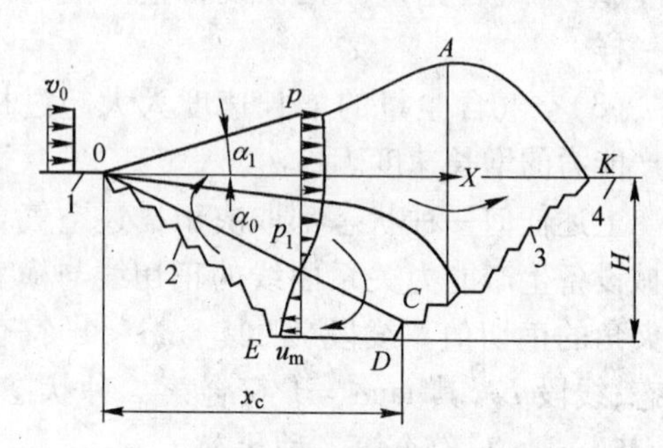

图 5－8 露天矿复环流式

1—采场上的风侧；2—背风边帮；

3—迎风边帮；4—采场下风侧

另有三种彼此组合的形式：逆增－对流式、复环流－直流式、直流－复环流式。其分类的依据和特征见表 5－1。

表 5－1 露天矿自然通风方式分类

通风方式	大气物理条件	主要动力	决定性参数
对流式	$\Delta t>1℃/100m$ $v_0<0.8\sim1.0m/s$	热 力	与 L、H、β 无关
逆增式	$\Delta t<0$ $v_0<0.8\sim1.0m/s$	热 力	与 L、H、β 无关
逆增－对流式	一帮 $\Delta t<0$，另一帮 $\Delta t>1℃/100m$ $v_0\leqslant1\sim1.5m/s$	热 力	与 L、H、β 无关
直流式	$\Delta t=1℃/100m$ $v_0>0.8\sim1.0m/s$	风 力	L、H 可为任意值，但 $\beta\leqslant15°$。背风的台阶均匀开采时
复环流式	$\Delta t=1℃/100m$ $v_0>0.8\sim1.0m/s$	风 力	当 $\frac{L}{H}<5\sim6$，但 $\beta>15°$
复环流－直流式	$\Delta t=1℃/100m$ $v_0>0.8\sim1.0m/s$	风 力	当 $\frac{L}{H}>8\sim10$，但 $\beta>15°$
直流式－复环流式	$\Delta t=1℃/100m$ $v_0>0.8\sim1.0m/s$	风 力	L、H 可为任意值，但 $\beta>15°$、$\beta_1\leqslant15°$、$\beta_2>15°$

注：Δt—温度梯度；β—背风帮边坡角；L—沿风向的平均地表开口宽度；β_1—背风帮上部各台阶边坡角；β_2—背风帮下部各台阶边坡角；H—采场深度（封闭圈以下）。

190. 深凹露天矿自然通风量如何计算?

深凹露天矿自然通风风流结构的特点是:上风端地表平行平面风流进入采场后,按$\alpha_2 = 15°$角展开,形成与地表风向一致的直流区。在直流区的下部边界上的水平风速为0。在此边界线以下为回流区,该区内风流与地表风流的方向相反。深凹露天矿自然通风的实质就是靠复环流的紊流扩散作用,将有害物质传递到上部直流区,然后排出露天矿。在平行平面射流边界层理论的基础上,推导出的自然通风量计算公式(5-3)如下:

$$Q = 0.077 x_C v_0 L \tag{5-3}$$

式中 Q——深凹露天矿自然通风量,m^3/s;

x_C——深凹露天矿顺地表风向若干有代表性垂直剖面上横坐标的平均值,m;

v_0——地表风速,m/s;

L——垂直于风向的露天矿地表开口的最大宽度,m。

由此可见,深凹露天矿自然通风量大小只与该矿的几何形状及地表风速有关。

191. 什么是露天矿自净能力,如何利用自净能力选择大气污染防治方案?

(1)露天矿自净能力是指露天矿采场内部空间,在自然通风条件下按照卫生标准所能容纳的污染物排放强度(mg/s)。它是评价和设计露天矿通风的主要参数。为了充分利用自然风能,需要对露天矿本身固有的这种稀释与排除坑内大气污染物的能力进行分析与计算。

由于自净能力的计算公式是在复环流通风方式的风流结构理论基础上推导出来的,因此,它只适用于深凹露天矿。即背风帮边坡角$\alpha > 15°$,顺风向坑口宽度与地表封闭圈以下采深之比小于6,地表风速大于1m/s的凹陷露天矿。在地表风速相对稳定、污染源排放强度及复环流区污染物平均浓度基本不变的条件下,深凹露天矿自净能力可按式(5-4)计算。

$$G = Q^k(\rho - \rho_0) \tag{5-4}$$

式中 G——自净能力,mg/s;

Q——自然通风量,m^3/s;

k——大气污染物紊流扩散系数,内部源作用时,$k = 0.382$;外部源作用时,$k = 0.621$;内外部源共同作用时,$k = 0.5$;

ρ——污染物允许质量浓度,mg/m^3;

ρ_0——自然通风风源的污染物质量浓度,mg/m^3。

(2)利用自净能力选择大气污染防治方案。

在深凹露天矿选择大气污染防治方案时,可采用判别式(5-5):

$$\Delta_i = \sum g_{ij} N_j k_j - G_j \tag{5-5}$$

式中 g_{ij}——j类型连续污染源的i种污染物的排放强度,mg/s;

N_j——j类型连续污染源的每天平均使用量,如台数等;

k_j——j类型连续污染源的同时工作系数,$0 < k_j < 1$;

G_j——自然通风对j类型连续污染源的自净能力,mg/s。

当 $\Delta_i>0$ 时,表明污染源的 i 种污染物的排放强度已超过采场的自净能力,应对 i 种污染物采取全矿综合性防治措施;

当 $\Delta_i<0$ 时,表明污染源的 i 种污染物的排放强度低于采场的自净能力,仅需对 i 种污染物采取局部防治措施。

192. 增强深凹露天矿净化能力的途径有哪些?

(1)强化自然风力通风。尽可能减少矿区出入口的地面通风阻力,避免在风口布置建筑物、废石场、矿石堆,以求增大自然风量。在高山地区的露天矿邻近若有低谷时,可设法使露天坑底与其沟通。尽可能沿主风向布置出入沟或使采场长轴与主风向一致或接近。

在深凹露天矿继续延深而感到自然风量短缺时,可在坑口设置由支架或汽艇悬挂的导风装置。挡风板高度与倾角可调。

(2)利用自然热力通风。充分利用露天坑内南、北面的温差,使之产生较强的局部风流。利用矿山地热资源,可用原有的或新开挖的巷道,将地热输入坑底,预防出现逆温层。

(3)净化入坑风源。对矿区地表及外部污染源进行综合治理。

193. 露天矿人工通风方法有哪几种,所使用设备有哪些?

露天矿人工通风是借助于机械的、热力的或联合的手段与措施,使采场内的空气流动或输入新鲜空气,使污染物得以稀释或排除。露天矿人工通风,按范围大小,可分为全矿人工通风和局部人工通风;按风流输送方式又可分为:利用坑道与风筒的通风和自由紊流射流通风;按通风动力类型分为机械式、热力式和组合式。

(1)露天矿曾试验过以下几种通风方法:

1)利用直升机进行采场通风。20 世纪 60 年代初苏联曾在现场进行直升机通风试验。实践证明,直升机可以对局部风流停滞地区实行强制通风。但无法解决全矿性通风问题,而且在采场坑底飞行有较大的危险性,因此不宜采用。

2)利用专门开挖的巷道或沿边帮设置的风筒并配备扇风机进行抽出式或压入式通风。这种通风方法需构筑专门的通风巷道或设置大直径风筒,投资较大,维护费也高,而且往往需要配置多台大风量扇风机,耗电很多。

3)利用热力装置产生对流通风。根据前苏联经验,这种通风方法燃料消耗大,通风效果差,还增添了一氧化碳的污染。

4)利用露天矿专用风机产生的自由紊流射流进行通风。因为自由射流具有沿其流动方向动量不变的特点,能将大量空气输送到较远的距离,而使终点风量比初始断面出口风量高几十倍以上。能产生自由紊流射流的扇风机类型有:涡轮螺旋桨、涡轮喷气式飞机发动机、由电力或内燃机驱动的飞机螺旋桨为主体的扇风机。还可以利用矿井扇风机或为提高射距专门设计的露天矿扇风机。

自由射流通风的效率为管道抽出式的 24 倍、压入式的 16 倍、热力对流式通风的 13.5 倍。自由射流通风方法用于通风设备的购置及其维护的费用仅为管道式通风的 8% ~ 13%;其动力消耗仅为热力通风装置所需功率的 2% ~5%。

(2)露天矿人工通风设备。

前苏联近三十年的实践表明,最具有发展前途的露天矿通风扇风机是以飞机螺旋桨为主体的移动式装置。表5－2列出了三种类型的УМП系列扇风机和早期研制成功并获推广的OB－3型扇风机。УМП型扇风机本属露天矿局部通风用扇风机，但配套使用时可以完成全矿范围的通风任务。如УМП－14及УМП－21型扇风机能产生强大的上向自由射流，从坑底排出大量污染空气。但它们的吸风范围较小，通常只有50～150m。因此需要在坑内大气污染停滞区布置机动性强、能产生水平向射流的УМП－1型扇风机，予以配合。

表5－2　露天矿用扇风机

风机型号	射流倾角	传动类型	传动功率/kW	初始直径/m	初始流量/$m^3 \cdot s^{-1}$	初速/$m \cdot s^{-1}$	射距/m（末速按0.25m/s）	备　注
УМП－1	水平±45° 垂直±15°	БЕЛАЗ－548柴油机	380	3.6	220	22	480	4叶片AB－2型航空螺旋桨，适用于$1200 \times 10^4 m^3$停滞区通风，水箱$30m^3$，水枪射程70m，水泵能力$150m^3/h$，已推广40台
УМП－14	垂直±30°～60°	电动机	320	14.5	1210	7.5	370	МИ－2直升机承重螺旋桨，可供200m采深通风
УМП－21	垂直±30°～60°	电动机	1200	21	3000	9.6	750	МИ－4直升机承重螺旋桨，可供400m采深通风
OB－3	水平±45°	БЕЛАЗ－540柴油机	320	3.6	210	21	310	3叶片AB－7H－161型航空螺旋桨，水箱$25m^3$，水枪喷水量$15m^3/h$，喷嘴喷水量$5m^3/h$

194. 露天矿综合防治措施有哪些？

（1）工艺措施。尽量选用无尘毒或少尘毒的开采工艺流程及设备，从根本上控制污染源，使其排放强度减小到最低限度。如用水力开采代替凿岩爆破；以带式输送机代替自卸汽车；或以低污染新型设备取代高污染的老装备；采用合理的孔网参数与药量；使用低污染的炸药及合理的起爆顺序等。

（2）技术措施。如采用水、各种溶液、泡沫、沥青、盐类、胶体、合成物质、植物或它们的组合来抑制粉尘。

（3）组织措施。强化露天矿自然通风及充分利用自然风流的生产管理措施。如合理布置排土场、地表建筑物、出入沟及开堑沟来增加地表入风量；尽可能使采场长轴方向与地表主风向一致或接近；合理布置工作面及设备；安置风流导向设施；选择风速最大时进行爆破等。此外，对夜间在坑内易产生逆温的露天矿，实行白天两班作业以避开大气污染最严重的夜间。

（4）人工通风。使用以航空螺旋桨为主的局部或全露天矿通风的扇风机，利用它们产生的自由紊流射流进行人工通风。

（5）设备司机室空调。当采用上述措施后，仍不能将大气尘毒含量降到最大允许值时，或采取上述措施在经济上不合理时，或在当地气候条件下，生产环境内气温与湿度超过了卫生标准时应采用司机室空调与净化装置。

（6）工人个体防护。在生产环境大气质量难以达标的场合下，可使用防尘口罩或防毒面具。在工作环境极端恶劣、工作人员数量较少的情况下，采用个体防护措施在技术经济上是合理的。

根据前苏联的实践经验，单纯采用技术措施时，尘毒的平均防治效率在有利条件下也不会超过 90%；若单独采用工艺措施，平均效率 η_2 可达 80%；若单独采用组织措施，平均效率 η_3 可达 60%；单独采用人工通风的平均效率 η_4 一般不超过 50%。若综合采用上述四类基本措施，平均总效率 η_6：

$$\eta_6 = 100[1-(1-0.9)(1-0.8)(1-0.6)(1-0.5)]\% = 99.6\% \tag{5-6}$$

尘毒降低倍数 N：

$$N = 1/[1-(1-0.9)(1-0.8)(1-0.6)(1-0.5)] = 250 \tag{5-7}$$

195. 露天矿山主要采掘设备的产尘强度是多少？

露天矿山主要采掘设备的产尘强度见表 5-3。

表 5-3 矿山主要采掘设备产尘强度 （mg/t 或 mg/m³）

作 业	设备名称（或设备生产能力）	产尘强度			防尘措施
		煤 矿	金属矿	非金属矿	有(√)无(×)
铲 装	ЭКГ-4	400~500	100~500	300~700	
		150~250	30~150	80~120	
	СЭ-3	1700~2000	700~800	1100~1400	
		600~800	120~300	300~400	
汽 运	БЕЛАЗ-540	3000~4000	6000~12000	12000~15000	
		1000~2000	200~300	150~300	
钻 孔	45R		100000~1000000		
	сб. ВМП-250		20~250		
破 碎	318t/h	80			
ГЛААО	1340t/h	300			

196. 如何计算露天矿山机械设备产尘强度？

机械设备产尘强度的决定，需要考虑粉尘的生产过程和排放方式，一般有两种方式：

（1）如果产生的粉尘没有扩散或泄漏，而是集中在一起经由一定的管道排入大气，其产尘强度 g_q（mg/s）可按式（5-8）计算：

$$g_q = cQ \tag{5-8}$$

式中 c——管道中平均粉尘质量浓度，mg/m³；

Q——管道中含尘空气的流量，m³/s。

（2）有些机械设备产生的粉尘没有经过集中捕集，而是在生成过程中就被排入大气，这种尘流又没有固定的边界。

1）挖掘机、钻机、二次破碎凿岩区等这种点源的产尘强度 g_d（mg/s）可按式（5-9）、式（5-10）计算。

$$g_d = \frac{1}{K}X^2\psi^2(n_x - n_0)v \tag{5-9}$$

$$\psi = K'\frac{v}{v_1} + b \qquad (5-10)$$

式中　K——与采场通风方式有关的系数；

X——测点至污染源的距离，m；

ψ——与风流湍流特性有关的无因次系数；

n_x, n_0——分别为测点及上风源的污染物的浓度，mg/m^3；

v——风流速度，m/s；

K'——数值等于直线倾角正切的系数；

v_1——空气动力因素大于热力因素时，气流的最低速度，m/s；

b——由热力因素决定的无量纲系数，它与大气紊流强度有关。

K'和 b 的数值见表 5-4。

表 5-4　K'和 b 的数值

露天矿的通风方式	污染源位置	K'	b
循环通风	在阶段表面	0.122	0.22
	在阶段表面以上	0.07	0.05
直流式通风	在阶段表面	0.045	0.22
	在阶段表面以上	0.05	0.05
	在露天矿以外的贴地层	0.42	0.05

2）汽车、推土机等移动式线源的产尘强度 g_X（mg/s）可按式（5-11）计算：

$$g_X = \frac{Kv'uX^2\psi(\rho_1 - \rho_0)}{NQ(\beta_1 + 2X\psi)} \qquad (5-11)$$

式中　v'——空、重车运行时的平均估算速度，m/s；

u——取样时的风速，m/s；

X——公路中心至取样点的距离，m；

ρ_1, ρ_0——分别为公路上风向与下风向的粉尘质量浓度，mg/m^3。

N——取样的往返车辆数，辆；

β_1——汽车底盘车轴间距，m；

Q——取样时吸气流量，m^3/s。

式（5-9）和式（5-10）中 K 值可按表 5-5 选取，其他参数可选用污染源实测数据。

表 5-5　K 值

污染源与污染物排放点位置		K 值	
		复循环式通风	直流式通风
点污染源	在阶段表面	5.6	5.6
	在阶段表面的上方	3.6	3.0
线污染源	在阶段表面	3.0	2.7
	在阶段表面的上方	1.5	1.3

197. 露天矿山穿孔设备作业时的产尘特点是什么？

钻机产尘强度仅次于运输设备，占生产设备总产尘量的第二位。根据实测资料表明：在无防尘措施的条件下，钻机孔口附近空气中的粉尘浓度平均值为 448.9mg/m³，最高达到 1373mg/m³。

钻机作业时，既能生成几十毫米以上的岩尘，也能排放出几微米以下的可呼吸性粉尘。对钻机产尘粒度进行分析结果表明，其筛上 $R(\%)$ 可近似用 Rosin - Rammlal 方程表示，即

$$R = 100\exp(-\beta d_{\rho}^{n}) \tag{5-12}$$

式中 β——与粉尘粒径大小分布有关的系数，对于垂直钻孔 $\beta = 1.3 \sim 1.7$，对于倾斜钻孔 $\beta = 1.5 \sim 1.9$；

n——与粉尘粒径分布有关的指数；

d_{ρ}——粉尘粒径，μm。

为提高钻机效率和控制微细粉尘的产生量，当钻机穿孔时，必须向钻孔孔底供给足够的风量，以保证将破碎的岩屑及时排放孔外，避免二次破碎。根据在钻孔中运送岩屑所需最低风速确定的排粉风量见表 5-6。

表 5-6 钻机排粉风量

钻机类型	钻孔直径/mm	排粉风量/$m^3 \cdot min^{-1}$	钻机类型	钻孔直径/mm	排粉风量/$m^3 \cdot min^{-1}$
潜孔钻机	150	17 ~ 25	牙轮钻机	250	30 ~ 35
				310	33 ~ 50
	200	25 ~ 30		380	40 ~ 80

排粉风量不仅与钻孔直径有关，而且还与钻杆直径、岩屑密度及其粒径等因素有关，在考虑上述因素时，可按式(5-13)计算排尘风量 Q_{ρ}：

$$Q_{\rho} = 60\,\frac{\pi}{4} v_{a} (D_{k}^{2} - D_{g}^{2}) \tag{5-13}$$

式中 v_{a}——在钻孔中运送岩屑所需最低风速，m/s；

$$v_{a} = \beta v_{s} \tag{5-14}$$

v_{s}——岩屑的悬浮速度，m/s：

$$v_{s} = 3.85\sqrt{d_{s}\rho_{s}} \tag{5-15}$$

d_{s}——岩屑粒径，m；

ρ_{s}——岩屑密度，kg/m³；

D_{k}——钻孔直径，m；

D_{g}——钻杆直径，m。

198. 露天矿山钻机作业产尘状况是怎样的?

露天矿山钻机作业产生的微细粉尘，占钻孔产生粉尘总量的 20% ~ 37%；当钻机无除尘设施时，每秒钟的产尘量可使 100m³ 空间内粉尘浓度高达 50mg/m³。据我国白银露天矿监测资料，牙轮钻机的单台钻机产尘强度，除尘效果一般的与效果较好的分别为 1.05kg/h 和 0.22kg/h；一座大型露天矿的钻机作业年产尘量达 3×10^{4}t 之多；由于捕尘设施完好率、开动率不高而导致的粉尘严重污染，是目前我国多数大中型矿山的主要问题。针对这一现状的调查结果证明；作业区内粉尘浓度，ϕ200 潜孔钻机、45R

牙轮钻机分别为66.8～1373mg/m^3、1105～1988mg/m^3，并使矿区大气含量分别超标17～150倍、25～100倍。

199. 露天矿山钻机除尘措施分为哪几类？

按是否用水，可将露天矿钻机的除尘措施分为干式捕尘、湿式除尘和干湿相结合除尘三种方法，选用时要因时因地制宜。

干式捕尘是将袋式除尘器安装在钻机口进行捕尘。为了提高干式捕尘的除尘效果，在袋式除尘器之前安装一个旋风除尘器，组成多级捕尘系统，其捕尘效果更好。袋式除尘器不影响钻机的穿孔速度和钻头的使用寿命，但辅助设备多，维护不方便，且能造成积尘堆的二次扬尘。

湿式除尘，主要采用风水混合法除尘。这种方法虽然设备简单，操作方便，但在寒冷地区使用时，必须有防冻措施。

干湿结合除尘，主要是向钻机内注入少量的水而使微细粉尘凝聚，并用旋风式除尘器收集粉尘；或者用洗涤器、文丘里除尘器等湿式除尘装置与干式捕尘器串联使用的一种综合除尘方式，其除尘效果也是相当显著的。

200. 露天矿山干式捕尘装置的结构特点如何？

为避免岩渣重新掉入孔内再次粉碎，干式捕尘除采用捕尘罩外，还制成孔口喷射器与沉降箱、旋风除尘器和袋式过滤器组成三级捕尘系统。图5－9所示为2ny型干式捕尘装置。

2ny型干式捕尘装置是用喷射器从钻孔抽吸岩渣，喷射器9由空压机7供风而工作，供压气量为1m^3/min。由钻孔抽出的岩渣，粗粒和中粒岩渣沉降在沉降箱1内，含尘气流通过旋风除尘器2和袋式除尘器5进行过滤，过滤后气体由风机6排向大气。为了使捕尘器正常工作，当钻孔深度达到3～6m时，由气动装置3带动振打机构对滤袋进行清灰，清灰掉落的粉尘落于灰斗8内，该系统的滤速可通过闸板4进行调节，其除尘效率为99%～99.6%。

我国南芬露天矿研制的一种FSMC－24型干式除尘器如图5－10所示，在牙轮钻采用

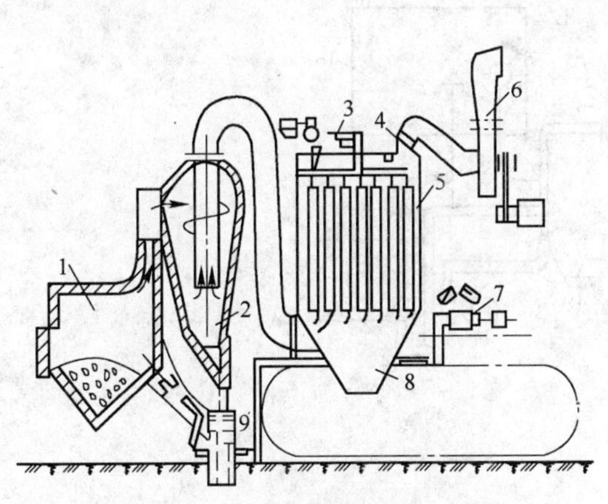

图5－9　2ny型干式捕尘装置
1—沉降箱；2—旋风除尘器；3—气动装置；4—闸板；5—袋式除尘器；6—风机；7—空压机；8—灰斗；9—喷射器

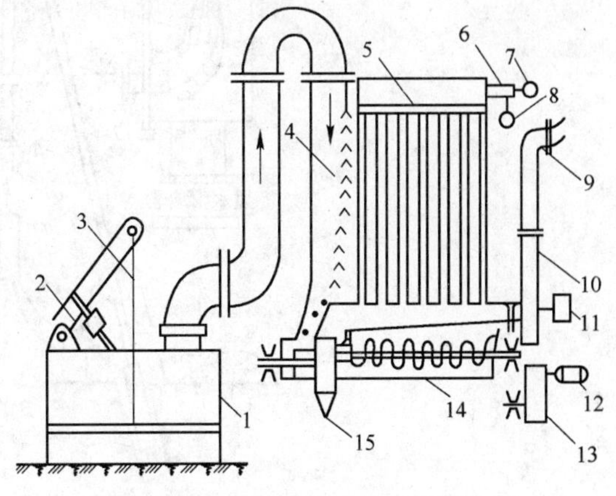

图5－10　FSMC－24型干式除尘器
1—捕尘罩；2—汽缸；3—绳索；4—碰撞板；5—布袋；6—脉冲阀；7—电磁阀；8—压气包；9—排风管；10—风管；11—风机；12—螺旋机电机；13—减速器；14—螺旋输送机；15—放灰阀

过滤风速为 3.25m/min 时，其除尘效率为 99.9%。该除尘系统结构简单，过滤风速可调，当过滤风速为 4～4.5m/min 时，处理风量可达 3500m/h。

201. 露天矿山牙轮钻机的湿式除尘装置结构特点如何？

牙轮钻机的湿式除尘可分为钻孔内除尘和钻孔外除尘两种方式。钻孔内除尘主要是气水混合除尘法，该法可分为风水接头式与钻孔内混合式两种。钻孔外除尘主要是通过对含尘气流喷水，并在惯性力作用下使已凝聚的粉尘沉降。前苏、美等国家在一些露天矿还采用了湿润剂除尘和泡沫除尘的湿式除尘法，都取得了一定效果。

图 5－11 所示为前苏联用于牙轮钻的孔内湿式除尘系统。通过混合器将压气与水混合，用水泵将水箱中的水打上水管，由风包供给压气将分散为极细水雾，风水混合后经风水接头和钻杆进入孔底，孔口风机风流将排出的泥浆吹向孔口一侧，并沉积该处，干燥后呈胶结状，不会出现二次飞扬。该装置设有加热器，以防冰冻。该除尘系统能使司机室、作业平台和钻机周围的空气中粉尘浓度达到 0.5～1.0mg/m^3，钻机台班效率提高 10%～12%。

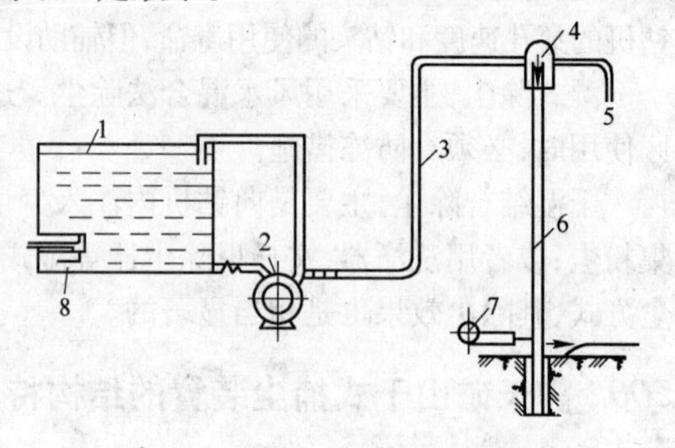

图 5－11 孔内湿式除尘系统

1—水箱；2—水泵；3—水管；4—混合器；5—压缩空气管；6—钻杆；7—风机；8—加热器

图 5－12 所示为大冶铁矿的潜孔钻机湿式除尘系统示意图，也是采用风水混合方式捕尘。

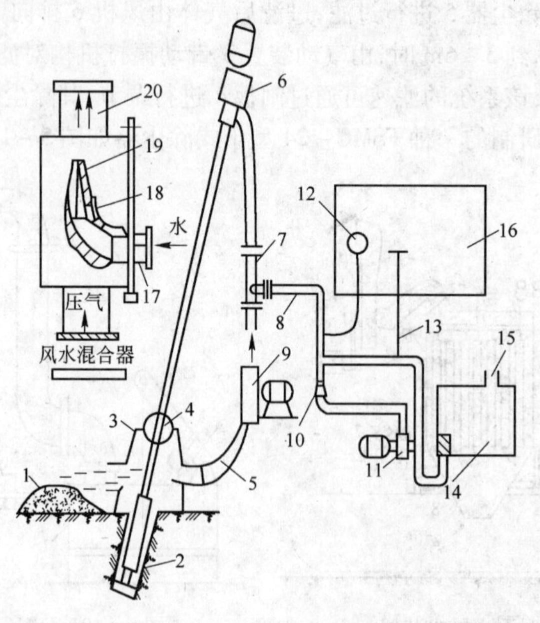

图 5－12 大冶铁矿潜孔钻机湿式除尘系统

1—岩粉堆；2—冲击口；3—集尘罩；4—密封球；5—帆布风管；6—减速器；7—风水混合器；8—出水管；9—风机；10—逆止阀；11—水泵；12—水压表；13—控制阀；14—水箱；15—进水口；16—司机室；17—ϕ19.5mm 水管；18—弯头；19—喷嘴；20—风管

若采用防冻剂，风水混合除尘可在 -15 ~ -20℃下应用。氯化钠（$1m^3$ 水中加 230 ~ 290kg）或氯化钙（$1m^3$ 水中加 220 ~ 270kg）溶液可用作防冻剂，也可以向水中通压缩空气的方法来防止水箱冻结。各类钻机湿式凿岩的耗水量及岩屑的加湿情况见表 5-7。

表 5-7　钻机湿式凿岩耗水量

钻机类型	钻机型号	使用矿山	钻头直径/mm	耗水量/$m^3 \cdot h^{-1}$	岩屑加湿情况
潜孔钻	YQ-150	白银有色公司	150	0.1 ~ 0.15	湿岩粉球
潜孔钻	I-170	大冶铁矿	190	0.3 ~ 0.4	半流动性岩浆
潜孔钻	ϕ73 - ϕ200	南芬露天矿	200	0.3 ~ 0.8	湿岩粉球
牙轮钻	60-R	南芬露天矿	300	0.8 ~ 1.15	湿岩粉球

202. 孔外湿式除尘有何特点？

排入孔口捕尘罩（第一箱）粒径大于 5mm 的岩粒沉降后，利用机载风机产生的气流，将小于 5mm 的尘粒吹入喷雾捕尘箱（第二箱），经湿润作用捕集后，被大大降低含尘量的气流从第二箱排入大气，这个过程即孔外湿式除尘。典型的除尘过程如图 5-13 所示。

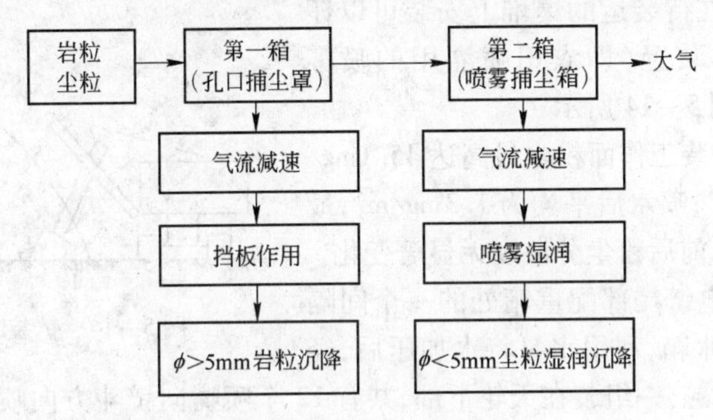

图 5-13　岩粒沉降过程

孔外湿式除尘的优点：

（1）无需一套除尘器系统，大大降低了整机制造成本。

（2）与孔内湿法除尘相比，不仅不会影响钻机效率，反而能提高钻速 18%，成本下降 16.6%。

（3）无需在压缩空气管路上装风水混合器等其他控制装置。

（4）避免了压缩空气管路与钻杆的风水接头并简化了水量调节的操作。

孔外湿式除尘的缺点：

（1）存在冬季北方矿山防冻问题。

（2）排入大气的含尘浓度比孔口干法的要高，但可保证钻机周围空气含尘浓度达到 1.8 ~ 2.2mg/m^3。

203. 露天矿山铲装作业产尘与矿岩湿度是何种关系？

铲装作业过程中即是一斗斗挖取产生和卸料产尘的产尘过程。在矿岩干燥状态下平均每台电铲产尘强度为 2000mg/s，即无风状态，电铲作业 1h，可使周围 $10 \times 10^4 m^3$ 空间的粉尘浓度达到72mg/m^3；这种粉尘浓度随矿岩湿度的增加而降低。如哈萨克斯克露天矿对矿岩湿度和工作面周围粉尘浓度关系的测定结果：矿岩含湿度 ϕ 分别为2%、6%、10%、12%时，粉尘质量浓度分别为300mg/m^3、100mg/m^3、3mg/m^3、0.3mg/m^3。

204. 露天矿山矿岩装卸过程中如何防尘？

电铲给运矿列车装车或汽车卸载时，可使爆破时产生的和装卸过程中二次生成的粉尘，在风流作用下，向采场空间飞扬。卸载过程中的产尘量与矿岩的硬度、自然含湿量、卸载高度及风流速度等一系列因素有关。

我国露天矿山多数使用4m^3 电铲。据测定，微风时电铲工作场地附近粉尘的平均质量浓度达31mg/m^3，司机室内平均质量浓度为20mg/m^3；干燥季节且有自然风流时，司机室最高粉尘质量浓度为38mg/m^3，平均质量浓度为9.3mg/m^3，而室外则超过40mg/m^3。在无防尘措施时，潮湿季节司机室内的平均粉尘质量浓度为6mg/m^3，室外为9mg/m^3。上述数据是在具体条件下实测的，其数值的变化与采掘矿石密度、湿度及铲斗附近的风速等因素有关。

装卸作业的防尘措施主要采用洒水；其次是密闭司机室，或采用专门的捕尘装置。

装载硬岩，采用水枪冲洗最合适；挖掘软而易扬起粉尘的岩土时，采用洒水器为佳。

武钢大冶铁矿在待装运的爆堆上安装可以任意旋转的强力喷雾装置（即农田喷灌用的喷雾器），效果良好，如图5－14所示。

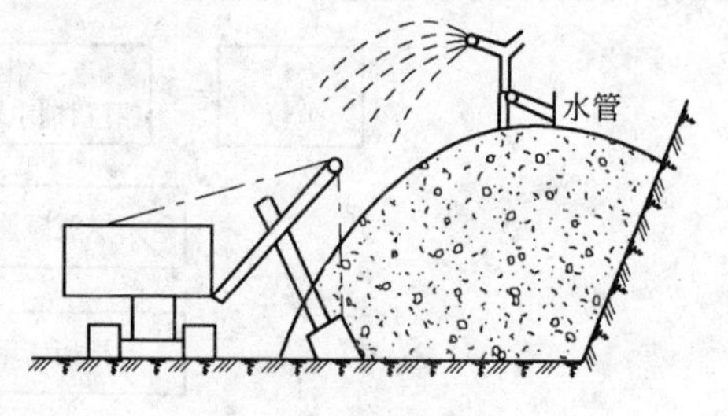

图5－14　铲装时喷洒爆堆

爆堆喷水前，铲装工作面粉尘最高达45.1mg/m^3，平均为21mg/m^3；喷水后平均为1.3mg/m^3，最高为2mg/m^3。喷水前后粉尘分散度无显著变化。

白银露天矿将电铲尾部配重箱处的一个间隔改装为容积4m^3 的水箱，利用水泵将水加压后，经管道送给两组喷雾器。一组装在天轮下部，共有12个喷嘴向铲斗方向喷水；另一组4个喷嘴装在司机室前窗下部，防止粉尘进入司机室。上述措施收到良好的除尘效果。

岩体预湿是极有效的防尘措施，在国内外煤层开采时都得到应用。在露天矿中，可利用水管中的压力水，或移动式、固定式水泵进行压注，也可利用振动器、脉冲发生器或爆炸进行压注，而利用重力作用使水湿润岩体却是一种简易的方法。

露天矿的岩体预湿工艺可分为以下几类：通过位于层面的钻孔注水；通过上一平台和垂直或与层面斜交的钻孔注水；也可利用浅井或浅槽使台阶充分湿透并渗透湿润岩体。钻孔注水时，钻孔间距为2～3m（中硬岩石），注水压力为12kg/cm^2（0.12MPa），每个钻孔的注水量达3m^3。

205. 露天矿山硐室爆破产尘危害的特点是什么？

（1）产尘量大。除爆破产尘占露天矿山产尘总量的35%外，还因其一次性产尘量大而具有明显的瞬间性、爆发性和集中度大的特点。

（2）产尘频率高。频繁的矿岩硐室爆破，致使爆破产尘处于高频状态。年产300×10^4t矿石的矿山，如果平均每次矿岩爆破量30×10^4t，差不多每10天就要进行一次硐室爆破。

(3)危害空间大。爆破产尘不仅使采场空间受到危害，还会严重污染大气环境。由于爆破能所产生的强大冲击气流，在瞬间内可将巨大尘云团推向高空，如某大型矿山测定，其高度可达1.6km，并会在30min内迅速扩散至12～15km以外。

(4)防治难度大。由于产尘量大、危害空间大及在产尘上的瞬间性、爆发性和开放性，致使其防治措施一直是各国露天矿山，特别是深凹露天矿的一大难题。

206. 露天矿山硐室爆破时如何防尘？

露天矿山硐室爆破时不仅能产生大量粉尘，而且污染范围大，在深凹露天矿，尤其在出现逆温的情况下，污染可能是持续的。露天矿大爆破时的防尘，主要是采用湿式措施。当然，合理布置炮孔、采用微差爆破及科学的装药与填充技术，对减少粉尘和有毒有害气体的生成量也有重要意义。

(1) 大爆破前洒水和注水。在爆破前，向预爆破矿体或表面洒水，不仅可以湿润矿岩的表面，还可以使水通过矿岩的裂隙透到矿体的内部。在预爆区打钻孔，利用水泵通过这些钻孔向矿体实行高压注水，湿润的范围大、湿润效果明显。洒水和注水量见表5－8。

表5－8　洒水和注水的单位用水量

矿岩类型	单位矿石耗水量/$L \cdot m^{-3}$		
	水枪喷射	高压注水或喷水	洒　水
岩　石	20～30	160～180	150～200
煤　层	60～65	40～170	100～160

(2)水封爆破。水封爆破有孔内、孔外两种。孔内水封爆破也需设辅助药包，其耗水量小于孔外水封爆破，每个炮孔约用水量为0.4～0.5m^3即可(图5－15a)。孔外水封爆破是在炮孔的孔口附近布置水袋和辅助起爆药包，每个炮孔的耗水量约为0.5～0.7m^3，相当爆破1m^3矿石耗水量约为0.01～0.015m^3(图5－15b)。

(3)大爆破后通风降尘。移动式局部通风洒水车如图5－16所示，它是Белъз－540型

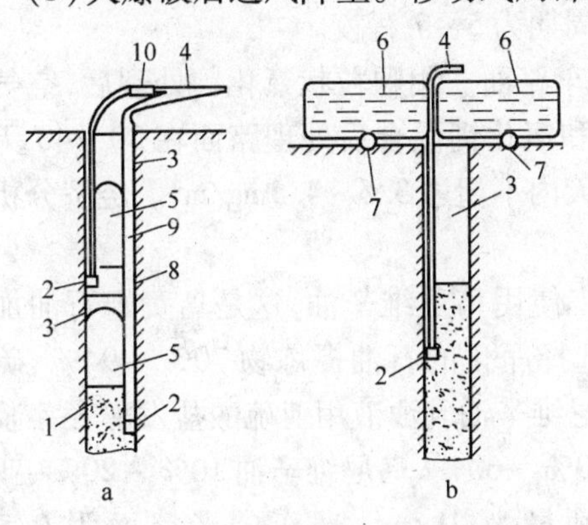

图5－15　孔内(a)与孔外(b)水封爆破

1—主药包；2—起爆药包；3—炮孔充填物；4—导爆管；5—孔内水袋；6—孔外水袋；7—辅助药包；8—附加炮孔充填物；9—保护管；10—导爆连接管

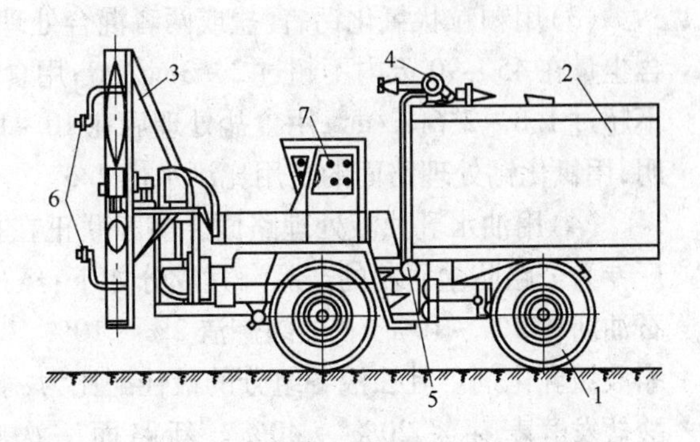

图5－16　移动式局部通风洒水车

1—Белъз－540运矿汽车底盘；2—水箱；3—螺旋桨；4—水枪；5—水泵；6—喷雾器；7—驾驶室

汽车底盘上改装的。OB－3 型通风洒水装置直径为 3.6m 的 AB－7H－161 型螺旋桨，由汽车发动机带动。另外还设有水箱、高压水泵、水枪和喷嘴等。螺旋桨的轴向可以在水平面内转动 45°，开动螺旋桨和水枪，能同时进行通风和喷雾洒水。水枪耗水量为 $15m^3/h$，喷嘴耗水量为 $5m^3/h$。该装置的风量为 $240m^3/s$，初始断面的风速可达 21m/s，全部设备的操纵工作都可在司机室内进行。

207. 露天矿山运输路面如何防尘?

汽车路面扬尘造成露天矿空气的严重污染是不言而喻的。其产尘量的大小与路面状况、汽车行驶速度和季节干湿等因素有关。据国外测定，其产尘强度为 620～3650mg/s；国内测定的数值是：载重 25～27t 的"玛斯"、"别拉兹"两类汽车司机室内的粉尘平均质量浓度分别为 $21mg/m^3$、$8.1mg/m^3$，汽车路面的空气粉尘浓度为 2.3～$15.1mg/m^3$。不管是司机室还是路面的空气中粉尘浓度，其变化频率和幅度都是很大的，在未采取措施的情况下，引起大幅度变化的重要因素是气象条件和路面状况。

目前国内外为防止汽车路面积尘的二次飞扬，主要采取的措施有：

(1)路面洒水防尘。通过洒水车或沿路面铺设的洒水器向路面定期洒水，可使路面空气中的粉尘浓度达到允许值，但其缺点是用水量大，有效抑尘期短(30～40min)，费用高，且只能在夏季使用。还会使路面质量变坏，引起汽车轮胎过早磨损，增加养路费。

(2)喷洒氯化钙、氯化钠溶液或其他溶液。如果在水中掺入氯化钙，可使洒水效果和作用时间增加。喷洒氯化钙溶液时，路面要作专门处理：先挖松路面(非硬质路面)，喷洒 10% 的氯化钙溶液，再修成所需路面断面形状，铺 80～100mm 厚粗沙，在其上喷洒 25% 的溶液压实。这样处理的路面，10 天内的空气中含尘量为 1.8～$2.6mg/m^3$。据国外实验表明：10%～30% 浓度的氯化钙溶液可使空气中含尘量在 2～5 天内不超过允许标准，40%～50% 浓度的氯化钙溶液可维持 10 天。

我国南芬露天铁矿用氯化钠溶液作粘尘剂进行工业试验。在气温 －20℃ 下，每千克水加入氯化钠 300g，可防水结冰，喷洒后路面空气中粉尘浓度下降至原来的 1/3，平均耗水量为 $0.95kg/m^2$，盐耗费用为 0.05 元/m^2，最短洒水周期为 5～7 昼夜。

(3)用颗粒状氯化钙、食盐或两者混合处理汽车路面。用颗粒状氯化钙处理后，空气中含尘量在 45～90 天内不超过 2～$3mg/m^3$；用食盐和氯化钙混合后处理路面在 30～40 天内不超过 1.8～$2.6mg/m^3$；用食盐处理后在 10～15 天内不超过 3.5～$4.5mg/m^3$。经济分析表明，用氯化钙处理路面的费用比洒水低 2/3。

(4)用油水乳浊液处理路面。前苏联正在推广使用乌尼维辛油，这是乌费姆石油加工厂专为公路防尘研制的产品。其成分如下：经过选择净化的石油提炼物 70%～94%、硫化石油沥青 2%～10%、石油裂炼渣 2%～10%。乌尼维辛油乳浊液用亚硫酸盐发酵麦芽浆浓缩液做乳化剂。乳浊液各组分的最佳配比为：水 50%～60%、乌尼维辛油 10%～20%、亚硫酸盐发酵麦芽浆 20%～40%。新路面一次喷洒量为 $2L/m^2$，通车的老路面为 0.5～$0.8L/m^2$。当汽车运行频度达 100 辆/h 时，乳浊液有效抑尘期为 10～12 天。

美国曾采用过路面涂沥青的方法，其缺点是沥青的粘尘作用时间短，而长期使用氯化钙溶液处理路面又容易损坏车胎。近年来，美国研制了一种石油树脂冷水乳液的粘尘剂，这种乳液是把 15% 的乳液水溶液，注入 12mm 深的路面表层中，即可起到凝聚粉尘的作用。

(5)人工造雪防尘。在负温条件下露天矿防尘还没有好的办法。前苏联皮特科洛夫提出在汽车路面上造雪防尘的方法。雪花对粉尘的抑制机理,主要有三种力的作用:即机械力对悬浮粉尘的捕集作用、雪花与粉尘之间的黏着力、雪花和粉尘之间的相互作用力。雪花表面的液层对捕尘也有一定的作用。

现场试验表明,在不同负温上造雪器都能正常工作。当20个喷嘴呈梳状排列时,喷水量为80kg/min。如果平均雾化系数为2.2,计算造雪量相应为10~11m^3/h左右。为了在一个工作班时间内实现露天矿汽车路面有效防尘,每1m^3路面的雾化水量约为3~3.5kg。这一方法的优点是雪的体积质量小,雪花表面积大,因而容尘量大,不会冻结岩石和腐蚀矿区机械的金属部件,也不会污染环境。

208. 露天矿山采掘机械司机室如何防尘?

在机械化开采的露天矿山,主要生产工艺的工作人员,大多数时间都位于各种机械设备的司机室里或生产过程的控制室里。由于受外界空气中粉尘影响,在无防尘措施的情况下钻机司机室内空气中粉尘平均质量浓度为20.8mg/m^3,最高达到79.4mg/m^3;电铲司机室内平均质量浓度为20mg/m^3。因此,必须采取有效措施使各种机械设备的司机室或其他控制室内空气中的粉尘质量浓度都达到卫生标准,是露天矿防尘的重要措施之一。

(1)采掘机械司机室空气净化的主要内容:

1)保持司机室的严密性,防止外部大气直接进入司机室内。

2)利用风机和净化器净化室内空气并使室内形成微正压(大于20~30Pa),防止外部含尘气体的渗入。

3)保持室内和司机工作服的清洁,尽量减少室内产尘量。

4)调节室内温度、湿度及风速,创造合适的气候条件。

(2)司机室的粉尘来源。司机室内的粉尘来自外部大气和室内尘源。室内粉尘来自沉积在司机室墙壁、地板及各种部件上的粉尘和司机工作服上粉尘的二次飞扬。如钻机司机室空气中粉尘的来源,主要因钻机孔口扬尘后经不严密的门窗缝隙窜入,其次为室内工作台及地面积尘的二次扬尘,前者占70%,后者占30%。电铲司机室内粉尘的来源:一是铲装过程所产生的粉尘沿门窗缝隙窜入;二是室内二次扬尘,后者占室内粉尘量的13.5%~54.6%。室内产尘量带有很大的随机性,往往根据司机室的布置、人员、工作服清洗状况等而变化,目前只能根据相类似的司机室实测数据确定。

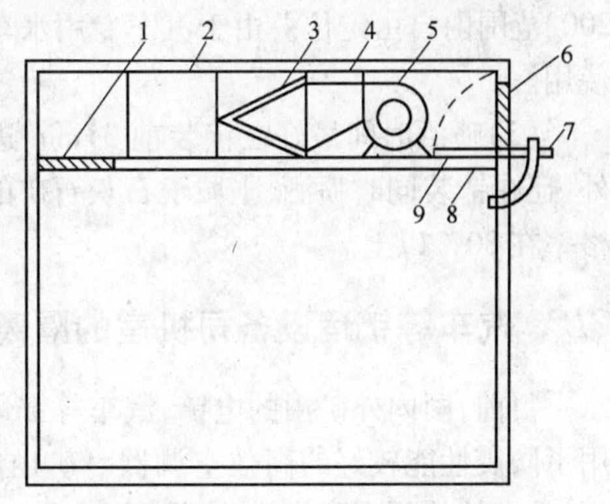

图5-17　典型司机室净化系统

1—送风百叶窗;2—空调器;3—过滤器;4—扩散器;5—双吸风离心风机;6—外部入风口;7—入风口调节把手;8—循环风入口;9—循环风调节风门

(3)司机室净化系统。典型司机室净化系统如图5-17所示。系统由下列部分组成:

1)通风机组,宜采用双吸离心式风机。

2)前级净化器,在外部大气粉尘浓度高时,为提高末级净化器的寿命,可用百叶窗式或多管式净化器作前级。

3）纤维层过滤器，作为净化系统的末级。

4）空调器，冬季时加热空气，夏季时降温。

5）此外还有入风口百叶窗、调节风量用的阀门、外部进气口与内循环风口等部件。

209. 露天矿山废石堆如何防尘？

矿山废石堆、尾矿池是严重的粉尘污染源，尤其在干燥、刮风季节更严重。台阶的工作平台上落尘也会大量扬起，例如，当风速为5.8～7.3m/s，前苏联卡拉达格斯克露天矿空气含尘量达412mg/m^3。可见，风流扬尘的严重危害。

在扬尘物料表面喷洒覆盖剂是一种防尘措施。喷洒的覆盖剂和废石间具有黏结力，互相渗透扩散，由于化学键力的作用和物理吸附，废石表面形成薄层硬壳，可防止风吹、雨淋、日晒而引起的扬尘。鞍钢劳动保护研究所研制成功7种覆盖剂，其物料组成为焦油、酸焦油、防腐油、聚乙酸乙烯、乳化剂、水等。

210. 爆堆喷洒水有几种方法？

（1）按供水方式分为用固定供水管道供水、用专用喷洒水水车供水、挖掘设备自带水箱供水。

（2）按喷洒器具分为用水枪远距离喷射、用喷雾器喷洒、用风水混合喷雾器喷洒。

211. 什么是水枪爆堆喷洒？

在应用条件、方式上，水枪爆堆喷洒措施的要点是：

（1）由于水枪的射程大、扬程高、流量相对较大，故多用于距爆堆较远的供水点喷洒，如不便移动的固定供水管道、上下台阶之间、铁路运输矿山的平板列车水箱供水等；由于流量较大，较大爆堆喷洒常采用之。

（2）汽运矿山，可利用专用水车用水枪喷洒，水枪可在水平回转360°，在垂直方向可控200°范围内自由定位。由于汽车专用水车调动灵活，即使在铁运矿山，凡有汽运条件的也愿使用。

（3）喷洒时间最好在铲装前31min进行，一般可降尘70%左右；较大爆堆除提前喷洒外，还在铲装同时喷洒，土城子石灰石矿的测定资料证明，这样可保持铲装时工作面粉尘合格率在80%以上。

212. 汽车等铲运设备司机室的隔离防尘措施是怎样的？

目前，国内外矿山的电铲、汽车等铲运设备的司机室，除采用一种空气净化装置外，还采用了防震性能较好的高效空调器。矿山常用的空调、冷风装置，在司机室密闭较好的条件下，是有效的隔离防尘措施，据测定，在工作面未采取任何喷洒措施时，室内粉尘合格率可保持80%～90%。

213. 矿山汽车运输路面产尘情况如何，改善路面质量的含义是什么？

（1）矿山汽车运输路面产尘情况。矿山汽车、在运卸矿岩时的产尘强度是电铲作业时的7~17倍。当矿岩及路面均为干燥状态时，每台车的产尘强度为15000~35800mg/s，也就是说，行车过后1min，在500m长的路段上，所致扬尘浓度高达42~105mg/m^3。据测定，干燥状态下，别拉斯自卸汽车司机室内粉尘浓度高达12~31mg/m^3，卸载下风侧达652~939mg/m^3。

（2）改善路面质量有两层含义：

1）保证常规的矿山路面标准，主要指路面的平整度、宽度、纵横向坡度，基面层厚度，碎石粒度及其理化性质，合理的路面结构参数，良好的质量管理；据测定，凡达标路面，可减少产尘量31%以上。

2）从抑尘要求出发，因地制宜地选用路面材料，改善路面结构，减少产尘；据测定，砾石路面与有黏性的泥土路面相比，小于5μm的产尘量，高6倍以上。

214. 路面洒水的降尘效果如何？

路面洒水的降尘效果见表5-9。

表5-9　路面洒水的降尘效果

测点部位	未洒水/$mg \cdot m^{-3}$		洒水/$mg \cdot m^{-3}$		备　注
	范围值	平均值	范围值	平均值	
路　侧	2.0~19.3	6.8	1.4~1.8	1.6	
司机室		1.4		0.7	司机室密闭净化
	2.0~11.2	6.3		1.4	
	2.6~6.2	3.9	0.6~0.8	0.7	

215. 露天矿山综合防尘措施是什么？

露天矿山综合防尘的主要措施是采用湿式作业降尘、密闭-通风-除尘及洒水抑尘。

（1）穿孔作业防尘。穿孔作业主要采取湿式作业。大型凿岩机还可采用捕尘装置除尘，对铲装矿岩产生的粉尘，可采取降水防尘的方式除尘。

（2）破碎机除尘。破碎机可采取密闭-通风-除尘的方法进行除尘。由于流程简单，机械化程度高，可采用远距离控制，从而进一步减少和杜绝作业人员接触粉尘的机会。

（3）运输除尘。露天矿山运输过程中车辆扬尘是露天矿场的主要尘源。运输防尘的主要措施有如下几个方面：

1）装车前向矿岩洒水，在卸矿处设喷雾装置降抑尘。

2）加强道路维护，减少车辆运输过程中撒矿。

3）矿区主要运输道路采用沥青或混凝土路面。

4）采用机械化洒水车经常向路面洒水，或向水中添湿润剂以提高防尘效果。还可用洒水车喷洒抑尘剂降尘，抑尘剂的主要成分为吸潮剂和高分子黏结剂，既可吸潮形成防尘层，还可改善路面质量。

216. 露天矿山爆堆喷雾器喷洒措施要点是什么？

（1）由于用喷雾器喷洒，水流射程只有10~30mm，所以一般用于爆堆与供水点距离不太大的采场。

(2)由于喷雾器洒的水量有限,当用于铲装前较大爆堆喷洒时,一个作业带可以同时用两个喷雾器喷洒;如果还嫌喷洒水量不够,还可在喷洒 10 ~ 15min 后,与铲装作业同时喷洒,当每立方米爆落矿岩得到 60 ~ 80L 水后,粉尘质量浓度至少可降至未喷洒时的 8% ~ 20%。

(3)将农田灌溉用喷雾器用在爆堆喷洒,由于直接将爆堆覆盖在喷洒半径内,加之喷洒本身又有降尘效果,整个效果比较好。据测定,工作面粉尘质量浓度由原来的 8 ~ 10mg/m^3,降为 0.3 ~ 1.5mg/m^3。

217. 如何确定最佳洒水量?

进行洒水时,使其达到最佳含湿量所需的洒水量,称最佳洒水量。由于路面产尘量与许多因素有关,如路面积尘的理化性质、含湿量等。所以不同矿山的路面所需洒水量及洒水周期是不相同的,因此最佳洒水量应通过试验和相应的测试工作确定。大孤山铁矿的经验是要在及时消除路面积尘,特别是坡道转弯平缓段因雨水冲积而集聚的积泥积尘的同时,通过试验测试,确定了在不同季节、气候等条件下的单位面积洒水量、最佳时间及洒水周期,其试验结果是:

(1)粉尘质量浓度随粉尘含湿量增大而急剧降低,即当含湿量依次为 0g/kg、10g/kg、30g/kg、50g/kg 时,粉尘质量浓度依次为 14.3mg/m^3、6.5mg/m^3、3.0mg/m^3、1.0mg/m^3。

(2)在一昼夜中,粉尘自然含湿的变化规律是:11 ~ 18 时为最低值 5g/kg,18 时开始自然增加,至次日 4 ~ 8 时达最高值 25g/kg。

(3)粉尘质量浓度 2mg/m^3 时的标准含湿量为 40g/kg。

(4)从淡水到含盐浓度 25%,保持标准含湿量所需时间,依次为 3h、9h、25h、27h、29h。

218. 抑尘剂料包括哪两类,用于喷洒时有何效果?

抑尘剂料包括用于喷洒的和直接掺入面层碎石等物料中的两类。用于喷洒的抑尘剂,国内外试验、应用的已多达几十种,如 10% ~ 30% 浓度的氯化钙水溶液,用量 1.5 ~ 2.0kg/m^2,有效期为 2 ~ 5 天;浓度加大到 40% ~ 50% 时,可达 10 天以上;其他如磺化木质沥青煤溶液,用量 2.0 ~ 2.5kg/m^2,有效期可达 90 天。

219. 掺入面层碎石等物料中的抑尘剂料是怎样的?

这种剂料的原理主要是利用本身所具有的耐水性强、浸透力大的特点,在聚合作用下,使路面结构的整体性得到保证,起到防止湿胀、减少轮胎碾压的作用,从而防止路面破坏,减少产尘和扬尘。这种剂料,由于主要取自低廉的工矿副产品或其他可就地取材的资源,所以,不同矿山用的剂料也不相同。据年消耗这类剂料达 1000t 之多的一座国外大型矿山所提供的资料,其抑尘效率达 70% 以上。

220. 针对小型矿山日益突出的尘害防治问题,应采取哪些技术措施?

针对目前我国小型矿山日益突出的尘害防治问题,除强化这些矿山的法制手段、管理手段、教育手段和技术改造手段外,急需采用的技术措施是:

(1)实行湿式作业,据测定,凡是严格实行湿式作业的,如湿式凿岩、爆堆喷洒,其粉尘合格率都可达到80%以上。

(2)对暂不具备湿式作业条件的小型手持式凿岩机或二破凿岩机作业,除可采用干式捕尘器捕尘外,还可采取以下措施:

1)从孔口浇水抑尘。

2)尽量不打下向孔,减少反风扬尘。

3)凿岩工要在上风向操作。

4)合理布置采场各工种作业部位及顺序,减少相互危害。

5)严格执行带防尘口罩等个体防护措施。

第六章 地下矿山粉尘的防治

221. 如何对矿山进行粉尘防治?

多年来矿井粉尘防治的实践证明,通常情况下,单靠某一种方法或采取某一种措施去防治粉尘,既不经济也达不到预期的效果,所以必须贯彻预防为主、综合防治的原则,采取标本兼治的综合防治措施。所谓防,就是最大限度地减少产尘量;所谓治,就是将已经产生的粉尘在尘源附近处理,最大限度地减少粉尘扩散、飞扬和进入风流中,降低工作环境粉尘质量浓度,使之达到国家标准。首先必须改革工艺设备和工艺操作方法,从根本上杜绝和减少有害物的产生以控制或消除尘源。然后,在此基础上采取合理的通风除尘措施,建立严格的检查管理制度,这样才能有效地防治粉尘。

综合防尘措施包括技术措施和组织措施两个方面,其基本内容是:通风除尘、湿式作业、密闭尘源与净化、个体防护、改革工艺及设备以减少产尘量;科学管理、建立规章制度、加强宣传教育、定期进行测尘和健康检查。概括起来可将粉尘防治措施划分为如下四大类:

(1)减尘措施。在矿井生产中,减少采掘作业时的粉尘发生量是减尘措施中的主要环节,是矿山尘害防治工作中最为积极有效的技术措施。减尘措施主要包括:矿床注水、改进采掘机械结构及其运行参数、湿式凿岩、水封爆破、添加水炮泥爆破、封闭尘源以及捕尘罩等。

(2)降尘措施。尽管采取了减尘措施,采、掘、装、运等诸环节中仍然会产生大量的粉尘,这时就要采取各种降尘方法进行处理。降尘措施是矿井综合防尘工作的重要环节,现行的降尘措施主要包括干、湿式除尘器除尘以及在各产尘点的喷雾洒水,如放炮喷雾、支架喷雾、装岩洒水、巷道净化水幕等。

(3)通风排尘。通过上述两类措施所不能消除的粉尘要用矿井通风的方法将粉尘排出井外。事实证明,矿井通风是除尘措施中最根本的措施之一。通风除尘方法分为全矿井通风排尘和局部通风排尘两种。

(4)个体防护。在井下粉尘质量浓度较高的环境下作业的人员需要配备个体防护的防尘用具,如防尘面罩、防尘帽、防尘呼吸器等。虽然个体防护是综合防尘工作中不容忽视的一个重要方面,但仍是一项被动的防尘措施。

国内外煤、非煤矿山综合防尘的实践证明,采取上述防尘技术措施可以取得显著降尘效果,但要将矿井粉尘质量浓度降低到符合安全卫生标准,尚需做出巨大的努力。世界各国已开始研究与应用物理化学方法降低矿井粉尘的新技术措施,如泡沫除尘、粘尘剂降尘、隔尘帘降尘、磁化水除尘等。这些新技术措施的开发与应用,必将加大矿山尘害综合防治的力度,进一步改善井下作业环境,促进矿井的安全生产。

实践证明,因地制宜,持续地采取综合防尘措施,可取得良好的防尘效果。

222. 矿山尘害防治教育手段是什么，影响其有效实施的主要因素有哪些？

(1)在矿山尘害防治上，教育手段是指通过包括法律、法规、制度、规程、技术标准、方针政策及基本知识、科技知识、技术措施、操作技能、管理制度等各种应知应会内容在内的学习、培训，使员工掌握的知识技能达到熟练程度以及了解经验教训的行为。其法规依据如下：《中华人民共和国环境保护法》第五条规定，国家鼓励环境保护科学教育事业的发展，普及环境保护的科学知识；《中华人民共和国矿山安全法》规定，矿山企业必须对职工进行安全教育培训，未经安全教育、培训的不得上岗作业，矿长必须经过考核，具备必要的安全专业知识。

(2)影响矿山尘害防治教育手段有效实施的主要因素有：

1)国家法律、法规、企业规章制度的健全程度及其有关部门执行、监督等行为能力。

2)企业负责人政治技术、管理水平，综合素质状况，敏锐程度及领导能力。

3)主管部门及基层负责人、成员的专业技术水平、综合素质状况及行为能力。

4)员工的思想、文化、技术状况，对尘害的认识程度及接受教育的主动性。

5)教育手段实施的针对性、普及程度及方式方法。

223. 什么是防尘措施，一般分为哪几种？

防尘措施是指防止或减少粉尘产生和降低粉尘质量浓度的技术措施。在矿山企业中，一般分为主动防尘措施和被动防尘措施。

(1)主动防尘措施是指矿山企业通过铺设防尘管路，建立防尘水路网络，在生产地点、转载车场和破碎机室等易产生粉尘的地点，设置水龙头等洒水设备，人工定时洒水实现降尘。

(2)被动防尘措施主要是对在产生粉尘地点的作业人员发放和佩戴防尘口罩，实现个人保护。

224. 什么是“八字”综合防尘措施？

“八字”综合防尘措施是指查、管、教、革、水、密、风、护，又称“八字防尘措施”，它是在总结我国20世纪50~60年代防尘工作经验基础上，提出的用八个字概括的属于通用的、共性的或根本性的措施。其内容、要点如下：

(1)查。查规章制度执行情况；检查、评比、总结、定期测尘，定期体检。

(2)管。明确职责，加强管理；搞好防尘装置的维护管理。

(3)教。及时总结典型经验，推广先进经验；宣传教育。

(4)革。革新工艺、技术、设备，改革落后的作业方式。

(5)水。湿工作业，喷洒水。

(6)密。密闭尘源。

(7)风。通风除尘。

(8)护。严格执行个人防护。

225. 井下矿山防尘技术、措施有哪些？

井下矿山普遍采用的防尘技术、措施有：

煤层注水、喷雾降尘、利用除尘器除尘、泡沫除尘、掘进作业防尘、钻孔爆破作业防尘、锚喷支护作业防尘、回采工作面防尘、炮采工作面防尘、装载运输作业防尘、罐笼倒煤作业防尘、个体防护措施。

226. 什么是矿山尘害防治基本手段?

由于固体矿物矿山类型、生产、技术、工艺及粉尘性质、尘源状况等条件的多样性、多元性和复杂性,所采取的尘害防治措施也是多种多样的。将多种多样措施中那些属于通用的、共性的或根本性的措施,归纳为几个方面,统称基本手段。换而言之,即不论是露天、井下,不论是煤、非煤矿山,不论是对大气环境还是岗位作业环境的危害,不论是尘肺危害还是所致煤尘爆炸,都必须采取的根本性措施,称为矿山尘害防治基本手段。

我国矿山尘害防治的“五项基本手段”是指“法制手段、管理手段、教育手段、技术手段和防护手段”,这些都符合“八字”综合防尘措施。

227. 什么是矿山尘害防治技术手段?

广义上矿山尘害防治的技术手段是指利用科技原理、科技成果、技术方法而达到目的的行为。在矿山尘害防治问题上,凡利用科技原理、科技成果、技术措施,通过技术工艺、生产流程的更新改造,不论是生产系统还是尘害防治系统,只要利于尘害防治的新技术、新设备、新材料的应用,工具、设备、厂房、作业部位布局的革新、改造,操作方法的革新等措施的实施,均为尘害防治上的技术手段。

228. 矿山尘害防治技术手段的要点是什么,影响其有效实施的主要因素有哪些?

(1)在矿山尘害防治上,技术手段的要点有:

1)矿山企业及其主管部门,在编制矿山设计及施工建设中,应依靠技术专家实行严格的技术论证和审查,以确保技术工艺、装备的先进性和可靠性,确保尘害防治措施的科学性和有效性。

2)在矿山生产全过程中,矿山企业及其主管部门,应加强对粉尘的产生及危害进行全程监测、监督,在强化尘害防治管理手段的同时针对要害问题实行科研、技术攻关和技术改造。

3)有针对性地选择和应用好除尘技术、措施、设备,实行综合防治,是大多数矿山企业防治尘害的主要技术手段。

(2)影响技术手段有效实施的主要因素有:

1)企业领导人、主管部门负责人及其下属人员的政治、法制观念、技术素质、管理水平及行为能力。

2)基层管理人员、职工队伍的素质状况。

3)技术手段本身的质量状况,如设计质量、设备选型及制造安装质量等。

4)企业运行、管理机制及技术手段的适应性。

5)设备设施的操作、保养状况及相关条件。

6)矿山企业的整体水平,如技术保障先进性、管理制度高效性、培训教育措施的有效性。

7)监测、监督机制及运行状况。

229. 为什么对井巷掘进实行通风除尘?

在矿山各生产环节中,井巷开拓掘进是产生粉尘的主要环节之一。掘进凿岩、爆破、支护、装运等工序不仅产生大量矿尘,影响安全生产,而且还产生大量硅尘,严重危害着矿工的身心健康。因此,在采用必要的湿式作业的同时,还必须因地制宜采取有效的通风、干式捕尘及除尘器等综合防尘措施,才能保证掘进工作面粉尘质量浓度达到国家的卫生标准。

目前,矿山井下较多采用局部通风机通风排尘方式,这种通风方式对降低掘进时的粉尘质量浓度起了重要作用,表 6-1 为部分矿井掘进工作面局部通风排尘效果对比。

表 6-1 部分矿井掘进工作面局部通风排尘效果的对比

矿山名称	矿尘浓度/$mg \cdot m^{-3}$	
	湿式作业(未通风)	湿式作业(通风)
锡矿山	3.6~6.6	0.4~1.5
盘古山	3.9~6.8	1.4~1.9
大吉山	3.5	2.0
恒仁矿	4.54	2.60
龙烟铁矿	6.57	2.1

230. 对井巷掘进防尘通风有哪些要求?

(1)从防尘角度对通风方式进行选择。抽出式局部通风只有当风筒吸风口距工作面很近时(如 2~3m),才能有效地排出粉尘,稍远排尘效果就较差。压入式通风的风筒出风口距工作面的距离在有效射程内时,能有效排出掘进工作面的粉尘,但含尘空气途经整个巷道,巷道空气污染严重。混合式通风兼有压入式和抽出式的优点,是一种较好的通风排尘方法。

(2)排尘效果对风速的要求。要使排尘效果最佳,必须使风速大于最低排尘风速,低于二次扬尘风速。根据实验观测,掘进巷道风速达到 0.15m/s 时,5μm 以下的粉尘即能悬浮,并能与空气均匀混合而随风流运动。

使粉尘质量浓度最低的巷道平均风速称为最优排尘风速,对于掘进工作面为 0.4~0.7m/s,对于机械化采煤工作面为 1.5~2.5m/s。它的大小与粉尘的种类、粒径大小、巷道潮湿状况和有无产尘作业等有关。

掘进防尘风量应使掘进巷道风速处于最优排尘风速范围内,除控制风速外,及时清除积尘和增加矿尘湿润程度也是常用的防尘方法。

总之,决定通风除尘效果的主要因素有工作面通风方式、通风风量、风速等。

1)最低排尘风速。5μm 以下粉尘对人体的危害性最大,能使这种微细粉尘保持悬浮状态并随风流运动的最低风速称为最低排尘风速。矿井水平巷道中,粉尘的重力和气流对粉尘的阻力作用方向互相垂直,此时使粉尘在风流中处于悬浮状态的主要动力是紊流脉动速度。如果尘粒受横向脉动速度场的作用力与粉尘重力相平衡,则尘粒处于悬浮状态。使粉尘粒子处于悬浮状态的条件是紊流风流横向脉动速度的均方根值等于或大于尘粒的沉降速度。根据有关实验资料，最低排尘风速 v_s 可用下面的经验式(6－1)计算：

$$v_s=\frac{3.17v_f}{\sqrt{a}} \tag{6-1}$$

式中 a——井巷的摩擦阻力系数；

v_f——粉尘粒子在静止空气中均匀沉降的速度，m/s。

2)最优排尘风速。当排尘风速由最低风速逐渐增大时，粒径稍大的粉尘也能悬浮，同时增强了对粉尘的稀释作用。在产尘量一定的条件下，粉尘质量浓度随风速的增加而降低。当风速增加到一定数值时，工作面的粉尘质量浓度降到最低值。粉尘质量浓度最低值所对应风速称为最优排尘风速。

国内外对矿井最优排尘风速进行了大量的实验研究，试验结果表明，在干燥的井巷中，无论是否有外加扰动，都存在一最优排尘风速，如有外加扰动时，最优排尘风速较低，如图6－1 所示。

在井巷潮湿的条件下，风速在0.5～6m/s 范围内，粉尘质量浓度随风速增大不断下降，如图6－2 所示。

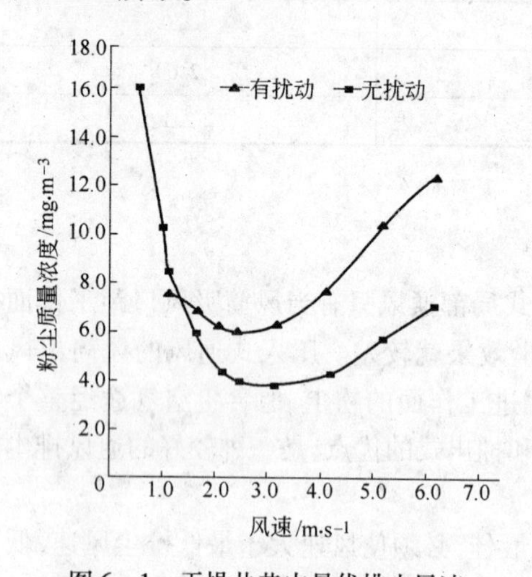

图6－1 干燥井巷中最优排尘风速

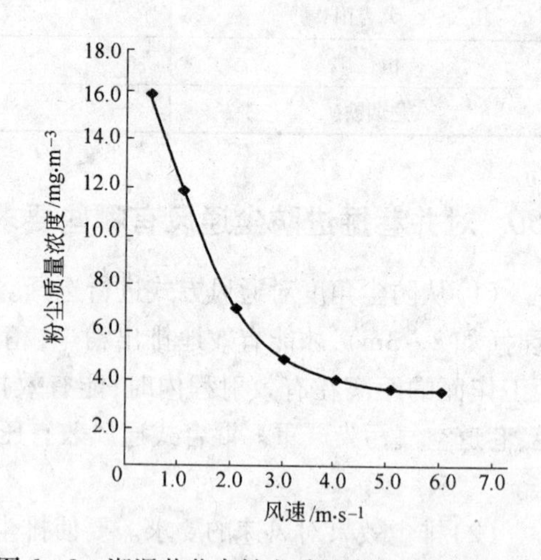

图6－2 潮湿井巷中粉尘质量浓度与风速的关系

3)扬尘风速。

当风速超过最优排尘风速后，继续增高风速，原来沉降的粉尘将被重新吹起，粉尘质量浓度再度增高。当风速大于最优排尘风速时，粉尘质量浓度再度增高的风速称为扬尘风速。粉尘飞扬的条件是风流作用在粉尘粒子上的浮力大于或等于粉尘粒子所受重力。扬尘风速可用下面的经验公式计算：

$$v_b=(4.5\sim7.5)\sqrt{\rho_d gd} \tag{6-2}$$

式中 v_b——扬尘风速，m/s；

ρ_d——粉尘粒子的密度，kg/m^3；

g——重力加速度，m/s^2；

d——粉尘粒子的直径，μm。

通风排尘的关键是确定最佳排尘风速。如果风速偏低，粉尘不能被风流有效地冲淡排出，并且随着粉尘的不断产生，就会造成作业空间粉尘质量浓度的非定量叠加，导致粉尘质量浓度持续上升。如果风速过高，又会吹扬巷道、支架及采空区里的积尘，同样会造成粉尘质量浓度升高。

粉尘控制是一个复杂、多种因素影响的问题，关键是不要让粉尘在尘源处就变成浮游状态。一旦成为浮游状态，并且已经离开尘源时，降尘的有效方法就是集尘和通风冲淡。不管怎样，一旦粉尘变成浮游状态，降尘将会更加困难。所以，防尘要尽一切可能把粉尘抑制在尘源处，这是非常重要的。

231. 为什么对矿井进行通风，其基本任务是什么？

首先井下要生产就要有人作业，人没有氧气就不能生存；其次在井下生产过程中不断产生粉尘和有毒有害气体，如一氧化碳、二氧化碳、二氧化氮、二氧化硫、硫化氢、沼气等，如果不及时排除这些气体，人们既无法生产，又影响身体健康；第三，井下由于受地温等因素的影响需要对井下高温、高湿恶劣气候条件进行调节。矿井通风的基本任务是：

(1)供给井下足够的新鲜空气，满足人员对氧气的需要。

(2)冲淡井下有毒有害气体，保证安全生产。

(3)调节井下气候，创造良好的工作环境。

通风除尘的作用是稀释并排出矿内空气中的粉尘。矿内各种尘源在采取了防尘措施后，仍会有一定量的矿尘进入矿井空气中，而且多为粒径不大于10μm微细矿尘，这些粉尘能较长时间悬浮于空气中，同时由于粉尘的不断积聚，造成矿井内空气严重污染，严重危害人身健康。所以必须采取有效通风措施稀释并排走矿尘，不使其积聚。通风除尘是矿井综合防尘的重要措施之一。井下必须进行通风，不通风就不能保证安全和维持生产。因此，矿井通风是矿井生产环节中最基本的一环，它在矿井建设和生产期间始终占有非常重要的地位。

232. 什么是通风除尘，影响其效果的主要因素有哪些？

通风除尘是指通过风流的流动将井下作业点的悬浮矿山粉尘带出，降低作业场所的矿山粉尘质量浓度，因此搞好矿井通风工作能有效地稀释和及时地排出矿山粉尘。

影响通风除尘效果的主要因素是风速及矿山粉尘密度、粒度、形状、湿润程度等。风速过低，粗粒矿山粉尘将与空气分离下沉，不易排出；风速过高，能将落尘扬起，增大矿内空气中的粉尘质量浓度。因此，通风除尘效果是随风速的增加而逐渐增加的，达到最佳效果后，如果再增大风速，效果又开始下降。

233. 矿井的通风系统有何作用，国家对有关通风系统是如何规定的？

矿井通风系统的作用是以良好的风源、网路、通风设备及风流控制设施，向整个矿井输送新鲜、合格的空气，以稀释并排出包括粉尘在内的污浊空气。

《中华人民共和国矿山安全法》第九条中规定：矿井的通风系统和供风量、风质、风速，必须符合矿山安全规程和行业技术规范；第七条中还规定：矿井的通风系统必须和主体工程同时设计、同时施工、同时投入生产和使用。

234. 什么是局部通风，井下矿山局部通风有几种方法？

一般来讲，不依靠矿井主要通风机进行的有效通风，均称为局部通风。局部通风是针对矿井通风系统主风流不能通达或作用到的部位，所采取的辅助措施。其方法一般有四种：

（1）利用系统风流的总风压，以井巷、风墙、风门、风窗、风障、风筒及必要的密闭等非动力设施，将风流引导至采掘工作面。

（2）利用贯通风流的紊流扩散作用通风。主要用于10m以内的采掘工作面；煤矿及通风条件不良部位，一般用在5～6m范围内的采掘工作面。如在有主风流的平巷内，穿脉掘进进口部分用此法。

（3）利用喷射、引射装置，作短距离、短时间的通风。

（4）利用局扇等通风机、净化设备产生的正压或负压进行通风。

235. 为什么说通风并不是井下矿山尘害防治的唯一措施？

（1）不论是矿井系统的通风还是局部通风，其作用不是防止或减少粉尘的产生，而是在井下空气中已经存在一定数量粉尘的前提下，起稀释作用和排出作用。

（2）由于采掘作业产尘强度大，如不采取其他措施，仅靠通风作用是很难达到允许质量浓度的。如K－52采煤机作业，1min即可使1000m^{3}采场或巷道空间里，粉尘质量浓度高达540mg/m^3（允许粉尘质量浓度应低于10mg/m^3），显然，仅靠通风单一手段是不可能达标的。

（3）当风速过大时，井巷帮底积尘会二次飞扬起来，所以，即使采用加大风量的办法，不但达不到目的，反而使粉尘质量浓度增大，实践证明，即使在潮湿状态，风速大于4～5m/s也会这样。

所以，对井下大多数工作面，在采取通风措施的同时，必须采取减少或防止粉尘进入空气的措施，才会有良好的效果。

236. 什么是扬尘风速，冶金井下矿山的最高允许风速是多少？

（1）能使堆积状态或附着于地面、帮顶、物体表面上的尘粒重新进入空气中所需风流最低速度，称为扬尘风速。据测定，一般在井下矿山的扬尘风速：在干燥的巷道中为1.5～2.0m/s，在潮湿的巷道中为4～5m/s。

（2）按《冶金矿山安全规程》规定，冶金井下矿山的采掘作业场所的最高允许风速为4.0m/s。在计算值基础上，其排尘风速一般建议为0.15m/s。按不同作业部位，冶金矿山风速安全规定值为：

1）掘进及巷道型采场的排尘风速大于0.25m/s。

2）硐室型采场的排尘风速大于0.15m/s。

3）电耙和二次破碎巷道排尘风速大于0.50m/s。

237. 什么是粉尘湿润，其湿润机理是什么？

粉尘湿润是指液体将尘粒表面气体挤出后，并在其表面铺展的过程。在这一过程中，固－气界面消失，形成固－液界面和液－气界面，所以湿润过程也就是固－液－气三相界面上表面能变化的过程。

粉尘的湿润性是决定喷雾洒水除尘效果的重要因素。它取决于液体的表面能（表面张力）和尘粒的湿润边界角。湿润边界角θ是指液体和尘粒界面（AC）与液体表面的切线（AB）间的夹角即$\angle BAC$。由图6－3可知式（6－3）：

$$\cos\theta = \frac{F_{d.a} - F_{d.w}}{F_{w.a}} \qquad (6-3)$$

式中　$F_{d.a}$——尘、气界面的表面张力，N/m；

$F_{d.w}$——尘、液界面的表面张力，N/m；

$F_{w.a}$——液、气界面的表面张力，N/m。

若 $\cos\theta < 0(\theta > 90°)$ 时，尘粒不被水湿润；若 $1 > \cos\theta > 0(\theta < 90°)$ 时，尘粒能被水湿润；如果 $\cos\theta = 1(\theta = 0°)$ 时，能完全湿润。

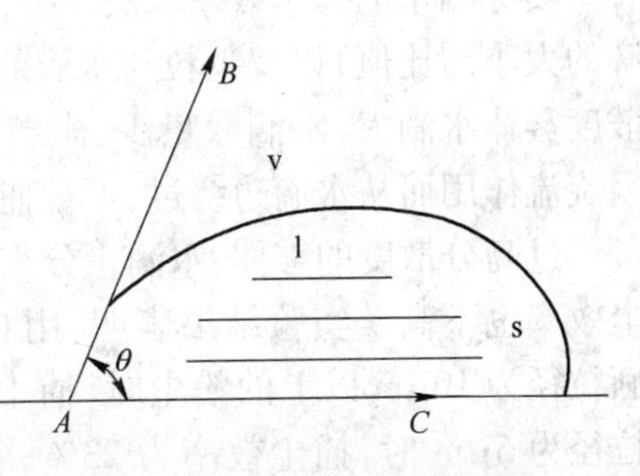

图 6－3　尘粒湿润示意图

v—气相；l—液相；s—固相

各种矿岩的湿润边界角大小因其矿物成分和岩石成分不同而不同，表 6－2 列出了部分矿岩的湿润边界角。

表 6－2　部分矿岩的湿润边界角

矿岩类型	边界角/(°)	矿岩类型	边界角/(°)
石　英	0～10	贫　煤	71
碳质页岩	43	肥　煤	78
黏土页岩	0～10	气　煤	62
沙页岩	0～10	长焰煤	60
无烟煤	68		

238. 什么是喷雾洒水措施，其作用的机理是什么？

喷雾洒水措施是针对粉尘的吸湿性，以喷雾、喷洒装置所形成的无数雾状水微滴或极多水滴所产生的作用，达到降低空气中粉尘质量浓度及防止粉尘大量产生的措施。由于多数矿岩粉尘具有较好的吸湿性，所以，喷雾洒水是矿山防尘应用最为广泛的防治措施。试验证明，粉尘湿度 6% 时的产尘强度是 2% 时的 1/7，充分说明了喷雾洒水措施的有效性。其作用的机理有两个方面：

(1) 利用微细水滴或雾滴在含尘空气中移动、降落时与尘粒间的扩散黏附尘粒、碰接黏附尘粒及截留黏附尘粒作用，以达到吸附、捕捉尘粒的效果。

(2) 当用于直接喷洒矿岩物料表面、作业场所墙地、机体表面时，主要是利用其所产生的湿润及冲洗作用，达到减少产尘、扬尘强度的目的。

一般以前一作用为主，后一作用为辅的，称为喷雾法；以后一作用为主，前一作用为辅时，则称为洒水法。

239. 喷雾洒水的捕尘作用体现在哪些方面？

喷雾洒水是将压力水通过喷雾器(又称喷嘴)在旋转或冲击作用下，使水流雾化成细散的水滴喷射于空气中，其作用范围如图 6－4 所示。喷雾洒水的捕尘作用主要体现为：

(1) 高速流动的水滴与浮尘碰撞后，尘粒被湿润、凝聚、增重，在重力作用下沉降。

(2) 高速流动的雾体将其周围的含尘空气吸引到雾体内湿润下沉。

(3) 将已沉降的粉尘湿润黏结、增重，使之不易二次飞扬。

(4) 增加沉积粉尘的水分，预防粉尘爆炸事故的发生。

喷雾洒水的捕尘效果取决于雾体的分散度(即水滴的大小与比值)以及尘粒与水滴的相对速度。粗分散度雾体水滴大,水滴数量少,尘粒与水滴相遇时会因旋流作用而从水滴边绕过,不被捕获。

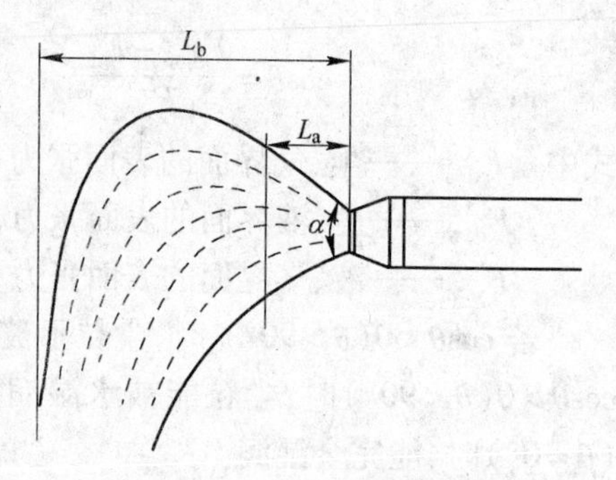

图6-4 雾体作用范围
L_a—射程;L_b—作用长度;
α—扩张角

过高分散度的雾体,水滴十分细小,容易气化,捕尘效率也不高。实验结果表明,用0.5mm的水滴喷洒粒径为10μm以上的粉尘时,捕尘率为60%;粉尘粒径为5μm时,捕尘效率为23%;粉尘粒径为1μm时,捕尘率仅有1%。将水滴直径减小到0.1mm,雾体速度提高到30m/s时,对2μm尘粒的捕尘率可提高到55%。因此,粉尘的分散度越高,要求水滴的直径也越小,一般来说,水滴的直径在10~15μm时,有利于粉尘冲破水的表面张力而被湿润、捕捉效果最好。

240. 什么是湿式凿岩,提高湿式凿岩捕尘效果应注意哪些问题?

湿式凿岩就是在凿岩过程中,将压力水通过凿岩机送入并充满孔底,以湿润、冲洗和排出产生的粉尘。它是凿岩工作普遍采用的有效防尘措施。根据《矿山安全生产监督管理条例》,在矿井采掘过程中,为了大量减少或基本消除粉尘在井下飞扬,必须采取湿式凿岩、水封爆破等生产技术措施。在有条件的矿井还应通过改进采掘机械结构及其运行参数等方法减少采掘工作面的粉尘产生量。

湿式凿岩有中心供水和旁侧供水两种供水方式,目前使用较多的是中心供水式凿岩机。湿式凿岩的防尘效果取决于单位时间内送入钻孔的水量。只有不断向钻孔底部充满水,才能起到对粉尘的湿润作用,并使之顺利排出。为了提高湿式凿岩的捕尘效果,应注意以下几个问题:

(1)水量。要有足够的水量,使之充满孔底,同时,要使钻头出水尽量靠近钎刃部分。这样,粉尘生成后就能立即被水包围并湿润,同时可以防止粉尘与空气接触,避免在其表面形成吸附气膜而影响湿润效果。钻孔中冲水程度越好,粉尘向外排出过程中与水接触的时间越长,湿润效果就越好。各种凿岩机在出厂时,都提出了供水要求,应按规定供水。

(2)气动凿岩机应避免压气或空气混入凿岩水中。压气或空气混入凿岩用水进入孔底,一方面可能在粉尘表面形成吸附气膜;另一方面,在水中形成气泡,微细粉尘附于气泡而逸出孔外,从而严重地影响除尘效果。压气或空气混入的主要原因是:中心供水凿岩机水针磨损、过短、断裂或各活动部件间隙增大。为此必须提高水针质量,加强设备的维修,以减少和消除这种现象的发生。再者,凿岩时,一定要先给水,后供风,避免干打眼,并且给水开关不要开得过小。

(3)水压。水压直接影响供水量的大小。从防尘效果看,水压越高越好,尤其是上向凿岩,水压高能保证对孔底的冲洗作用。但是,由于水压过高时,会产生钎尾返水,返水冲洗机腔内的润滑油,阻止活塞运动,降低凿岩效果,因此对中心供水凿岩机要求水压比风压低50~100kPa。水压过低,供水量又会不足,易使压气进入水中,影响除尘效果。一般要求水压不低于300kPa。

(4)使用降尘剂。为提高对疏水性粉尘和微细粉尘的湿润效果,可在水中加入降尘剂。前苏联试验表明,凿岩用水中加入湿润剂比用清水可使粉尘质量浓度降低约50%。

(5)防止泥浆飞溅和二次雾化。从钻孔中流出的泥浆可能被压气雾化而形成二次矿尘,这在凿岩产尘中占有很大比例,特别是上向凿岩,要采取泥浆防护罩,控制凿岩机排气方向等防治措施。

(6)尽量减少微细粉尘产生量。保持钎头尖锐、保证足够风压(大于500kPa)、保证水量充足等都可减少微细粉尘量的产生。

241. 用水捕捉悬浮矿尘的原理是什么,影响其捕尘效率的因素有哪些?

用水捕捉悬浮矿尘的原理是:把水雾化成微细水滴并喷射于空气中,使之与尘粒相接触碰撞,使尘粒被捕捉而附于水滴上或者被湿润尘粒相互凝集成大颗粒,从而提高其沉降速度,加之采取必要的通风措施,这种措施在粉尘质量浓度高的作业地点会大大提高对矿尘的捕集及稀释排出,全面提高降低粉尘质量浓度的效果。图6-5所示为爆破区采取不同喷雾、通风方法时的矿尘浓度。

(1)水滴捕尘机理。

1)惯性碰撞。如图6-6所示,尘粒和水滴之间的惯性碰撞是湿式除尘的最基本的除尘作用。直径为D的水滴与含尘气流具有相对速度,气流在运动过程中如果遇到水滴会改变气流方向,绕过物体进行运动,运动轨迹由直线变为曲线,其中细小的尘粒随气流一起绕流,粒径较大和质量较大的尘粒具有较大的惯性,便脱离气流的流线保持直线运动,从而与水滴相撞。由于尘粒的密度较大,因惯性作用而将保持其运动方向,在一定粒径范围的尘粒由于惯性与水滴碰撞并黏附于水滴上。相对速度越大,所能捕获的尘粒粒径范围越大,1μm以上的尘粒,主要是靠惯性碰撞作用捕获。

2)扩散作用。通常尘粒粒径0.3μm以下的粉尘,由于质量很小,随风流而运动,在气体

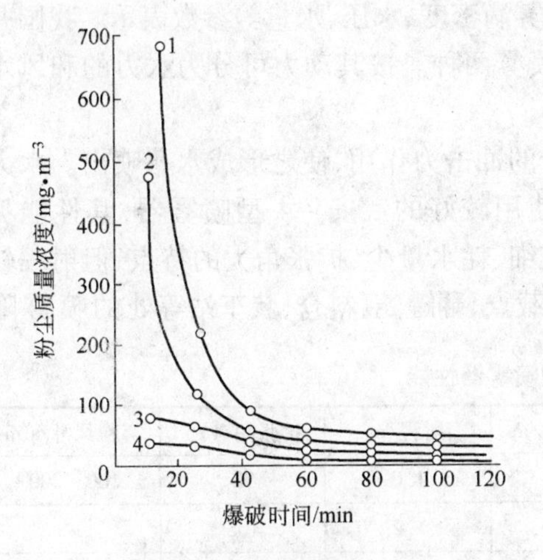

图6-5 爆破区采用不同喷雾、通风方法时的矿尘质量浓度
1—无喷雾、无通风;2—无喷雾,有通风;
3—有喷雾,无通风;4—有喷雾,有通风

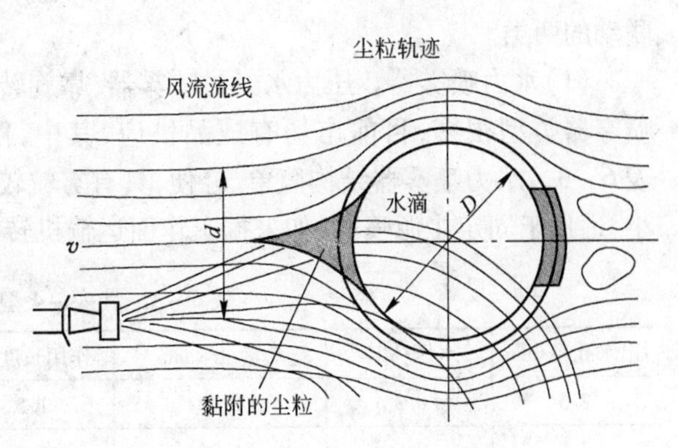

图6-6 水滴捕尘作用示意图

分子的撞击下,微粒像气体分子一样,做复杂的布朗运动。但其扩散运动能力较强。在扩散运动过程中,可与水滴相接触而被捕获。

3)凝集作用。凝聚有两种情况,一种是以微小尘粒为凝结核,由于水蒸气的凝结使微小尘粒凝聚增大;另一种是由于扩散漂移的综合作用,使尘粒向液滴移动凝聚增大,增大后的尘粒通过惯性的作用加以捕集。另外,水滴与尘粒的荷电性也促进尘粒的凝集。

(2)影响水滴捕尘效率的因素。

1)水滴的粒径与分布密度。水滴粒径大小与分布密度是影响捕尘效率的重要因素,对于不同粒径的粉尘,有一捕获的最宜水滴直径范围,一般认为尘粒粒径越小,最宜水滴直径也越小,而对5μm以下的微细粉尘最适宜水滴直径为40~50μm,最大不宜超过100~150μm。在同样喷水量情况下,水滴越细,总表面积越大,在空气中的分布密度越大,则与粉尘的碰撞机会越多。

2)水滴与尘粒的相对速度。水滴与尘粒间的相对速度越高,冲击能量越大,有利于克服水的表面张力而湿润捕获粉尘。但因风流速度高而使尘粒与水滴的接触时间缩短,也降低捕尘效率。

3)喷雾水量与水质。单位体积的空气中的喷雾洒水量越多,捕尘效率就越高,但所用动力亦增加。使用循环水时,需采取净化措施,如水中微细粒子增加,将使水的黏性增加,且使分散水滴粒度加大,降低效率。

4)粉尘的性质。粉尘的湿润性对湿式捕尘有重要影响。不易湿润的粉尘(疏水性粉尘)与水滴碰撞时,会产生反弹现象,即使是碰撞但也难以将其湿润捕获。尘粒表面吸附空气形成气膜或覆盖油层时,其也难被水湿润。密度大的粉尘相对易被水捕获。空气中的粉尘质量浓度越高,喷雾洒水的效率也越高。

242. 井下矿山常用的喷雾器有哪些?

喷雾器的性能可由喷雾体结构、雾粒分散度、雾滴密度、水压、水量等参数表示。我国井下矿山常用的喷雾器按形式一般分为内喷雾、外喷雾两种。按其动力可分为水力的和风水联动的两类。

(1)水力喷雾器。压力水经过喷雾器,靠旋转的冲击力作用,使之形成水幕喷出。水力喷雾器类型很多,目前市场有成品供应,其中,使用较好的武安-4型喷雾器,其性能见表6-3。水力喷雾器结构简单、轻便,具有雾粒较细、耗水量少、扩张角大的特点,但射程较小,适用于固定尘源喷雾,如采掘工作面运输机转载点、翻罐笼、料仓、装车站等处的喷雾降

表6-3 武安-4型喷雾器性能

出水孔径/mm	水压/MPa	耗水量/L·min^{-1}	作用长度/m	射程/m	扩张角/(°)	雾粒尺寸/μm
2.5	0.3	1.49	1.5	1.0	98	100~200
2.5	0.5	1.95	1.7	1.2	108	
3.0	0.3	1.67	1.6	1.3	102	150~200
3.0	0.5	2.11	1.8	1.3	110	
3.5	0.3	1.90	1.7	1.2	106	150~200
3.5	0.5	2.43	1.8	1.3	114	

尘。水力喷雾器对捕捉5μm以下的粉尘，降尘率一般不超过30%，但若提高水压、减小出水孔径，可增加喷射速度和雾滴分散度，提高降尘率。

(2)引射式喷雾器。引射式喷雾器是根据引射涡流原理制作的一种新型喷雾器。其特点是带有引风筒或引风罩，在喷雾的同时造成一股引射风流，具有二次雾化作用，提高了雾化质量，具有结构紧凑合理、尺寸小、重量轻、使用方便可靠、降尘效果好等优点。

(3)汽水喷雾器。这种喷雾器是根据压气雾化液体的原理设计。即借助于压气的作用，使压力水分散成雾状水滴并喷射出去。汽水喷雾器具有雾化程度高、喷雾射程远等优点。在压力不小于0.3～0.4MPa、耗水量10～12L/min的情况下能达到5m以上的射程，且水雾细、密度大，对呼吸性粉尘的捕获效果显著。一般捕尘效率可达90%。

(4)喷雾自动控制。矿井下有些作业地点，应考虑实行自动控制喷雾，如装车、卸车、卸矿等间断作业，装卸时要喷雾，不作业时应停止喷雾；净化水幕需长时间工作，车辆或人员通过时，应暂停喷雾；爆破后工作地点烟尘大，人员不能进入操作等。目前，国内降尘喷雾自动控制器产品很多，从各种产品控制方式来分主要有光控、声控、触控三大类，应根据作业条件与环境采用。

243. 什么是水炮泥？

水炮泥是用盛水的塑料袋代替或部分代替炮泥充填于炮孔内，爆破时水袋在高温高压爆破波的作用下破裂，使大部分水被汽化，然后重新凝结成极细的雾滴并和同时产生的粉尘相接触碰撞，形成雾滴的凝结核或被雾滴所湿润而起到降尘作用。水炮泥爆破除具有降尘效果外，对减小爆焰、降低湿度、防止引燃事故以及减少烟量和有毒有害气体含量效果也十分显著。

水炮泥在炮孔中的布置方法对爆破效果很重要。一般情况下采用下面三种方法：

(1)先装炸药，再装水炮泥，最后装黄泥，如图6－7所示。

(2)先装水炮泥和炸药，再装水炮泥和黄泥。

(3)先装水炮泥和炸药，再装水炮泥(不装黄泥)。

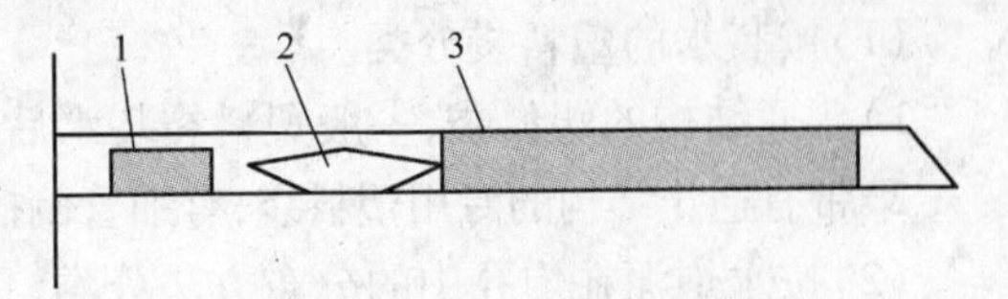

图6－7　水炮泥布置

1—黄泥；2—水炮泥；3—炸药

具体装填方法，应视炮孔深度而定，国内矿井一般多采用第一种方式。

根据双鸭山矿务局在四次半煤岩、四次全岩巷道掘进时，对使用普通炮泥和水炮泥爆破产尘质量浓度进行对比观测；在放炮后30s，使用普通炮泥时工作面粉尘质量浓度为387.5mg/m^3，而采用水炮泥时为50mg/m^3，降尘效率达87%。大屯姚桥矿在煤巷掘进中使用水炮泥取得了类似的效果(表6－4)。

表6－4　大屯姚桥矿水炮泥使用效果比较

试验地点	测尘次数	作业程度	粉尘质量浓度/mg·m^{-3}			炮烟扩散时间/min	
			未　用	使　用	降尘率/%	未　用	使　用
4017掘进巷	12	拉　槽	425	145	65.88	10	5
4015掘进巷	12	刷　帮	845	245	71.00	10	5
平　均			635	195	69.29	—	—

如果在水炮泥中同时添加湿润剂、粘尘剂等物质，可大大提高降尘效率。此外，德国等国家已开始应用化学材料代替水炮泥中的水，这些材料大多具有较好的膨胀性能，因此爆炸时的封堵效果和降尘效果更好。我国研制出的凝胶水炮泥也取得了良好的降尘、降烟效果。

244. 什么是孔口水封爆破？

水封爆破和水炮泥的作用相同，它是将炮孔内的炸药先用炮泥填好，然后再给炮孔口填一小段炮泥，两段炮泥之间的空间，插入细水管注水，封堵水管孔后，进行爆破。由于水封爆破在炮孔的水流失过多时会造成放空炮，加之其作业过程较复杂等原因，现已处于逐渐被淘汰的状态。

孔口水封爆破又称为孔外水封爆破，方法是在炮孔口附近置放水袋及辅助起爆药包，孔口水袋装水量合计 $0.5\sim0.7m^3$，相当于爆破 $1m^3$ 矿石耗水量为 $0.01\sim0.015m^3$。孔内堵塞物、起爆药包置放照常不变，只是在起爆时，同时起爆水袋下的辅助起爆药包。水袋用无毒并具有一定强度的塑料制作，简易的水袋注水后扎口即可；自动封口式的专用水袋，靠注水的压力将伸入到水袋内的注水管压紧自动封口。抑尘效率达 31% ~55%，可使尘云高度降低 66% 以上。

245. 水炮泥如何分类，它在矿山实际使用的效果如何？

水炮泥是在药包与孔口的炮泥塞之间装填了充满水的薄膜塑料袋，其用水量是炸药量的一半。水炮泥的塑料袋应难燃、无毒且有一定的强度。目前使用的自动封口水袋，装满水后和自行车内胎的气门芯一样，能将袋口自行封闭。爆破时，水袋破裂，水在高温高压下汽化，与尘粒凝结，达到降尘的目的。采用水炮泥比单纯用土炮泥时的矿山粉尘质量浓度低 20% ~50%，尤其是呼吸性粉尘含量有较大的减少。除此之外，水炮泥还能降低爆破产生的有害气体，缩短通风时间，并能防止爆破引燃瓦斯。可分为如下几类：

(1)按装水的塑料袋分类。

1)普通结构的塑料袋，一般塑料袋装水后再系紧口部，以防漏水。

2)带有逆止结构的专用塑料袋，有细管倒插装逆止结构，注水后无需再系，即自动防漏。

(2)按水炮泥在炮孔中的分布方法分类。

1)孔口布置水炮泥，自孔口开始先后有黏土塞、水炮泥、炸药卷。

2)药卷与水炮泥间隔布置，水炮泥与炸药卷间隔布置。

3)混合布置，既有孔口布置又有与药卷间隔布置。

水炮泥矿山实际使用对比试验结果见表 6-5、表 6-6。

表 6-5 云锡公司松树脚矿水炮泥使用效果

堵塞方法	测定时间起爆后第几分钟	粉尘质量浓度/$mg\cdot m^{-3}$	NO_2 浓度降低率/%
水炮泥	7	50 ~ 87.5	57 ~ 87.5
黄泥球	7	250 ~ 350	

表 6-6 俄克里沃罗格铁矿在孔深 1.5m 水炮泥直径 38mm 条件下试验结果

水炮泥含水量/cm^3	测定时间起爆后第几分钟	粉尘质量浓度/$mg\cdot m^{-3}$	NO_2 浓度降低率/%
500	10 ~ 15	80	28 ~ 50
280 ~ 400	10 ~ 15	60	

246. 什么是富水胶冻炮泥?

富水胶冻炮泥的主要成分是水、水玻璃及作胶凝剂的硝酸铵等一些低分子化合物。它的降尘机理是在爆破瞬间产生的粉尘和有毒气体在高温高压下与富水胶冻炮泥微粒相接触,通过吸附、增重、沉降而起到迅速降低烟尘量的作用。富水胶冻炮泥是一种胶体,具有一定黏性,又增强了这种作用;再者,部分凝胶在高温高压下还能转化成硅胶,而硅胶具有网状结构,有多孔性的毛细管,比表面积大,有较强的吸附能力;另外,富水胶冻炮泥在粉碎成微粒时,凝胶结构被破坏,能析出大量水,在高温高压下呈气态,可使空气中的粉尘湿润、增重、沉降。实验表明,富水胶冻炮泥可以大幅度降低爆破时的粉尘量,其降尘效率在85%以上。因此,在井下爆破或露天爆破采用此材料,可使烟尘产生量降低,这对改善井下作业环境、缩短通风时间,是非常有益的。

247. 为什么使用密闭抽尘净化系统?

密闭抽尘净化系统一般由密闭(吸尘)罩、风筒、除尘器及风机等部分组成,风筒与扇风机应根据具体条件设计。矿井有许多产尘量大且比较集中的尘源,为保证作业环境的矿尘质量浓度达到卫生标准要求和不污染其他工作地点,采取抽尘净化系统,就地消除矿尘是经济而有效的方法,如掘进工作面、溜井、装载站、破碎机、运输机、锚喷机、翻笼等尘源,皆可考虑采取这一防尘措施。

(1)溜井密闭与喷雾,适用于作业量较少,产尘量不高的溜井,如图6-8所示。井口密闭门采用配重方式关启,平时关闭,卸矿时靠矿石冲击开启。喷雾与卸矿联动,可采取脚踏、车压、机械杠杆、电磁阀等控制方式。

(2)溜井抽尘净化,适用于卸矿频繁,作业量大,产尘量高的溜井,如图6-9所示。在溜井口下部,开凿一条专用排尘巷道,通向附近的进(排)风巷道。在排尘巷道中设风机与除尘器,抽出溜井内含尘风流、诱导风流,并配合良好的溜井口密闭,可取得较好的防尘效果。

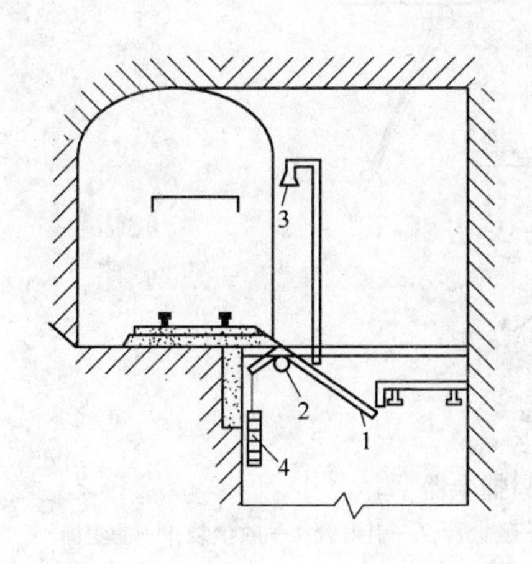

图6-8　溜矿井密闭与喷雾

1—活动阀密闭门;2—轴;3—喷雾器;4—配重

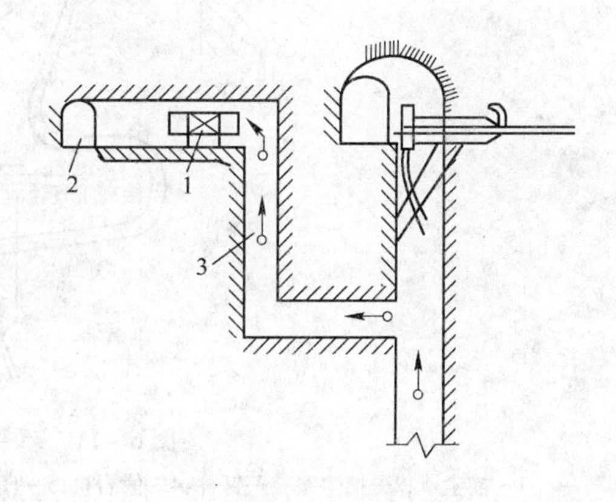

图6-9　溜井抽尘净化

1—除尘器;2—巷道;3—含尘风流

(3)干式凿岩捕尘。湿式凿岩的方法并不是在所有的矿井都能使用。在水源缺乏的矿井，冰冻期长而又无采暖设备的北方地区矿山，以及不宜用水作业的特殊岩层(如遇水膨胀的泥页岩层等)，都要考虑采用干式凿岩方法。为了减少干式凿岩产生的大量粉尘，可采用干式捕尘系统。图6-10所示为中心抽尘干式凿岩捕尘系统。抽尘系统用压气引射器作动力(负压为30~50kPa)，矿尘经钎头吸尘孔、钎杆中孔、凿岩机导管及吸尘软管排到旋风积尘筒。大颗粒在积尘筒内沉放，微细尘粒经滤袋净化后排出。

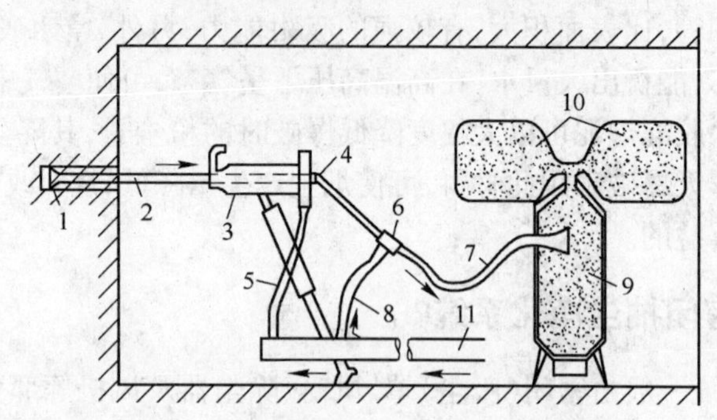

图6-10 中心抽尘干式凿岩捕尘系统

1—钎头；2—钎杆；3—凿岩机；4—接头；5，8—压风管；6—引射器；7—吸尘器；9—旋风集尘筒；10—滤袋；11—总压风管

我国矿山采用较多的还有75-1型孔口捕尘器(图6-11)。

(4)破碎机除尘。井下破碎机硐室应有进、排风巷道，风量按每小时换气次数为4~6次计算。破碎机要采取密闭抽尘净化措施。图6-12所示为井下颚式破碎机密闭抽尘净化系统。为避免矿尘在风筒内沉积，筒内排尘风速取15~18m/s。

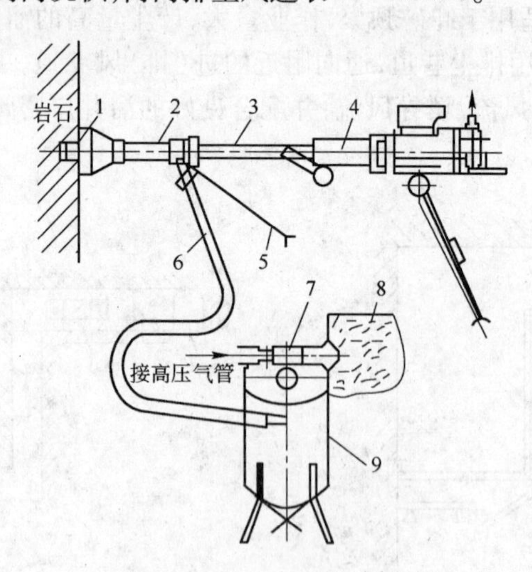

图6-11 75-1型孔口捕尘器

1—捕尘罩；2—捕尘塞；3—钎杆；4—凿岩机；5—固定叉；6—吸尘管；7—引射管；8—收尘袋；9—滤尘筒

248. 井下矿山降尘法有哪些？

(1)井下气幕阻尘法。目前井下防尘，主要采用通风排尘、喷雾降尘、湿润矿体降尘等

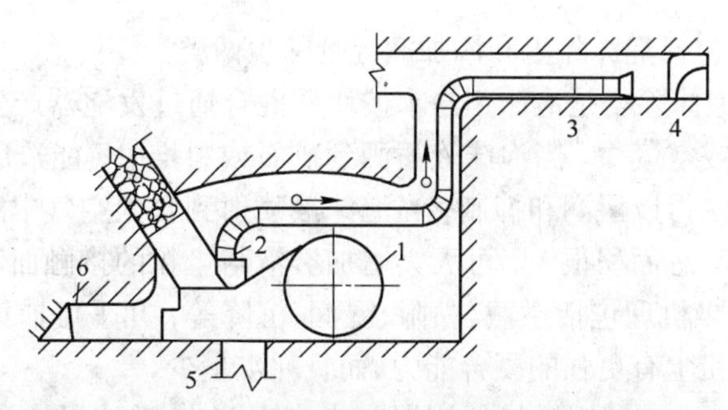

图6-12　破碎机密闭抽尘净化系统示意图

1—破碎机密闭;2—吸尘罩;3—除尘器与风机;4—排风管道;5—溜矿井;6—进风巷道

措施，但采用这些措施后仍会存有大量粉尘，特别是呼吸性粉尘会扩散到工作区。气幕隔尘技术是在结合其他降尘措施的基础上，采用一种透明的无形屏障——气幕，将未降落的粉尘，特别是呼吸性粉尘隔离在工作区以外，从而降低粉尘对采掘工人的危害。有资料报道，通过调整气幕射流喷射角度和气幕到工作面的距离，能使工作面含尘质量浓度降低到产生区含尘质量浓度以下。

(2)干式凿岩捕尘。当不能采用湿式凿岩时，必须采用干式捕尘措施，防止凿岩时粉尘的飞扬。目前国内外广泛采用的干式捕尘方法是中心式抽尘单机捕尘技术。干式泡沫捕尘法已在一些矿山进行工业性实验，该种除尘方法存在的主要缺点是泡沫的含水量及其使用寿命尚不能很好地满足捕尘要求，在结构上只适用于单机。前苏联研究的一项成果，即采用中心抽尘的集中捕尘系统，可以克服单机捕尘的缺点，该捕尘系统主要是将凿岩时产生的大量粉尘集中送到大型的除尘装置中进行处理。

(3)湿式凿岩。多年来，凿岩防尘中重点采用湿式凿岩作为防尘措施，其除尘效率可达90%左右。湿式凿岩防尘措施存在的主要问题是由于压气作用使钻孔岩浆雾化，造成粉尘的二次飞扬。

(4)锚喷防尘。锚喷支护作业中，可产生大量粉尘，有的高达600mg/m^3 以上。目前，国外多通过改进锚喷工艺来消除粉尘的产生。前苏联研制出无尘喷射机，美国也研制出无尘上料装置，德国主要采用气力自动输送、机械搅拌、湿喷机喷射等措施来降低锚喷支护时的粉尘质量浓度。

(5)装岩时的防尘。国外一般在出岩机上安装自动喷雾洒水装置，在装车点安装自动喷雾装置利用湿润管湿润矿体，或者使用密闭罩、半密闭罩将尘源密封起来，从下部将含尘空气抽至除尘器中净化。国外一般还利用康夫洛自动喷雾洒水装置，在下落矿石高度的地方，装设密闭罩和除尘器除尘，从而达到净化含尘空气的目的。

249. 什么是化学降尘剂除尘，包括哪几类？

目前，煤矿普遍采用以水为主的综合防尘、降尘措施。如煤层注水、喷雾洒水、湿式作业及湿式除尘器等。但由于煤粉、岩粉都有一定程度的疏水性，而水的表面张力又较大，除尘效果不太理想。通过在水中添加一定量的湿润剂，破坏水的表面张力来提高降尘效果的方法，称为化学降尘剂降尘。化学降尘剂降尘是一项防尘新技术，不仅防尘效果很好，而且明显降低对人体有害的呼吸性粉尘浓度。

化学降尘剂除尘包括泡沫除尘和添加润湿剂除尘两类：

（1）泡沫除尘。泡沫除尘是泡沫剂与水按比例混合通过发泡器产生大量高倍数泡沫状的液滴，喷洒到尘源或空气中。当泡沫液喷洒到矿石或料堆时，能造成无空隙的泡沫体覆盖和遮断尘源，使粉尘得以湿润和抑制；当泡沫液喷射到含尘空气中时，则形成大量的泡沫粒子群，其总体积和总面积很大，可大大增加雾液与尘粒的接触面和附着力，提高了水雾的除尘效果。其除尘机理包括拦截、黏附、湿润、沉降等，几乎可捕集所有与泡沫相遇的粉尘，尤其对呼吸性粉尘有更强的凝合能力，而且耗水量少。

（2）添加润湿剂除尘。利用添加的润湿剂来实现防尘、除尘的方法，称为润湿剂除尘。许多国家的研究和试验证明，在水中添加润湿剂制成的水溶液能够获得更明显的降尘效果，尤其是对抑制和降低呼吸性粉尘的作用更加明显。这是因为在水中添加了润湿剂，水溶液的物化性质发生了变化，提高了润湿能力，使粉尘更容易附着在水雾上被捕集。据测定，一般的喷雾洒水，对5μm以下的粉尘，捕捉率不超过30%，对2μm以下的更低。为此，向水中添加能提高捕捉能力的湿润剂，得到许多矿山的重视。

目前添加的湿润剂品种主要有：美英的纳科（LA）、诺耳（NR）、艾科塔（Alcotac DSI）、多塔莱（Dustallay）、波兰的卡波、法国的非离子、俄罗斯的德波（DB）、日本的P·Q等；我国CHJ、HY、HB、J-85等国产剂品在许多厂矿得到应用，如用于喷雾、洒水和煤层注水后，抑尘效率分别提高30%和20%~25%以上。

250. 什么是超声雾化技术，为什么井下凿岩作业使用超声雾化旋风除尘器？

（1）超声雾化技术包括超声雾化抑尘器和超声雾化旋风除尘器。

1）超声雾化抑尘器。它是在局部密闭的产尘点中，安装利用压缩空气驱动的超声波雾化器，激发高度密集的亚微米级雾迅速捕集凝聚微细粉尘，使粉尘特别是呼吸性粉尘很快沉降到产尘点附近，实现就地抑尘。这种方法不用把含尘气流抽出后再加以处理，避免了使用干式除尘器带来的问题以及清灰工作带来的二次污染。同时，由于其捕尘机理与普通喷雾捕尘完全不同，在捕尘中耗水量极少，被称为超声干雾捕尘，避免了喷雾水量过大的弊病。

2）超声雾化旋风除尘器。它是采用超声雾化器产生的微细水雾来捕截粉尘，用直流旋风器脱去捕尘后的雾，主要由雾化器、旋风器组合而成。雾化器采用超声雾化器，旋风器由前导叶片、后导叶片构成的双向旋风器，具有除尘效率高、能耗低、体积小、重量轻、适应负荷范围宽等优点。

（2）井下凿岩作业，要求防尘用的除尘器应尽可能体积小，但是国内现有的井下除尘器有一共同特点，那就是用过滤层与水膜相结合的方式拦截气流中的粉尘，当井下要求除尘器体积小时，势必要以高风速来保证需要的通风量，可是在高速气流中采用上述方式，则会造成除尘阻力过大，能耗高，因而难以被采纳。超声雾化旋风除尘器则完满地解决了这个矛盾。采用这种新技术，在获得高效率的除尘效果的同时，阻力也大幅度下降。因此，可被广泛用于井巷、隧道工程和一般工业环境的通风除尘，对井巷掘进作业的通风除尘尤为适用。

251. 在湿式凿岩的工作面粉尘质量浓度为什么会超标？

（1）钎头在冲击、旋转过程中，有90%的粉尘被湿润，但还有10%左右的、小于5μm微细粉尘没被湿润而从孔口逸出，如当有两台凿岩机开动时，在无局部通风等措施条件下，

20min 内逸出的这种粉尘,就可使单轨巷道工作面的粉尘质量浓度达到 2mg/m^3 以上。

(2)湿式凿岩岩浆经雾化后,会又有粉尘重新游离到空气中。因为 90% 的粉尘虽已湿润成了岩浆,但从孔口排出时,由于凿岩机废气的喷吹产生雾化作用,会使一部分矿岩尘又重新游离出来并进到空气中;这种雾化产尘强度,以天井凿岩时最高,每台凿岩机11.6mg/s,其次是扇形深孔凿岩;也就是说,单机开动 10min,就可使 60m 高的天井内粉尘质量浓度达到 10 ~20mg/m^3。这也是湿式凿岩工作面粉尘质量浓度很难达标的又一原因。

(3)矿山凿岩喷洒用水水质不良也影响采掘作业面粉尘质量浓度达标。由于许多矿山的凿岩,防尘用水水源净化不良或无净化,特别在循环使用的情况下,这些用水中的微尘累积量一般都比较高。据测定,当水体中固体悬浮物含量达到 500mg/L 时,其本身就可通过雾化和游离作用,使工作面粉尘质量浓度达到 1.5mg/m^3。

(4)各种原因引起的二次扬尘,也是影响采掘工作面含尘超标的因素。由于粒径较大的尘粒降落得快,粒径较小的降落得慢,所以一般帮底上沉降或附着的尘粒,在最表面的多为粒径较小的尘粒。在爆破冲击气流、风动设备排出的废气、通风或设备走行等所产生的气体流动的作用下,附着于顶帮底板的干燥粉尘,特别是那些浮在表面上的微细尘粒,会重新飞扬起来,形成采掘工作面的又一尘源。据测定,在发生扬尘后的 5min 内,就可使含尘质量浓度升高 5mg/m^3 以上。

(5)湿式凿岩不执行先开水后开风或开干眼,粉尘质量浓度不可能达标。主要原因是:1)凿岩工人不太了解这种错误操作的危害性;2)照明或工作面矿岩条件不太好;3)风水阀门不灵活或供水条件不良等。但不论原因,不执行先开水后开风或开干眼,所产生的粉尘,更为严重。以龙烟铁矿现场测试为例,其产尘强度比先水后风的高 50 倍;开一个干眼,2min 就可使工作面粉尘质量浓度上升至 10mg/m^3。

252. 为什么说单一湿式凿岩的抑尘效果是有限的?

几十年来我国实行湿式凿岩的矿山采掘工作面粉尘合格率一直很低,通过技术原因分析,可以看出:分散度很高并相互连通的井下各作业部位,每个作业部位上下各工序之间的连续性,每个工序作业中的多种尘源及产尘强度大、产尘连续性强等特点,决定了井下尘害防治措施必须是多元化的,单一的湿式凿岩的抑尘效果是有一定限度的,这也正是我国大中型矿山湿式凿岩几十年,粉尘合格率一直徘徊不前的症节所在。

253. 什么是干式抑尘,其应用条件是什么?

干式法抑尘是相对于用水较多的湿法而说的。在矿山作业中,凡少用或不用水的抑尘方法均称为干式抑尘。如不用水的各种干式集(捕)尘装置,用水很少的干式泡沫法抑尘技术。

干式抑尘技术主要应用于:矿岩吸水膨胀可致矿岩不稳固或可致采场巷道帮顶不稳固的矿山、因用水较多而可导致发生冰冻危害的矿山、矿岩易于被水浸析而不允许较多用水的矿山、严重缺水的矿山、允许或需要干式抑尘技术的其他原因。

254. 最常用的干式抑尘技术有哪些?

(1)各种干式集(捕)尘装置,如凿岩用的干式捕尘器。

(2)干式泡沫法抑尘装置,如干式泡沫发生器。

(3)静电法抑尘措施,如反电荷粉幕、高压静电除尘装置。

(4)以气体流体力学或理化原理的通风、净化装置,如通风法、干式除尘器。

(5)利用有引导限制等功能的抑尘装置,如密闭、隔离及控制风流的装置。

255. 凿岩干式捕尘有几种方法?

(1)孔口抽尘式。设施简单,但不适于孔深超过1.5m及倾角较大的下向孔。

孔口抽尘式干式捕尘装置,由抽尘塞、孔口罩、引射器、滤尘袋及抽尘软管组成。主要机理是,与凿岩机供风软管连通的引射器产生400mmHg以上负压,使抽尘软管、孔口罩、抽尘塞内处于负压状态,从而将孔内产尘吸到呢绒等织物所制的滤尘袋内,完成集尘、滤尘的全过程。

(2)孔底抽尘式。使用方便,适用性较强,应用较广,但设施比较复杂。孔底抽尘式干式捕尘的机理是利用系统中的压气引射器产生的负压,直接作用至孔底,将粉尘从孔底吸出,经导尘管,进入内部安装有引射器、滤尘袋的干式捕尘器的筒体内,从而完成集尘、滤尘的全过程。

256. 孔口抽尘式干式捕尘装置在应用上的特点是什么?

(1)优点:结构简单,成本低,一般矿山机修厂即可自制。

(2)缺点:

1)孔深大于1.5m及倾角较大的下向孔使用时,孔底粉尘难抽出,这不仅不利于防尘,还不利于凿岩效率。

2)由于是负压抽尘,为保持孔口罩等吸尘部位负压状态,在凿岩工操作中必须注意与中空钎杆排尘用的吹风配合好,才有效;但这样既很麻烦,又影响凿岩效率。

3)在供风胶管拖地、黑呼呼的窄小工作面,凿岩工脚旁又拖上一个沾满泥尘的滤尘袋,这不仅是乱上添乱,还严重地影响了这种装置的正常使用,但露天矿不存在这一缺点。

257. 试述孔底抽尘式干式捕尘装置的构成及要求。

(1)钎头。

1)钎头上的吸尘孔,以满足将孔底粉尘及时抽出为准,不可太大或太小。

2)吸尘孔位置应尽量靠近钎刃。

3)十字钎头,除中心孔外,要在每象限内钻一与内锥孔相通的孔$\phi5\sim6$mm,以提高开孔时的吸尘效率。

(2)钎杆。钎杆中心孔径9~10mm,孔壁光滑。

(3)凿岩机。我国产品有YT-25X(中心抽尘式)、YT-25C(旁侧抽尘式)两种,但是:

1)C型凿岩机速度高约30%~40%,但工作面粉尘质量浓度比X型凿岩机高32%;

2)C型凿岩机产尘中粒径小于5μm和大于10μm的都比X型凿岩机的重量百分比高;

3)C型凿岩机通过钎头、钎杆清除倾角较大下向孔的粉尘比较困难。

(4)干式捕尘器。

1)滤袋过滤面积6m^2,捕尘效率可达92.5%。

2)我国有两种产品,即FC-79型集尘器和抚矿Ⅱ型岩掘干式捕尘器,后者是一种有旋风集尘筒与外织物滤袋组合的产品。

258. 集中式的干式捕尘系统是怎样的？

(1)集中式的干式捕尘系统适用于两种情况：

1)在一个较大的工作面，有许多台需用干式捕尘器的凿岩机作业，当使用一对一的单一式干式捕尘器能导致工作面布置复杂化时。

2)在全用干式捕尘器的矿山，同时有数十台单一式捕尘器运转，显然在技术、经济及管理上不合理时。

集中式干式捕尘系统的输送方式均可用串联安装在输出管道中的压气喷嘴进行风力输送，管网的含尘气流流速为20～25m/s。

(2)集中式干式捕尘系统的集尘方式有两种方式：采用大型捕尘装置集尘、将捕尘送至废旧井巷里集尘。

259. 决定泡沫法抑尘效果的主要因素是哪些？

(1)起泡倍数。要求起泡倍数要适当，过高时对尘粒的附着力及自身的稳定性都不利。美MSA公司认为小于400倍最佳，俄煤机院认为100～200倍为宜。

(2)泡沫大小。由于尘粒碰触泡沫后，只有将泡沫击破时，尘粒才会被湿润，故一般认为以较小的泡沫为好。有资料认为，泡沫粒度以6～10mm为宜。

(3)泡沫液的湿润性与黏附性。湿润性、黏附性强的泡沫液抑尘、捕尘效率高。

(4)泡沫液的安全性。从安全、卫生方面来讲，泡沫液必须是无臭、无毒、无污染、防火性能好。

260. 泡沫剂的成分有哪些，常用的发泡剂有哪些？

(1)一般泡沫剂是由以下三种成分组成的：

1)发泡剂。发泡剂起产泡和湿润粉尘作用。

2)稳定剂。稳定剂起增强泡沫稳定性作用，由于一般所用的起泡剂都有较好的稳定性，不再加稳定剂。

3)防冻剂。用于高寒地区时则加防冻剂。

(2)常用的发泡剂有：

1)美国用EMA－54乙烯马来酸酐黏结剂0.1%～1%，Jiergitoe TMN离子活性剂0.5份加水100份则成为发泡液，用于回采工作面。

2)捷克用环乙醇作发泡剂。

3)俄罗斯曾用0.2%～0.5%的二异丁基萘磺酸钠，0.3%～0.4%的皂角甙的水溶液，0.5%～0.8%的皂根水溶液等几种发泡剂，用于岩巷掘进；ПО－1型泡沫剂，最近又研制了ПО－2型泡沫剂。

4)加拿大Agirifoam肮基发泡剂具有稳定性好的特点，多用于凿岩过程的发泡。

261. 发泡机有几种，其用途如何？

(1)水力引射发泡机。

1)特点。发泡所需风流由喷嘴喷射高速雾流引射形成。

2)用途。这类发泡机可用于采煤机上的泡沫除尘,有以下两种组成方式:

①一个引射添加器与一个泡沫发生器组成。

②一个引射添加器与近多个泡沫发生器组成可将多个泡沫发生器布置于不同部位,就近向尘源喷洒泡沫。

(2)压气发泡机。

1)特点。直接用压气作发泡液的动力和吹激发泡所需风流。由于井下矿山的动力风压高,一般经降压才可使用。

2)用途。可用于一般凿岩除尘,在特殊条件下的干式凿岩及上向凿岩也可用。

262. 泡沫法除尘在凿岩时的应用方法有几种?

(1)按泡沫接触粉尘的部位有三种:

1)将泡沫压入孔底。将由泡沫发生器引出的导管径由湿式凿岩供水系统或专用导管把泡沫压入孔底。

2)将泡沫喷封于孔口。泡沫发生器引出的导管径由套于钎杆上的孔口泡沫喷嘴,将泡沫喷封于孔口处。

3)将含尘空气引入用泡沫捕尘的过滤器内。

(2)按配制泡沫液的含水量分为两种:

1)湿式泡沫法。用水量约为湿式凿岩的7%~10%,是一种省水的湿式凿岩,主要用于泡沫压入孔底法;

2)干式泡沫法。干式泡沫法是一种含水量极低的方法,泡沫小并有黏稠性,可与粉尘一起干燥成块;适用于孔深1.5m以内的上向及水平孔,主要用于泡沫喷封孔口法。

263. 在降低产尘率提高捕尘效率方面,在一字形钎头上有哪些革新经验?

钎头出水孔的数量、位置与方向对凿岩时的产尘率、捕尘效率都有明显影响,例如:

(1)湘西钨矿测定结果证明,两侧孔一字形钎头比单侧孔者工作面粉尘质量浓度可降低80%(供水量不足3L/min)。

(2)出水孔与钎刃距离越近越好,方向与钎杆轴线所形成的交角越小越好;如庞家堡铁矿资料证明,中心出水孔的比双侧者可使工作面粉尘质量浓度降低40%。

(3)冲洗孔位置如改于内锥形连接孔顶部,在与锥形孔横断面圆相切处钻两个对称冲洗孔,则由于有离心力作用使岩粉、岩浆、水甩向孔壁,从而提高湿润效果。据测定,与苏标准КДП-40钎头比,同钻速时工作面粉尘质量浓度降低44%~63%。

264. 柱齿钎头比一字形等刃片钎头,防尘上有何优势?

由于柱齿钎头与一字形等刃片钎头破坏孔底矿岩的机理不同,在产生矿岩颗粒物大小的分布上,柱齿钎头有明显的优势,如:

(1)在不同转动角度下,柱齿钎头所产生颗粒物大小的分布,明显呈现出大颗粒多、微细颗粒少的趋势。兹以同转动至24°角为例对比见表6-7。

(2)采用柱齿钎头后,水孔布置方便,有利于提高捕尘效率。

表 6－7　柱齿钎头与一字形等刃片钎头对比

矿岩颗粒物粒径/mm	颗粒物分布		对比(柱/刃)
	柱　齿	刃　片	
1.2～75	18.22	12.16	1.50
0.15～0.2	61.78	54.46	1.13
0.75～0.15	11.59	26.34	0.44

(3)采用柱齿钎头后,便于将钎头体(钎库)原倒截锥体改成圆柱体,并增大其直径,使圆柱体表面与孔壁间间隙尽量小,只在圆柱侧面开有排浆槽;这样,当耗水量为 4～4.5L/min 时,可保持上向孔底有一水垫层不仅使矿岩在水介质中易于破碎和湿润,还可保证圆柱体周围形成水及岩浆的密封圈,可有效防止在孔底未被湿润尘粒的逃逸。

两种钎头所致工作面粉尘质量浓度对比:石人障钨矿柱齿比刃片者降低 24.6%,庞家堡铁矿降低 36.5%。

两种钎头所致工作面含尘质量浓度合格率对比:泗顶铅锌矿柱齿钎头推广后合格率由 64.58%上升到 86.35%。

265. 为何调节冲击功、扭力矩是风动凿岩机减少细尘的一项措施?

调节冲击功、扭力矩主要体现在钎头的大小及风压的高低上。

(1)在同一矿岩、风压一定时,即来自凿岩机的冲击功、扭力矩一定时,与大直径钎头相比,小直径钎头刃锋单位长度上相对所得到的冲击功、扭力矩是大的,因而也可获得矿岩大颗粒多、细颗粒少的效果。据测定,同等条件下,ϕ31～36mm 直径钎头比 ϕ46mm 的所致空气含尘量少 40%。

(2)其他条件相同时,风压越高,凿岩机的冲击功、扭力矩则越大,孔底微细尘产生量越少(表 6－8)。

表 6－8　风压与孔底微尘量的关系

凿岩机风压/MPa	0.527	0.591	0.668	0.681	0.700
空气中含尘量/mg·m^{-3}	6.9	5.9	3.9	3.5	3.1

266. 井下矿山爆破产尘的特点是什么?

(1)爆破产尘量占矿山总产尘量的比例大。据我国锡矿山矿测定,爆破产尘量占矿山总产尘量 46.6%,居于首位。

(2)爆破产尘分散度高。据测定资料,不同分散度的粉尘平均质量浓度见表 6－9。

表 6－9　不同分散度的粉尘平均质量浓度

粉尘粒径/μm	<2	2～5	5～10	10～25	25～100	>100
平均质量浓度/mg·m^{-3}	0.204	3.806	31.44	276.5	1173.5	36.3

(3)爆破时间、炸药量集中度大。除常规爆破时间一般为班末、大爆破一般为节假日前夕因素外,安全及通风、排除炮烟等因素也决定了时间及炸药量的集中度大。据弓长岭铁矿

1983年调查统计,节假日前夕大爆破炸药消耗量占大爆破炸药总耗量的96.7%,集中于班末采掘作业爆破炸药消耗量占小爆破炸药总耗量的93.2%。

267. 井下矿山爆破产尘危害防治的基本手段有哪些?

(1)推进新技术、新工艺、新材料的研究应用,扩大无尘、少尘爆破工艺,如:

1)天井掘进机,如国产280~100型及500K型天井钻机;其他有掘进机、高压水切割等。

2)微差爆破、挤压爆破技术等。

3)防止矿岩过度粉碎的非高猛度炸药、非过量装药技术及非集中药包等。

4)具有防尘抑尘功能的新炮孔填塞材料等。

(2)采用大规模集中化除尘措施及对新生粉尘的无害化处理技术,如:

1)净化含尘空气的全套水幕(包括自控系统,水净化循环功能)系统。

2)具有吹、吸等功能喷洒自控系统。

3)保证矿井通风系统及局部通风设计的有效性及其自动控制功能。

4)合理的爆破时间安排,将对人体危害降到最低限度。

(3)采用粉尘固结处理或就地集尘等尘源控制技术,如:

1)粉尘固结技术,如煤矿灌注水措施。

2)密闭、风障、风门等隔绝尘源、限制尘源、控制尘源的消灭粉尘或抑制粉尘产生扩散技术。

3)风幕控制技术。

4)静电技术等。

(4)利用新粉尘特性,对其进行表面活性防尘性处理技术如:

1)采用凝结性雾粒改善粉尘的亲水性。

2)化学制剂对粉尘纤维化活性的处理。

3)理化方法的水质改性处理技术等。

268. 井下矿山爆破防尘有哪些成功经验?

(1)凝胶炮泥。德国矿山以45%的纸浆加45%的水制成凝胶炮泥,产尘量降低40%~50%;俄别廖左夫矿、捷格加矿、马沙尔金矿采用含有水玻璃、稀盐酸及3%过氧化氢溶液的硅酸水凝胶炮泥,产尘量比用水炮泥降低9.4%。

(2)爆炸水囊。在工作面5~7m处巷道中心悬挂1~2个20L水袋,袋上附有125g炸药,于工作面第一个起爆孔前间隔起爆。据俄斯特拉发测定结果,起爆后20min时,产尘量降低20%。

(3)粉幕法降尘。由于石英及大部分硅酸盐类岩石为粉状时,带有负电荷,而煤尘、石膏、方解石及另一些碳酸类岩石粉状物则带有正电荷,故有针对性地选择某种粉状物进行喷射,可以大大增加相对反电荷粉尘合并成大集合体的几率。济格兰铁矿喷射石膏粉可使爆后粉尘浓度质量平均值由992mg/m^{3}降至404.4mg/m^3。

(4)高压静压抑尘。1980年五龙金矿试用高压静电法抑制爆破产尘取得成功。国外用于隧道爆破抑尘,效果是:当$V=140$kV、$I=3$mA时,爆后2min,可由原100mg/m^{3}降至15mg/m^3。

269. 为什么说巷道掘进是井下主要产尘源之一？

巷道掘进在无任何防尘措施的情况下，其炮掘工作面、机掘工作面和巷道锚喷过程中产尘分别达到1280～1600mg/m^3、1000～2800mg/m^3、600～1000mg/m^3。而各生产工艺产尘量占总产尘量的比例见表6－10。从表6－10中可以看出，巷道掘进也是井下主要产尘源之一。

表6－10　掘进工作面的尘源及产尘量的分布

工作面类别	总产尘质量浓度/mg·m^{-3}	各生产工艺产尘量占总产尘量的比例/%											
		干式打眼			湿式打眼			机　掘			锚　喷		
		放炮	放炮	装车	放炮	放炮	装车	切割	转载	移溜	上料	喷浆	拌料
炮　掘	1280～1600	85	10	5	41	46	13						
机　掘	1000～2800							86	13	1			
锚　喷	600～1000										49	34	17

270. 掘进工作面粉尘的治理有哪些措施？

(1)凿岩时粉尘的治理。机械凿岩是矿山井下生产过程中的主要产尘源之一，机械凿岩时所产生的矿山粉尘质量浓度除与矿岩的物理化学性质有关外，主要取决于生产强度等因素。除矿山井下普遍使用的有湿式凿岩降尘、干式孔口捕尘和孔底捕尘外、泡沫除尘。

(2)爆破作业时粉尘的治理。爆破作业是产尘最集中的生产工序，且其产生的浮游尘粒比干式凿岩时还要细微。因此矿山粉尘的自然沉降速度慢，不利于缩短作业循环时间，其污染影响范围可达几十米甚至上百米。

爆破作业的产尘量主要与炸药数量、爆破方法和矿山粉尘物理性质及湿润程度有关。通常，同时起爆的药量越多，爆破后产生的矿山粉尘越多。

矿山井下广泛采用水封爆破降尘，水封爆破的降尘率可达60%，且对除去呼吸性粉尘有较好的效果。另外，水封爆破还有降低炮烟(约70%)、减少有毒有害气体(约37%～46%)、降温(约15～110℃)等作用。此外，还有喷雾降尘、水幕降尘等措施。

(3)装岩时粉尘的治理。除常用的喷雾洒水降尘外还有以下两种：

1)运输机水电连锁降尘。在运输系统所有装载点、转载点，可根据矿山粉尘大小安设定点喷雾装置，进行经常或不定时喷雾洒水。当运输距离较长时，最好采用水电连锁装置，即溜井或皮带启动运转时，控制喷雾阀门的电磁阀自动打开，实现喷雾洒水。

2)矿车运输自动洒水降尘。采用喷雾洒水的办法浇洒矿车，考虑到矿车运输不连续的特点，矿山多采用机械传动自动控制方式，实现矿车通过时喷雾器工作，矿车通过后喷雾停止。

(4)收尘措施。控制机掘工作面含尘气流向巷道外扩散，可选用附壁风筒。这是一种利用气流的附壁效应，将原压入式风筒供给机掘工作面的轴向风流改变为沿巷道壁运动的旋转风流。并使风流不断向机掘工作面推进。在掘进机司机工作区域的前方建立起阻挡粉尘向外扩散的空气屏障，封锁住掘进机工作时产生的粉尘。除尘器将工作面的含尘风流吸入吸尘罩，由除尘器净化，从而提高了机掘工作面的收尘效率。

271. 什么是净化风流？

净化风流是使井巷中含尘的空气通过一定的设施或设备，将矿山粉尘捕获的技术措施。

目前使用较多的是水幕和湿式除尘装置。

272. 什么是水幕，如何安装？

水幕是在敷设于巷道顶部或两帮的水管上间隔地安上数个喷雾器喷雾形成的，如图6－13所示。喷雾器的布置应以水幕布满巷道断面尽可能靠近尘源为原则。

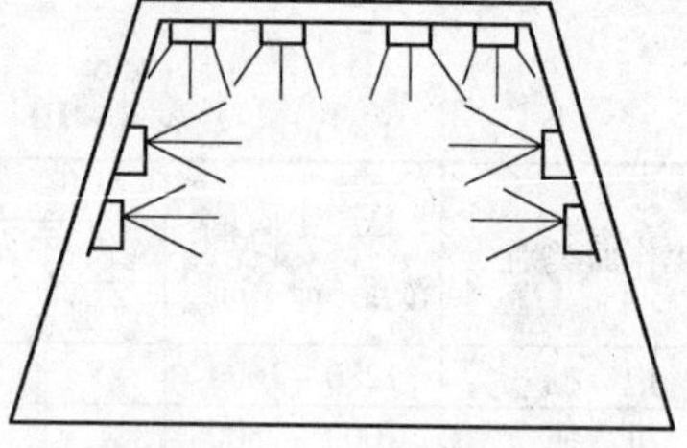

图 6－13　水幕净化

净化水幕应安设在支护完好、壁面平整、无断裂破碎的巷道段内。

（1）矿井总入风流净化水幕：距井口 20～100m 巷道内。

（2）采区入风流净化水幕：风流分叉口支流内侧 20～50m 巷道内。

（3）采煤回风流净化水幕：距工作面回风口 10～20m 回风巷内。

（4）掘进回风流净化水幕：距工作面 30～50m 巷道内。

（5）巷道中产尘源净化水幕：尘源下风侧 5～10m 巷道内。

水幕的控制方式可根据巷道条件，选用光电式、触控式或机械传动式。选用的原则是既经济合理又安全可靠。

273. 什么是抑尘措施，什么是除尘措施？

抑尘措施是指能使各作业部位的产尘量减少或抑制作业部位向外部空间释放粉尘的措施，也称减尘措施，如湿式凿岩、水炮泥、水封爆破、灌注水及密闭尘源等。

除尘措施是指对已经进入空气中或被封闭在小空间内的粉尘进行捕集或促进沉降、集中的措施，如喷雾洒水、静电除尘技术、除尘净化装置等。

274. 什么是湿式作业，其特点是什么？

在生产过程中，凡因用水而对减少粉尘产生量有明显效果的作业方法，一般称湿式作业，如井下矿山的湿式凿岩及水洗工艺等。

由于湿式作业利用水或其他液体，使之与尘粒相接触而捕集粉尘，已经成为矿井综合防尘的主要技术措施之一。其特点：具有所需设备简单、使用方便、费用较低和除尘效果较好等优点；缺点是增加了工作场所的湿度，恶化了工作环境，能影响煤矿产品的质量。除缺水和严寒地区外，一般煤矿应用较为广泛。我国煤矿较成熟的经验是采取以湿式凿岩为主，配合喷雾洒水、水封爆破和水炮泥以及煤层注水等防尘技术措施。

275. 什么是矿岩最佳含湿量？

测定矿岩含湿量与其产尘关系可知，不同的矿岩，其所含水分的最佳值也不同，当矿岩所含水分超过这个最佳值后，空气中含尘量将不会有明显下降，矿岩所含水分的最佳值称为矿岩最佳含湿量，如克里沃罗格铁矿石为 5%～6%，契利亚宾斯克煤矿为 18%～19%，西拜斯克铜矿为 5%～6%。

第七章 煤尘的防治

276. 煤矿矿井通风设施有哪几种？

矿井通风的主要设施是主要扇风机(主扇)、机房及包括反风装置在内的入风、回风系统,即矿井通风系统。除构成通风系统的设备、设施、装置、井巷等主体设施外,一个良好、有效的通风系统还必须有一系列辅助设施来保证。

为了使井下风流沿指定路线流动分配,就必须在某些巷道内建筑引导控制风流的构筑物即通风设施,它分为引导风流和隔断风流的设施。

(1)引导风流的设施。

1)风硐。风硐是连接扇风机装置和风井的一段巷道。风硐多用混凝土、砖石等建材构筑成圆形、矩形巷道,这是由风硐的特点所决定的。

2)风桥。风桥是将两股平面交叉的新、污风流隔成立体交叉新、污风分开的一种通风设施。根据结构特点不同风桥可分为三种:绕道式风桥、混凝土风桥和铁筒风桥。

3)风窗(卡)。风窗是在巷道内设在墙或门上,在墙或门上留一个可调空间窗口,通过调节空间窗口面积从而达到调节风量的目的。

4)风障。在巷道内利用木板、苇席、风筒布做布障起引导风流的作用。常用此方法处理高冒处、落山角等处积聚瓦斯。

5)风筒。在巷道中利用正压或负压通风动力(如局扇)通过管道把指定的风量送到目的地,这个管道就称为风筒。

(2)隔断风流设施。

1)防爆门(帽)。防爆门是装在扇风机筒,为防止井下发生煤尘瓦斯爆炸时产生的冲击波毁坏扇风机的安全设施。当井下发生煤尘、瓦斯爆炸时,防爆门即能被气浪冲开,爆炸波直接冲入大气,从而起到保护扇风机的作用。

2)挡风墙。在不允许风流通过,也不允许行车行人的井巷如采空区、旧巷、火区以及进风与回风大巷之间的联络小眼都必须设置挡风墙,将风流截断,以免造成漏风,风流形成短路使通风系统失去合理稳定性而发生事故。挡风墙分两种:

①临时挡风墙。一般是在立柱上钉木板,木板上抹黄泥建成临时挡风墙。使用条件:服务年限不长,巷道围岩压力小,漏风率要求不严。

②永久挡风墙。一般使用料石、砖土、水泥、混凝土建筑。使用条件:服务年限长,巷道围岩压力大,漏风率要求严。

3)风门。在不允许风流通过,但需行人或行车的巷道内,必须设置风门。风门按结构分为普通风门和自运风门。

通风设施管理有哪些规定?

(1)通风部门做好系统的调整,尽量减少风窗,以自然分配风量为主。

(2)爱护通风设施做到:风门严禁同时打开或用车撞风门、风门损坏及时汇报通风调度,如果影响系统风量受影响区域停电、撤人修复后再生产,安监调度组织分析处理。

(3)通风设施由通风部门管理,其他单位无移动、拆除等权力,如需要拆除、移动需要提前和通风部门联系。

(4)严禁跨入栏杆、拆除栏杆、闭墙、风窗等通风设施。

277. 煤矿井通风方法有哪几种?

以风流获得的动力来源不同,可分为自然通风和机械通风两种。

(1)自然通风。利用自然气压产生的通风动力,致使空气在井下巷道流动的通风方法称为自然通风。自然风压一般都比较小,且不稳定,所以《煤矿安全规程》规定每一矿井都必须采用机械通风。

(2)机械通风。利用扇风机运转产生的通风动力,致使空气在井下巷道流动的通风方法称为机械通风。采用机械通风的矿井,自然风压也是始终存在的,并在各个时期内影响着矿井的通风工作,在通风管理工作中应给予充分重视,特别是高瓦斯矿井尤应注意。

278. 煤矿矿井通风系统有哪些类型?

煤矿矿井通风系统由影响矿井安全生产的主要因素所决定。根据瓦斯、煤层自燃和高温等影响矿井生产安全的主要因素对矿井通风系统的要求,为了便于管理、设计和检查,把矿井通风系统分为一般型、降温型、防火型、排放瓦斯型、防火及降温型、排放瓦斯及降温型、排放瓦斯及防火型、排放瓦斯与防火及降温型八个等级。

279. 什么是煤矿矿井风量,测定有何要求?

煤矿矿井通风的主要参数之一就是风量,即单位时间内通过井巷空气的体积。根据《煤矿安全规程》规定,至少每10天要进行1次全面风量测定。

(1)测风站要求。

1)必须设在直线巷道中。

2)测风站长度不少于4m。

3)测风站前后10m内没有拐弯和其他障碍。

4)测风站应挂有记录牌,注明编号、地点、断面面积、平均风速、风量、测风日期、测风点。

5)测风站应设在没有漏风、支架齐全、断面变化不大的巷道内。

(2)测风方法。测风采用定点法、九点法和线路法,求出平均风速。其要求如下:

1)在同一断面测风次数不少于3次。

2)每次测量结果的误差不应超过5%。

3)取3次测量结果的平均值。

4)由测风站的断面积计算出巷道风量。

280. 井下局部通风方法有哪些?

(1)总风压通风。它是利用矿井主扇所造成的总风压,用风筒或纵向风幛将新鲜风流引入独头工作面,稀释和排走污浊空气,如图7－1所示。利用全矿总风压通风,简单可靠、管理方便、无噪声。但通风距离较短,消耗主扇的风压较多。

(2)扩散通风。它主要是靠新鲜风流的紊流扩散作用清洗工作面。该法不需任何辅助设施,但只适用于短距离的独头工作面。适用的距离可按式(7－1)计算:

$$L \leqslant (2 \sim 3)\sqrt{S} \tag{7-1}$$

式中　L——适用距离,m;

　　　S——独头巷道断面积,m^2。

(3)引射器通风。利用高压水或压缩空气为动力,经过喷嘴高速喷出,在喷出射流周围造成负压区而吸入空气,并经混合管混合整流继续推动被吸入的空气,造成风筒内风流流动。以高压水为动力的称为水力引射器(水风扇),如图7－2所示。以压缩空气为动力的称为压气引射器。

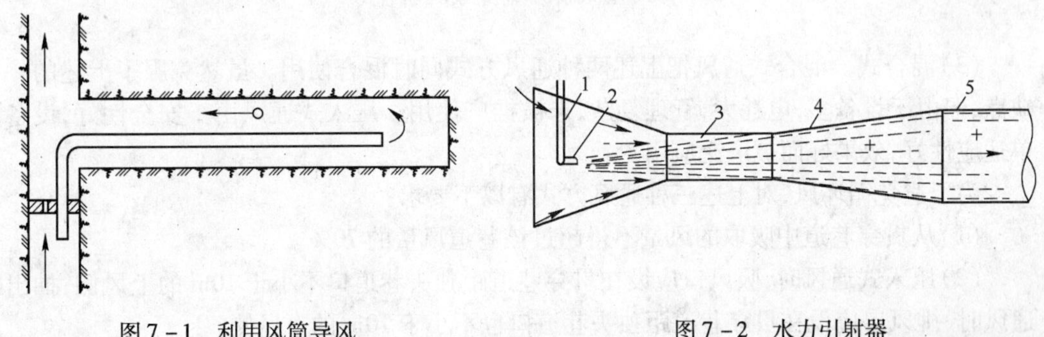

图7－1　利用风筒导风

图7－2　水力引射器

1—动力管;2—喷嘴;3—混合管;4—扩散管;5—风管

引射器的优点是装置简单紧凑、工作安全可靠、噪声小。缺点是风量小、风压低和效率低。只在无法安装风机而又有高压水或压缩空气供应的地点应用。此外,在混合式通风时,用来代替压入式扇风机使用。

(4)局扇通风。这是目前矿山最常用的一种方法,按局扇通风方式又分为压入式、抽出式和混合式三种。

281. 煤矿矿井局扇通风方式有哪几种?

局扇通风是我国矿井广泛采用的一种掘进通风方法,它是利用局扇和风筒把新鲜风流送入掘进工作面的。其通风方式分为压入式、抽出式和混合式(图7－3)。

(1)压入式。压入式就是利用局扇将新鲜空气经风筒压入工作面,而污风则由巷道排出。压入式通风局扇安装在新鲜风流中,污风不经过局扇,因而局扇一旦发生电火花,不易引起瓦斯、煤尘爆炸,故安全性好,可用硬质风筒也可用柔性风筒,适应性较强。其缺点是:速度慢,时间较长,影响掘进速度。

(2)抽出式。抽出式通风与压入式通风相反,新鲜空气由巷道进入工作面,污风经风筒由局扇抽出。抽出式通风由于污风经风筒排出,保持巷道为新鲜空气,故劳动卫生条件较好,放炮后所需要排烟的速度快,有利于提高掘进速度。但由于风筒末端的有效吸程比较短,放炮时易崩坏风筒;如吸程长则通风效果不好,污风经过局扇安全性差,抽出式通风必须使用硬性风筒,适应性差。有爆炸性气体涌出的矿井禁止使用抽出式局扇通风。

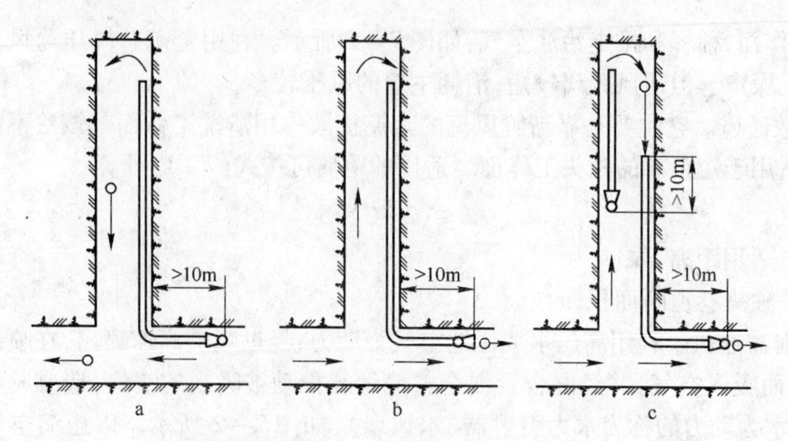

图 7-3　局扇通风的三种方式

a—压入式;b—抽出式;c—混合式

(3)混合式。混合式通风把上述两种通风方式同时混合使用。虽然克服了上述的一些缺点,但由于设备多,电耗大,管理复杂,未被推广使用。压入式通风由于安全性好,设备简单适应性好,效果好而被广泛应用。

为了避免循环风,对上述三种通风方式有以下要求:

(1)从贯穿巷道中吸取的风量不得超过该巷道风量的70%。

(2)压入式通风时,吸风口应设在贯穿巷道距独头巷道口不小于10m的上风侧;抽出式通风时,排风口应设在贯穿巷道距独头巷道口也不小于10m的下风侧。

(3)混合式通风时,抽出式风筒也要满足上述要求,同时要求吸入口处的风量比压入式局扇的风量大20%~25%;抽出式风筒吸风口的位置应比压入式风机吸风口的位置更靠近工作面,两吸风口之间的距离应大于10m。

282. 长巷道掘进时如何通风?

当掘进长距离巷道时,为获得良好的通风效果应采取以下措施:尽量采用混合式通风;选用大直径风筒,风筒悬吊力求平直,以降低风筒阻力;尽量增长每节风筒的长度,减少风筒接头数,提高风筒接头质量,加强管理,减少漏风,发挥单台局扇的效能。枣庄煤矿曾创造了一台11kW局扇作压入式通风送风距离达3795m的记录,其漏风率仅3.99%。

联邦德国哈腾(Haltern)煤矿1984年创造了7266m独头巷道掘进通风纪录。巷道断面为28.5m^2,并排铺设了两列直径为1.2m的布基风筒作压入式通风。每节风筒长100m,风机送风量为11m/s,全长7000m风筒只漏风0.8m^3/s。

283. 天井掘进时如何通风?

由于天井断面较小,中间又布置放矿格间、梯子、风水管等,梯子上又有安全棚子,给通风带来困难。多年来,我国矿山对天井掘进通风采取了不少措施,取得一定成效。这些方法是:

(1)将压入式风筒末端安上防护帽,引伸到安全棚之上,使风流能够直接清洗作业面,从而有效地排出炮烟。

(2)在安全棚之上，辅助以高压水或压气冲刷工作面，从而加速排烟过程。

(3)在掘进天井之前，先钻大直径钻孔，将上下阶段贯通(用吊罐法掘进天井时，可利用工作面上方贯通上一阶段的大直径钻孔)。掘进天井时，在上阶段巷道内安装局扇通过钻孔进行抽风。当钻孔直径较大时，也可不用局扇，而利用矿井总风压通风。

目前一些矿山已采用天井钻机钻凿天井，这就从根本上改变了天井掘进的工艺，因而也就彻底改变了天井掘进时的通风方法。

284. 大断面机械化掘进时如何通风?

大断面巷道机械化掘进时，工作面的产尘强度大，需要供给大风量加以稀释和排走，因而最好选用大直径风筒和混合式通风方式。

联邦德国在机械化掘进巷道内是采用压入式局部通风装置系统和除尘装置系统相配套的通风方法(图7－4)。为了解决压入式通风系统和除尘装置系统的巷道重复段内顶板附近空间停滞的有害物质，可在风筒末端连接几个柯安达(Coanda)涡流风筒，最近一个柯安达风筒的末端出口应关闭。柯安达风筒的结构如图7－5所示。在风筒的一段壁面上沿轴向开一排细长的缝隙或孔口，并在该壁面外部焊上一个外壁，形成一个弧形的通风道，两壁的间距为100mm，风道长度为圆心角135°的弧长，风道出口为一窄缝状的喷嘴，出口高度为风筒直径的1/20。喷嘴的射流速度达15～30m/s，由于附壁效应，该股射流沿风筒外周壁射向巷道顶部，以较大流速排除顶板附近空间内停滞的有害物，然后在巷道内形成两股旋绕风流，一股流向工作面;一股流向后侧巷道。柯安达风筒的数量可由它的尺寸和通风量来计算求得。

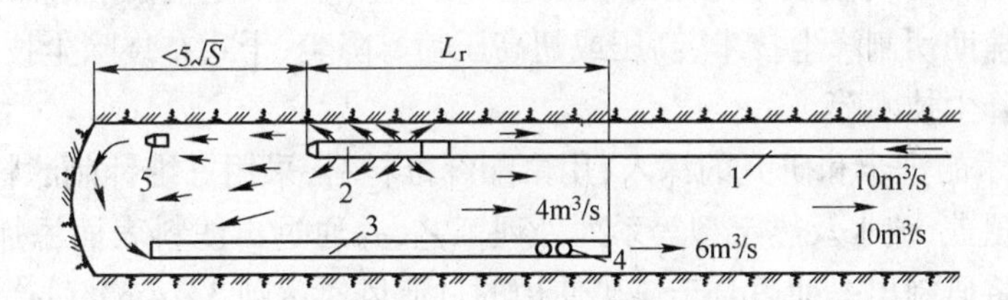

图7－4　机械化掘进工作面通风

1—压入式风筒;2—柯安达风筒;3—脱尘装置系统;4—风机;5—压气喷嘴

S—巷道断面面积;L_r—压入式通风系统和除尘装置系统的巷道重复段

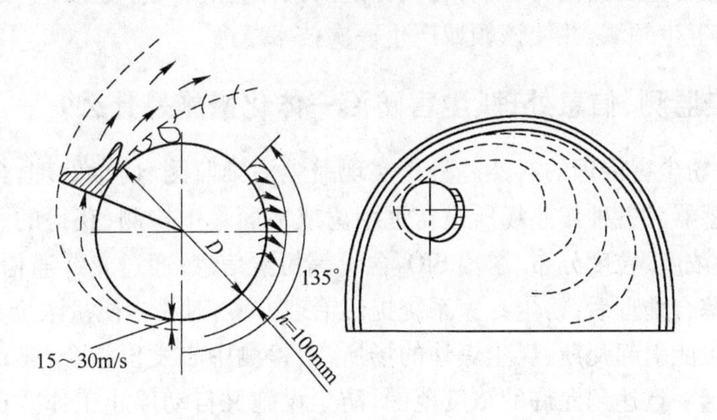

图7－5　柯安达风筒的结构原理和巷道内产生旋绕风流的示意图

为了使掘进工作面附近区域获得良好通风，局部通风系统末端到工作面之间的距离应小于5 $\sqrt{S}$。但柯安达风筒射出的旋绕风流到达工作面附近时，旋绕速度已减弱。因此可在距工作面$(1\sim1.5)\sqrt{S}$的顶板处安设以压风为动力的窄缝喷嘴，以加速停滞在工作面顶板空间内的有害物的扩散。

285. 煤矿井下作业如何采取风流净化措施？

当入风井巷和采掘工作面的风源含尘量超过0.5mg/m^{3}时，应采取风流净化措施。矿井风流净化分为主进风源净化和局部地点的风流净化两种。对于主进风源，首先要防止地表粉尘进入地下，保护入风质量。例如，在进风井与地面产尘点间设一定的防护地带；入风井口附近的运输道路及工业场地路面铺水泥或沥青，设置洒水清洗路面的设施等。当入风流含尘量仍超标时，可采用水幕净化或静电除尘等措施。对于井下局部尘源的净化，鉴于矿井条件的特殊性，风流净化方案的选择受到限制，不可能像地面那样采取高效除尘设备。但要求采用的除尘装置体积小、效率高、阻力小，能有效的除去细微尘粒，同时具有安全、工作可靠等特点。

286. 煤矿对呼吸性粉尘的控制的主要发展方向是什么？

为适应新世纪采矿工业的发展，建立安全、清洁的作业环境，对呼吸性粉尘的控制，是煤矿防尘工作的主要发展方向。

(1)将在吸收国外防尘技术先进经验的基础上，重点发展适合我国煤矿生产条件的吸尘滚筒、高压水辅助切割降尘技术、高压或超高压喷雾降尘、干式布袋除尘技术、声波雾化除尘技术、预荷电降尘技术等。

(2)随着技术的进步和研究的深入，用聚酯纤维材料，采用三维针刺滤料结构，经烧毛、热压、表面树脂覆盖、疏水及热定型等系列处理工艺，并通过再滤料表面添加金属粉末等特殊工艺处理后，将研制出一种适合于煤矿使用的过滤风速达到3~4m^3/(m^2·min)、对呼吸性粉尘集尘率大于85%的矿用干式除尘滤料。

(3)利用生物技术制造成的生物聚合物等新材料，可做成低阻力、高阻尘率的个体防护用具，阻止呼吸性粉尘及其他有毒、有害气体进入人体，保护人体健康，生物技术必将渗透到矿业劳动安全与卫生领域，并使该领域产生一次技术革命。

287. 煤尘污染监测、信息处理、尘害防治一体化措施是什么？

未来煤矿山粉尘害治理的必然趋势是实现粉尘污染监测、信息处理、尘害防治一体化，即：通过粉尘传感器对各种作业场所进行远距离或地面集中检测，获得的总粉尘质量浓度、呼吸性粉尘质量浓度、粒度分布、游离SiO_2含量等粉尘信息；通过光纤通信系统传送到检测中心，由计算机综合处理后，粉尘专家系统提出治理方案，对粉尘质量浓度超标、可能危害作业人员健康、或可能引起瓦斯、煤尘爆炸的场所，由检测中心发出指令，驱动相应防、降尘设施进行自动除尘，一旦达到允许的浓度范围，防尘设施又自动停止工作。这样，可使整个作业场所始终保持安全、卫生、洁净的工作环境。

288. 煤矿井下粉尘的特性及危害有哪些?

煤矿井下粉尘是指在煤矿生产中产生的微细煤尘和岩尘的总称。煤矿井下粉尘具有如下特性:

(1) 粉尘表面吸附一层空气薄膜,阻碍粉尘间或水滴与粉尘间的凝聚沉降。

(2) 粉尘的分散度增大,吸附在其表面的氧分子增多,加快了粉尘氧化分解过程。

(3) 随着岩尘细微化,其表面积也明显增大,所以被人吸入后岩尘中的游离二氧化硅很容易溶解于人体肺细胞中。

(4) 采掘工作面产生的新鲜粉尘比回风道中的粉尘易带电。

由于粉尘具有这些特性决定了其危害:易引起尘肺;易引起燃烧和爆炸;高质量浓度粉尘能加速机械磨损,缩短精密仪器的使用寿命。

289. 采煤工作面粉尘的治理有哪些措施?

采煤工作面是煤矿产尘量最大的作业场所,为了搞好采煤工作面粉尘的防治,有效降低其粉尘质量浓度,必须针对采煤工作面的尘源采取相应的防治措施,以达到对粉尘治理的目的。其主要治理措施如下:

(1)采煤机径向雾屏降尘。这是一种采煤机外喷雾改进的措施。在采煤机摇臂上靠近滚筒部分,加一直的和弧形的金属管连接,在其上焊6~9个喷座,并安装喷嘴。每个喷嘴的流量5L/min,向喷嘴供应10MPa以上的压力水,这样在滚筒靠人行道侧形成一道径向雾屏,对控制和降低滚筒产生的粉尘有较好的效果。

(2)采煤机高压外喷雾降尘。采煤机外喷雾降尘优点是降尘效率高,装备简单,比较容易实施,压力8~12MPa,每个喷嘴的流量15L/min。其主要原理是利用高压减小雾粒的浓度,提高雾粒密度、飞行速度、引射风量、涡流强度及带电量,增加雾粒与尘粒的碰撞几率、能量及附着力,从而提高了水雾粒对尘粒的捕获率。高压外喷雾可使总粉尘降尘率达到90%以上。

针对液压支架移架、放煤操作中主要的产尘工序,设计一种自动喷雾控制阀,从而实现液压支架移架、放煤的自动喷雾降尘。为提高降尘效果,实现二次喷雾降尘,在系统中加入组合四通阀等液压元件。这不仅实现支架移架、放煤的自动喷雾,还可实现下风邻架的自动喷雾降尘。在系统中加入磁化器,可实现有利于降低呼吸性粉尘的磁化水喷雾降尘。

(3)破碎机转载点粉尘的治理。破碎机防尘有两种措施,即封闭破碎机,避免粉尘外扬(出口用软胶带);在密闭的基础上安装小除尘器,进行抽尘净化。转载点一般采用喷雾降尘的方法,可用触控液压控制器实现与设备同步的自动喷雾降尘,也可应用与破碎机相同的声波雾化和荷电喷雾降尘。

(4)溜煤巷(眼)粉尘的治理。当溜煤巷(眼)中溜煤时,煤下溜过程中,引起煤块与煤块、煤块与溜煤眼壁的冲击碰撞和摩擦,产生大量粉尘。同时,下落煤体产生冲击气流,使矿山粉尘向溜煤巷外部扩散,因此,溜煤巷也是井下主要产尘源之一。

溜煤眼产尘的控制,关键在于溜煤眼的设计,一般应将溜煤眼布置在回风侧。如因条件限制,需设在进风巷道附近,也应将溜煤眼布置在主要进风巷道的绕道中。溜煤眼口距绕道口的距离应大于冲击风流最大距离(60~100m)。此外,还要采取溜煤眼口密闭、喷雾洒水和通风排尘等综合防尘措施。

290. 回采工作面如何进行防尘?

为减少回采工作面产生的粉尘量,除必须采用预先湿润煤体的措施外,还应采取以下防尘措施:

(1)对采煤机的截割结构选择合理的结构参数及工作参数。德国、英国等对此进行了大量的研究,找出了各参数之间的相互关系,控制了煤尘的产尘量。

(2)在采煤机上设置合理的喷雾系统。滚筒采煤机一般均设置内喷雾、外喷雾,即从安装在滚筒上的喷嘴喷出水雾和从安装在截割部的固定箱、摇臂或挡板上的喷嘴喷出水雾进行降尘。喷嘴的布置方式及数量、喷嘴的选型、确定合理的喷嘴参数,对降尘效果的关系极为密切。国外对采煤机的喷嘴系统和降尘效果极为重视,严格按照喷雾参数的要求供水,因而降尘效果普遍较好。

(3)对自移式液压支架设置合理的喷雾系统。目前,有些煤矿采用在控顶区内安设喷嘴的方法,降低移架时产生的高粉尘质量浓度。有些国家已实现降架时喷雾自动控制系统进行降尘。

(4)采用最佳排尘风速和合理的通风技术。最佳风速随煤的水分增加而升高,一般在1.5~4m/s之间。采用下行通风可有效地降低回采工作面的粉尘质量浓度。

291. 防止煤层引燃的措施有哪些?

(1)灌浆。采区设计必须明确规定巷道布置方式、隔离煤柱尺寸、灌浆系统、疏水系统、预筑防火墙的位置以及采掘顺序;安排生产计划时,必须同时安排防火灌浆计划,落实灌浆地点、时间、进度、灌浆浓度和灌浆量;对采区开采线、停采线、上下煤柱线内的采空区,应加强防火灌浆;应有灌浆前疏水和灌浆后防止溃浆、透水的措施。

(2)阻化剂。选用的阻化剂材料不得污染井下空气和危害人体健康,必须在设计中对阻化剂的种类和数量、阻化效果等主要参数作出明确规定,应采取防止阻化剂腐蚀机械设备、支架等金属构件的措施。

(3)凝胶。选用的凝胶和促凝剂材料,不得污染井下空气和危害人体健康,使用时井巷空气成分必须符合表7-1规定;编制的设计中应明确规定凝胶的配方、促凝时间和压注量等参数;压注的凝胶必须充填满全部空间,其外表面应喷浆封闭,并定期观测,发现老化、干裂时,应予重新压注。

表7-1 矿井有害气体最高允许体积浓度

名　称	最高允许体积浓度/%
一氧化碳(CO)	0.0024
氧化氮(换算成二氧化氮NO_2)	0.00025
二氧化硫(SO_2)	0.0005
硫化氢(H_2S)	0.00066
氨(NH_3)	0.004

(4)均压技术。应有完整的区域风压和风阻资料以及完善的检测手段;必须有专人定

期观测与分析采空区和火区的漏风量、漏风方向、空气温度、防火墙内外空气压差等的状况，并记录在专用的防火记录簿内；改变矿井通风方式、主要通风机工况以及井下通风系统时，对均压地点的均压状况必须及时进行调整，保证均压状态的稳定；应经常检查均压区域内的巷道中风流流动状态，应有防止瓦斯积聚的安全措施。

(5)氮气。氮气源稳定可靠；注入的氮气体积浓度不小于97%；至少有1套专用的氮气输送管路系统及其附属安全设施；有能连续监测采空区气体成分变化的监测系统；有固定或移动的温度观测站(点)和监测手段；有专人定期进行检测、分析和整理有关记录、发现问题及时报告处理等规章制度。

292. 煤层注灌水的目的和实质是什么？

煤层注灌水既能预防煤层燃烧，又能显著降低回采过程中的产尘量，为此应向煤体内注灌入尽可能多的水，使煤体内的水分增加值大于1%，但煤体内的全水分不应超过6%。

煤层注水的实质利用水压通过在煤体中的钻孔将水注入煤层中，使煤体得到预先湿润的过程。煤层灌水的实质是在下行陷落法分层开采厚煤层时，将水灌入上一分层采空区内，靠自重缓慢渗入下一分层煤体内，使煤体得到预先湿润的过程。

293. 什么是煤层注水方式，煤层注水方法有哪些？

煤层注水方式是指钻孔的位置、长度和方向。

煤层注水基本上有四种方法：

(1)短孔煤壁注水法，也称浅孔注水法，钻孔一般布置于工作面。

1)孔深。

①当每日一班注水时：孔深 = 工作面日推进数 + 0.2m；

②每日三班注水时：孔深 = 工作面班推进数 + 0.2m。

2)特点。在正常压力及卸压带煤体中注水，裂隙发育，透水性强，注水压力低。

(2)深孔煤壁注水法，钻孔布于采煤工作面煤壁。

1)孔深。

①当日推进度小，注水循环为一周时，孔深为10m。

②当日推进度大，注水循环为三日时，孔深为10m。

③当日推进度大，注水循环为一周时，孔深为20m。

2)特点。在增压带煤体中注水，裂隙不发育，透水性弱，注水压力高。

(3)长钻孔煤层注水法，钻孔布于工作面回风或运输巷道。

1)孔深大于30m。

2)特点。在常压带煤体中注水。

(4)巷道钻孔注水法，也称远距离注水。钻孔布置利用上邻近煤层中保留的巷道布孔向下部煤层打钻，或利用煤层下盘巷道布孔向上部煤层打钻。

1)孔深。孔深不定，与巷道位置有关。

2)特点。在地压降低的煤层中或瓦斯卸压煤层中注水，由于打岩石孔，不经济，故除条件适合或有抽放瓦斯可利用外，一般少采用。

294. 煤层灌水有哪些方法？

(1)自倾斜分层的上分层采煤工作面回风巷道铺设水管向采空区内灌水，以湿润其下分层煤体。

(2)急倾斜厚煤层水平分层开采时，在准备班用水管向采空区放顶线外侧灌水，让水沿煤层裂隙渗至下分层的煤体内。

(3)缓倾斜厚煤层条件下，在倾斜分层的下一分层工作面回风巷内，超前工作面适当距离，用湿式煤电钻及麻花钻杆向上分层采空区打钻孔，钻透假顶为止。灌水时间超前于回采时间1~2个月。

295. 煤层注水的减尘作用有哪些？

(1)煤体内的裂隙中存在着原生煤尘，水进入后，可将原生煤尘湿润并黏结，使其在破碎时失去飞扬能力，从而有效地消除这一尘源。

(2)水进入煤体内部，并使之均匀湿润。当煤体在开采中受到破碎时，绝大多数破碎面均有水存在，从而消除了细粒煤尘的飞扬。

(3)水进入煤体后使其塑性增强，脆性减弱，改变了煤的物理力学性质，当煤体因开采而破碎时，脆性破碎变为塑性变形，因而减少了煤尘的产生量。

296. 影响煤层注水效果的因素有哪些？

(1)煤的裂隙和孔隙的发育程度。煤体的裂隙越发育则越易注水，可采用低压注水（根据抚顺煤研所建议：低压小于2743kPa，中压为2743~9810kPa，高压大于9810kPa），否则需采用高压注水才能取得预期效果，但是当出现一些较大的裂隙（如断层、破裂面等），注水易散失于远处或煤体之外，对预湿煤体不利。

(2)上覆岩层压力及支承压力。地压的集中程度与煤层的埋藏深度有关，煤层埋藏越深则地层压力越大，而裂隙和孔隙变得更小，导致透水性能降低，因而随着矿井开采深度的增加，要取得良好的煤体湿润效果，需要提高注水压力。

(3)液体性质的影响。煤是极性小的物质，水是极性大的物质，两者之间极性差越小，越易湿润。为了降低水的表面张力，减小水的极性，提高对煤的湿润效果，可以在水中添加表面活性剂。阳泉一矿在注水时加入0.5%浓度的洗衣粉，注水速度比原来提高24%。

(4)煤层内的瓦斯压力。煤层内的瓦斯压力是注水的附加阻力。水压克服瓦斯压力后才是注水的有效压力，所以在瓦斯压力大的煤层中注水时，往往要提高注水压力，以保证湿润效果。

(5)注水参数的影响。煤层注水参数是指注水压力、注水速度、注水量和注水时间。注水量或煤的水分增量是煤层注水效果的标志，也是决定煤层注水除尘率高低的重要因素。

297. 煤层注水方式有几种？

按国内外注水状况，煤层注水有以下4种方式（图7-6）。

(1)短孔注水，是在回采工作面垂直煤壁或与煤壁斜交打钻孔注水，注水孔长度一般为2~3.5m。

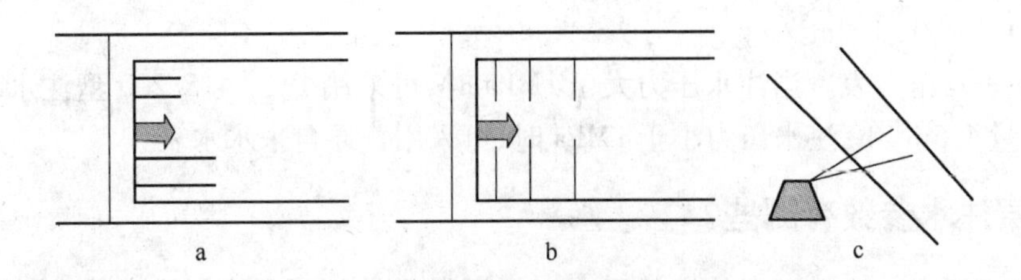

图7－6　煤层注水方式

a—短孔、深孔注水；b—长孔注水；c—巷道注水

(2)深孔注水，是在回采工作面垂直煤壁打钻孔注水，孔长一般为5～25m。

(3)长孔注水，是从回采工作面的运输巷或回风巷，沿煤层倾斜方向平行于工作面打上向孔或下向孔注水，孔长30～100m；当工作面长度超过120m而单向孔达不到设计深度或煤层倾角有变化时，可采用上向、下向钻孔联合布置钻孔注水。

(4)巷道钻孔注水，即由上邻近煤层的巷道向下煤层打钻注水或由底板巷道向煤层打钻注水，巷道钻孔注水采用小流量、长时间的注水方法，湿润效果良好；但打岩石钻孔不经济，而且受条件限制，所以极少采用。

298. 煤层注水系统有几种？

煤层注水系统分为静压注水系统和动压注水系统。

(1)静压注水。利用管网将地面或上水平的水，通过自然静压差导入钻孔的注水，称为静压注水，当然，其中要用橡胶管将每个钻孔中的注水管与供水干管连接起来，其间安装有水表和截止阀，干管上安装压力表，然后通过供水管路与地表或上水平水源相连。

(2)动压注水。利用水泵或风包加压将水压入钻孔的注水称为动压注水，水泵可以设在地面集中加压，也可直接设在注水地点进行加压。

299. 煤层注水设备有哪些？

煤层注水所使用的设备主要包括钻机、水泵、封孔器、分流器及水表等。

(1)钻机。我国煤矿注水常用的钻机见表7－2。

表7－2　常用煤层注水钻机一览表

钻机名称	功率/kW	最大钻孔深度/m
KHYD40KBA型钻机	2	80
TXU－75型油压钻机	4	75
ZMD－100型钻机	4	100

(2)煤层注水泵5BD(2.5/45)、5BZ(1.5/80)、5D(2/150)、5BG(2/160)、7BZ(3/100)、7BG(3.6/100)、7BG(4.5/100)、KBZ(100150)。

(3)封孔器。我国煤矿长钻孔注水多采用YPA型水力膨胀式封孔器和MF型摩擦式封孔器。

(4)分流器。分流器是动压多孔注水不可缺少的器件，它可以保证各孔的注水流量恒定。煤科总院重庆分院研制的DF－1型分流器，压力范围0.49～14.7MPa，节流范围

0.5m^3/h、0.7m^3/h、1.0m^3/h。

(5)水表及压力表。当注水压力大于1MPa时,可采用DC-4.5/200型注水水表,耐压20MPa,流量4.5m^3/h;注水压力小于1MPa时,可采用普通自来水水表。

300. 煤层注水参数有哪些?

(1)注水压力。注水压力的高低取决于煤层透水性的强弱和钻孔的注水速度。通常,透水性强的煤层采用低压注水,透水性较弱的煤层采用中压注水,必要时可采用高压注水。适宜的注水压力是:通过调节注水流量使其不超过地层压力而高于煤层的瓦斯压力。

(2)注水速度(注水流量)。注水速度是指单位时间内的注水量。为了便于对各钻孔注水流量进行比较,通常以单位时间内每米钻孔的注水量来表示。

一般来说,小流量注水对煤层湿润效果最好,只要时间允许,就应采用小流量注水。静压注水速度一般为0.001~0.027m^3/(h·m),动压注水速度为0.002~0.24m^3/(h·m),若静压注水速度太低,可在注水前进行孔内爆破,提高钻孔的透水能力,然后再进行注水。

(3)注水量。注水量是影响煤体湿润程度和降尘效果的主要因素。它与工作面尺寸、煤厚、钻孔间距、煤的孔隙率、含水率等多种因素有关,确定注水量首先要确定吨煤注水量,各矿应根据煤层的具体特征综合考察。一般来说,中厚煤层的吨煤注水量为0.015~0.03m^3/t,厚煤层为0.025~0.04m^3/t。

(4)注水时间。每个钻孔的注水时间与钻孔注水量成正比,与注水速度成反比。在实际注水中,常把在预定的湿润范围内的煤壁出现均匀"出汗"(渗出水珠)的现象,作为判断煤体是否全面湿润的辅助方法。"出汗"后或在"出汗"后再过一段时间便可结束注水。通常静压注水时间长,动压注水时间短。

301. 注水措施、灌水措施有哪些效果?

(1)注水措施的效果表现在以下五个方面:

1)抑尘效果。抑制煤尘产出情况是短孔注水为40%~90%,深孔注水为90%,长钻孔注水为60%~90%。

2)抑制瓦斯涌出。充分湿润的煤层能预防瓦斯突出,降低工作面和回风流中的瓦斯体积浓度。

3)利于降低气温。能降低工作面空气温度1~3℃。

4)降低煤的硬度。由于煤体硬度降低,有利于炸药、雷管及截齿耗量的降低,有利于采煤机效率的提高,有利于井下劳动生产率的提高。

5)能缓和冲击地压。

(2)灌水措施的效果主要有以下两个方面:

1)抑尘效果。

①经过灌水的煤层采煤时,浮游煤尘产生量明显减少。

②由于灌水的作用使假顶上部的碎渣、浮煤处于湿润黏结状态,从而大大减少了掉渣和落尘量。

③采场工作面抑尘效率一般为75%~90%。

2)生产及安全。

①灌水作用可形成再生顶板,减少漏顶次数,有利于安全生产。

②有利于采煤效率的提高。

③降低了支护工作量,减少了支护材料消耗。

302. 影响煤层注水效果的因素有哪些?

(1)煤层注水的效果同煤层的裂隙及孔隙的发育程度有关。据实测资料发现:煤层的孔隙率小于4%时,透水性较差,注水无效果;孔隙率为15%时,煤层的透水性最高,注水效果最佳;当孔隙率达40%时,无需注水,因为天然水分就很丰富了。

(2)煤层的注水效果与煤层的埋藏深度和地压的集中程度有关,埋藏越深,地压越集中的地方,煤层的孔隙被压紧,透水性越差。因此,要提高注水压力,才能获得较好的效果。煤层的注水效果与煤层中的瓦斯压力的大小也有关,因为瓦斯压力是注水的附加阻力,水克服瓦斯压力后才是注水的有效压力。所以在瓦斯压力大的煤层中注水时,往往要提高注水的压力,以保证湿润煤体的效果。

应该指出,煤层注水除减少煤尘的产生外,对于瓦斯治理、防止自燃发火、放顶煤开采软化顶煤都具有积极的作用。因此,煤层注水是煤矿安全和环境保护工作中的一项综合性措施。

303. 限制煤尘爆炸范围扩大的措施有哪些?

防止煤尘爆炸危害,除采取防尘措施外,还应采取降低爆炸威力,限制爆炸范围扩大的措施。

(1)清除落尘。定期清除落尘,防止沉积煤尘参与爆炸可以有效地降低爆炸威力,使爆炸由于得不到煤尘补充而逐渐熄灭。

(2)撒布岩粉。撒布岩粉是指定期在井下某些巷道中撒布惰性岩粉,增加沉积煤尘的灰分,抑制煤尘爆炸的传播。

惰性岩粉一般为石灰岩粉和泥岩粉。对惰性岩粉的要求是:1)可燃物含量不超过5%,游离 SiO_2 含量不超过5%;2)不含有害有毒物质,吸湿性差;3)粒度应全部通过50号筛孔(即粒径全部小于0.3mm),且其中至少有70%能通过200号筛孔(即粒径小于0.075mm)。

撒布岩粉时要求把巷道的顶、帮、底及背板后侧暴露处都用岩粉覆盖;岩粉的最低撒布量在作煤尘爆炸鉴定的同时确定,但煤尘和岩粉的混合煤尘,不燃物含量不得低于80%;撒布岩粉的巷道长度不小于300m,如果巷道长度小于300m时,全部巷道都应撒布岩粉。对巷道中的煤尘和岩粉的混合粉尘,每3个月至少应化验一次,如果可燃物含量超过规定含量时,应重新撒布。

(3)设置水棚。水棚包括水槽棚和水袋棚两种,设置应符合以下基本要求:

1)主要隔爆棚应采用水槽棚,水袋棚只能作为辅助隔爆棚。

2)应设置在巷道的直线部分,且主要水棚的用水量不小于400L/m^2,辅助水棚不小于200L/m^2。

3)相邻水棚中心距为0.5~1.0m,主要水棚总长度不小于30m,辅助水棚不小于20m。

4)首列水棚距工作面的距离,必须保持60~200m。

5)水槽或水袋距顶板、两帮距离不小于0.1m,其底部距轨面不小于1.8m。

6)水内如混入煤尘量超过5%时,应立即换水。

(4)设置岩粉棚。岩粉棚分轻型和重型两类。它是由安装在巷道中靠近顶板处的若干块岩粉台板组成,台板的间距稍大于板宽,每块台板上放置一定数量的惰性岩粉,当发生煤尘爆炸事故时,火焰前的冲击波将台板震倒,岩粉即弥漫于巷道中,火焰到达时,岩粉从燃烧的煤尘中吸收热量,使火焰传播速度迅速下降,直至熄灭。

岩粉棚的设置应遵守如下规定:

1)按巷道断面积计算,主要岩粉棚的岩粉量不得少于400kg/m^2,辅助岩粉棚不得少于200kg/m^2。

2)轻型岩粉棚的排间距1.0~2.0m,重型为1.2~3.0m。

3)岩粉棚的平台与侧帮立柱(或侧帮)的空隙不小于50mm,岩粉表面与顶梁(顶板)的空隙不小于100mm,岩粉板距轨面不小于1.8m。

4)岩粉棚距可能发生煤尘爆炸的地点不得小于60m,也不得大于300m。

5)岩粉板与台板及支撑板之间,严禁用钉固定,以利于煤尘爆炸时岩粉板有效的翻落。

6)岩粉棚上的岩粉每月至少检查和分析一次,当岩粉受潮变硬或可燃物含量超过20%时,应立即更换,岩粉量减少时应立即补充。

(5)设置自动隔爆棚。自动隔爆棚是利用各种传感器,将瞬间测量的煤尘爆炸时的各种物理参量迅速转换成电信号,指令机构的演算器根据这些信号准确计算出火焰传播速度后选择恰当时机发出动作信号,让抑制装置强制喷撒固体或液体等消火剂,从而可靠地扑灭爆炸火焰,阻止煤尘爆炸蔓延。

304. 我国煤矿防尘技术措施分为哪几类?

按照矿井实施的防尘技术,可将防尘措施分为以下五类:

(1)减少粉尘的产生。减少粉尘产生的措施有二:

1)减少生产过程中粉尘产生量的措施,即从降低吨煤产尘量或单位时间产尘量入手,降低含尘风流中的粉尘质量浓度。例如,改进采、掘机械的截齿及其分布状态,选用产尘量小的最佳截割参数;在可能的条件下减少炮孔数量及炸药用量等。

2)预先或在生产过程中采取某种抑制浮游粉尘产生措施(简称抑尘措施)。例如,煤层注水或采空区灌水预先湿润煤体;湿式打孔;炮孔填塞水炮泥;放炮前后冲洗煤壁、岩帮;出煤、出岩洒水等。

(2)降尘措施。降尘措施就是采用喷雾方法将悬浮于风流中的粉尘降下来的措施,目前主要的防尘措施主要有净化通风、采煤机内外喷雾、架间喷雾、放煤口喷雾、湿式钻孔、放炮使用水炮泥、放炮洒水、扒装喷雾等。

(3)排尘措施。排尘措施是采用通风方法把悬浮于风流中的粉尘排出作业场所,或增大风量使作业场所的粉尘质量浓度因稀释而降低的措施。例如改善通风方式、方法和采用最佳排尘风速等。

(4)除尘措施。除尘措施是利用除尘器把风流中所含的粉尘集下来加以清除,使风流得到净化的措施。例如,机掘工作面或锚喷、钻孔及转载点等处的湿式或干式除尘器(捕尘器)除尘等。

(5)个体防尘措施。个体防尘措施是利用个人防尘用具把呼吸空气中的粉尘过滤下来,使工人吸入净化后的空气,或者采取由作业场所外部输送的清洁压风方式供工人呼吸。

例如佩戴防尘口罩、防尘面罩、防尘帽或压风呼吸器等。

305. 为什么要对煤矿使用防尘措施?

煤尘的 80% 产自采掘工作面,在无防尘措施条件下,炮采的粉尘质量浓度为 300 ~ 500mg/m^3,综采、综放工作面粉尘质量浓度最高达到 2500 ~ 3000mg/m^3,表 7 - 3 为某工作面在未采用防尘措施的情况下测得的各测尘点的粉尘质量浓度,表 7 - 4 为某工作面在防尘措施使用基本正常情况下测得的各测点的粉尘质量浓度。从表 7 - 3、表 7 - 4 可以看出,使用防尘措施可大大降低煤尘,因此必须对煤矿使用防尘措施。

表 7 - 3 某工作面未采用防尘措施的情况下各测点的粉尘质量浓度 (mg/m^3)

粉尘测点	全粉尘	呼吸性粉尘	备 注
落 煤	3395.0	400.0	逆 风
落 煤	2365.0	355.0	顺 风
司机处	2495.0	265.0	逆 风
司机处	2065.0	165.0	顺 风
移 架	1405.0	55.0	
放煤口	98.4	11.7	
回风巷	840.0	120.0	

注:工作面风量为 900m^3/min。

表 7 - 4 某工作面在防尘措施使用基本正常的情况下各测点的粉尘质量浓度(mg/m^3)

测 点	全粉尘			呼吸性粉尘		
	最大值	平均值	最小值	最大值	平均值	最小值
综采\\综放割煤	561.2	161.3	42.3	175.7	51.4	12.0
综采\\综放移架	486.0	159.9	27.0	117.2	47.9	7.8
综放面放顶	320.2	99.2	6.6	102.4	36.4	3.3
综采\\综放转载	113.5	52.6	8.0	15.2	11.7	4.2
综掘面割煤	661.1	182.8	4.5	419.7	81.8	6.2
综掘面打锚杆孔	35.7	19.5	3.1	57.6	12	1.3
炮掘面钻孔	13.7	9.9	7.0	4.4	2.9	1.6
炮掘面放炮	82.9	44.9	6.9	9.7	4.7	1.2
炮掘面扒装	14.3	8.8	5.8	5.6	3.6	2.1
喷 浆				52.3	23.1	15.9
炮采面钻孔	117.0	26.7	8.0	31.8	7.6	1.5
炮采面放炮	321.1	164.4	7.7	122.8	62.6	2.4
炮采面攉煤	96.5	47.5	2.9	28.1	12.2	2.2
房采面割煤	802.2	547.5	292.8	98.2	63.4	28.5
房采面打锚杆孔	21.5	20.9	20.3	51.5	37.3	23.0
洗煤厂手选皮带	15.2	10.6	3.3	13.8	6.5	2.2
洗煤厂毛煤筛	15.1	7.4	2.8	8.7	4.2	1.8
洗煤厂破碎机	87.0	31.1	1.2	48.7	16.3	1.0

306. 煤尘的危害特性是什么？

（1）煤尘具有爆炸性。无烟煤煤矿采煤工作面的煤尘除个别情况外大多数属于无爆炸性煤尘，而烟煤、褐煤煤矿采煤工作面产生的煤尘均属爆炸性粉尘。煤的炭化程度越低、挥发分越高，煤尘的爆炸性就越强。

1）不同种类的煤炭和不同的试验条件下所得到的爆炸上下限质量浓度是不相同的，但一般说来，煤尘爆炸的下限质量浓度为 30 ~ 50g/m^3，上限质量浓度为 1000 ~ 2000g/m^3，其中爆炸力最强的质量浓度为 300 ~ 500g/m^3。

2）煤尘爆炸的引爆温度一般为 650 ~ 990℃，发生煤尘爆炸时，粒度小于 1mm 的煤尘都能参与爆炸，但爆炸的主体是粒度小于 0.075mm 的煤尘，当含有沼气且体积浓度达到 3.5% 时，空气中煤尘质量浓度达到 6.1g/m^3 就可能发生爆炸。氧气体积浓度对煤尘爆炸的影响是，当氧含量低于 17% 时，煤尘就不会发生爆炸。

3）煤尘爆炸可放出大量热能，爆炸火焰温度可高达 2000℃，爆炸压力可高达 1.9MPa。煤尘爆炸时，冲击波传播的速度大于火焰传播速度。国内外实测的火焰传播速度为 610 ~ 1800m/s，而爆炸冲击波最高可达 2000m/s 以上。煤尘爆炸气体中含有大量的一氧化碳和二氧化碳，爆炸区空气中一氧化碳含量高达 8%。

（2）煤尘引起煤工尘肺。煤炭生产过程产生粉尘中的微细颗粒粉尘可以较长时间在生产环境中飞扬和悬浮，工人在工作中长期吸收生产性粉尘，并沉积在肺部的细小支气管及肺泡里，这些沉积在肺内的粉尘，与肺组织的细胞发生一系列的生理、病理变化，使肺组织逐渐发生纤维化。当纤维化病变发展到一定程度时，可导致人体呼吸功能的障碍，这种由煤矿生产性粉尘导致工人肺部发生纤维化病变的疾病，称为煤工尘肺。采煤工煤肺病例内主要是煤尘，两肺粉尘总量常可达到 40 ~ 50g，其中游离二氧化硅含量仅 1g 左右。根据近几年的报道，煤矿尘肺患病率较前有所下降，一般在 3% ~ 10% 之间，平均 5% 左右。

307. 我国对煤矿井下作业点粉尘质量浓度有何规定？

根据《工业企业设计卫生标准》（GBZ1—2002），我国规定居民区大气中飘尘日平均最高允许质量浓度为 0.15mg/m^3。根据《煤矿安全规程（2009 版）》规定，对煤矿井下有人工作的地点和人行道的空气中粉尘（总粉尘、呼吸性粉尘）质量浓度，要符合表 2 - 3 中的要求。

308. 煤矿测尘工在技术操作上有何规定？

（1）根据该班测尘地点和采样数量准备好使用仪表、工具及其附件。

（2）采样时首先调节好所需流量（一般 15 ~ 30L/min），并检查保证无漏气，然后取出准备好的滤膜夹，固定在采样器上。

（3）采样中应注意保持流速稳定，并根据估计的滤膜上的粉尘质量（一般在 1 ~ 20mg，但不小于 1mg），来决定采样时间的长短。要详细记录采样地点、作业工艺、样号、流速及防尘措施等，同时记下采样开始和终止时间。

（4）每个测尘地点连续测定的数据不小于 3 个，并取其平均值。

（5）采样地点设在回风侧。

(6)采取高度在人的呼吸带,一般在1.5m左右。

(7)在掘进工作面采样时,应在巷道未安装风筒的一侧距装岩(煤)、钻孔或喷浆等地点4~5m处进行。

(8)在机械化采煤工作面采样时,应在采煤机回风侧、距采煤机10~15m处采样。

(9)采煤工作面多工序同时作业时,应在回风巷距工作面回风口10~15m采样。

(10)在转载点采样时,应在其回风侧距转载点3m处进行。

(11)在其他产尘场所采样时,在不妨碍工人操作的条件下,采样地点应尽量靠近工人作业的呼吸带。

(12)测尘时,仪器的采样口必须迎向风流。

(13)对测尘开始时间的要求是:对于连续性产尘作业,应在生产达到正常状态5min后再进行采样;对于间断性产尘作业,应在工人作业时采样。

(14)要及时将每次的测尘记录填入台账。

(15)测尘完毕后,要填写粉尘测定结果报告表,月底做好本月粉尘质量浓度测定报告表,并及时上报。要按照规定定期绘制粉尘质量浓度曲线图。

309. 对产生煤(岩)尘的地点应采取哪些防尘措施?

(1)掘进工作面的防尘措施必须符合如下规定:

1)掘进井巷和硐室时,必须采取湿式钻孔、冲洗井壁巷帮、水炮泥、爆破喷雾、装岩(煤)洒水和净化风流等综合防尘措施。

2)冻结法凿井和在遇水膨胀的岩层中掘进不能采用湿式钻孔时,可采用干式钻孔,但必须采取捕尘措施,并使用个体防尘保护用品。

(2)采煤工作面应采取煤层注水防尘措施,有下列情况之一的除外:

1)围岩有严重吸水膨胀性质、注水后易造成顶板垮塌或底板变形,或者地质情况复杂、顶板破坏严重,注水后影响采煤安全的煤层。

2)注水后会影响采煤安全或造成劳动条件恶化的薄煤层。

3)原有自然水分或防灭火灌浆后水分大于4%的煤层。

4)孔隙率小于4%的煤层。

5)煤层很松软、破碎,打钻孔时易塌孔、难成孔的煤层。

6)采用下行垮落法开采近距离煤层群或分层开采厚煤层,上层或上分层的采空区采取灌水防尘措施时的下一层或下一分层。

(3)炮采工作面应按下列规定执行:

1)采取湿式钻孔,使用水炮泥。

2)爆破前、后应冲洗煤壁。

3)爆破时应喷雾降尘。

4)出煤时应洒水。

(4)采煤机、掘进机作业的防尘必须符合如下规定:

1)采煤机必须安装内喷雾、外喷雾装置。截煤时必须喷雾降尘,内喷雾压力不得小于2MPa,外喷雾压力不得小于1.5MPa,喷雾流量应与机型相匹配。如果内喷雾装置不能正常喷雾,外喷雾压力不得小于4MPa。无水或喷雾装置损坏时必须停机。

2)掘进机作业时,应使用内喷雾、外喷雾装置,内喷雾装置的使用水压不得小于3MPa,外喷雾装置的使用水压不得小于1.5MPa;如果内喷雾装置的使用水压小于3MPa或无内喷雾装置,则必须使用外喷雾装置和除尘器。

3)液压支架和放顶煤采煤工作面的放煤口,必须安装喷雾装置,降柱、移架或放煤时同步喷雾。破碎机必须安装防尘罩和喷雾装置或除尘器。

(5)采煤工作面回风巷应安设风流净化水幕。

(6)井下煤仓放煤口、溜煤眼放煤口、输送机转载点和卸载点,以及地面筛分厂、破碎车间、带式输送机走廊、转载点等地点,都必须安设喷雾装置或除尘器,作业时进行喷雾降尘或用除尘器除尘。

(7)在煤、岩层中钻孔,应采取湿式钻孔。煤(岩)与瓦斯突出煤层或软煤层中瓦斯抽放钻孔难以采取湿式钻孔时,可采取干式钻孔,但必须采取捕尘、降尘措施,工作人员必须佩戴防尘保护用品。

310. 开采有煤尘爆炸危险煤层的矿井必须有哪些措施?

开采有煤尘爆炸危险煤层的矿井,必须有预防和隔绝煤尘爆炸的措施。矿井的两翼、相邻的采区、相邻的煤层、相邻的采煤工作面间,煤层掘进巷道同与其相连通的巷道间,煤仓同与其相连通的巷道间,采用独立通风并有煤尘爆炸危险的其他地点同与其相连通的巷道间,必须用水棚或岩粉棚隔开。

必须及时清除巷道中的浮煤,清扫或冲洗沉积煤尘,定期撒布岩粉,还应定期对主要大巷刷浆。

311. 煤矿矿井应在哪些地方敷设防尘供水管路?

《煤矿安全规程》规定:煤矿矿井必须建立完善的防尘供水系统,没有防尘供水管路的采掘工作面不得生产。因此,煤矿矿井应该在主要运输巷、带式输送机斜井与平巷、上山与下山、采区运输巷与回风巷、采煤工作面运输巷与回风巷、掘进巷道、煤仓放煤口、溜煤眼放煤口、卸载点等地点都必须敷设防尘供水管路,并安设支管和阀门;防尘用水均应过滤;水采矿井和水采区可不受此限制。

312. 什么是洒水降尘?

洒水降尘是用水湿润沉积于煤堆、岩堆、巷道周壁、支架等处的矿山粉尘。当矿山粉尘被水湿润后,尘粒间会互相附着,形成较大的颗粒,附着性增强,矿山粉尘就不易飞起。在炮采炮掘工作面放炮前后洒水,不仅有降尘作用,而且还能消除炮烟、缩短通风时间。煤矿井下洒水,可采用人工洒水或喷雾器洒水。对于生产强度高、产尘量大的设备和地点,还可设自动洒水装置。

313. 什么是喷雾洒水防尘,有几种类型?

(1)喷雾洒水是将压力水通过喷雾器(又称为喷嘴),在旋转或(及)冲击的作用下,使水流雾化成细微的水滴喷射于空气中,它的捕尘作用表现在三个方面:

1)在雾体作用范围内,高速流动的水滴与浮尘碰撞接触后,尘粒被湿润,在重力作用下下沉。

2）高速流动的雾体将其周围的含尘空气吸引到雾体内湿润下沉。

3）将已沉落的尘粒湿润黏结，使之不易飞扬。前苏联的研究表明，在掘进机上采用低压洒水，降尘率为43%～78%，而采用高压喷雾时达到75%～95%；炮掘工作面采用低压洒水，降尘率为51%，高压喷雾达72%，且对微细粉尘的抑制效果明显。

（2）喷雾洒水防尘种类有三种：掘进机喷雾洒水、采煤机喷雾洒水、综放工作面喷雾洒水。

314. 掘进机喷雾有几种？

掘进机喷雾分内喷雾、外喷雾两种。外喷雾多用于捕集空气中悬浮的矿山粉尘，内喷雾则通过掘进机切割机构上的喷嘴向割落的煤岩处直接喷雾，在矿山粉尘生成的瞬间将其抑制。较好的内外喷雾系统可使空气中含尘量减小85%～95%。

315. 采煤机喷雾有几种？

采煤机的喷雾系统分为内喷雾、外喷雾两种方式。采用内喷雾时，水由安装在截割滚筒上的喷嘴直接向截齿的切割点喷射，形成“湿式截割”；采用外喷雾时，水由安装在截割部的固定箱上、摇臂上或挡煤板上的喷嘴喷出，形成水雾覆盖尘源，从而使粉尘湿润沉降。喷嘴是决定降尘效果好坏的主要部件，喷嘴的形式有锥形、伞形、扇形、束形。内喷雾多采用扇形喷嘴，也可采用其他形式；外喷雾多采用扇形和伞形喷嘴，也可采用锥形喷嘴。

316. 综放工作面喷雾有几种？

（1）放煤口喷雾。放顶煤支架一般在放煤口都装备有控制放煤产尘的喷雾器，但由于喷嘴布置和喷雾形式不当，降尘效果不佳。为此，可改进放煤口喷雾器结构，布置为双向多喷头喷嘴，扩大降尘范围；选用新型喷嘴，改善雾化参数；有条件时，水中添加湿润剂，或在放煤口处设置半遮蔽式软质密封罩，控制煤尘扩散飞扬，提高水雾捕尘效果。

（2）支架间喷雾。支架在降柱、前移和升柱过程中产生大量的粉尘，同时由于通风断面面积小、风速大，来自采空区的矿山粉尘量大增，因此采用喷雾降尘时，必须根据支架的架型和移架产尘的特点，合理选择喷嘴型号、确定喷嘴的布置方式。

（3）转载点喷雾。转载点降尘的有效方法是封闭加喷雾。通常在转载点（即回采工作面输送机与顺槽输送机连接处）加设半密封罩，罩内安装喷嘴，以消除飞扬的浮尘，降低进入回采工作面的风流含尘量。为了保证密封效果，密封罩进煤口、出煤口安装半遮式软风帘，软风帘可用风筒布制作。

（4）其他地点喷雾。由于综放面放下的顶煤块度大、数量多、破碎量增大，所以必须在破碎机的出口处进行喷雾降尘。

317. 对机械化采煤工作面的防尘有何基本要求？

（1）按煤矿安全规程规定，产尘部位必须采用有效的防尘措施。

（2）采煤机应安设有效的内喷雾、外喷雾装置；无内喷雾装置时，必须使用外喷雾装置；无喷雾装置的采煤机禁止使用，无内喷雾、外喷雾装置的采煤机不得生产、出厂。

（3）采煤机工作面必须采取综合防尘措施。

1）必须采取预先湿润煤体的措施。

2）采煤机的截割机构应选择合理的结构参数及工作参数。

3）保持采煤机喷雾、供水系统的正常工作。

4）保持液压支架的正常喷雾、供水功能。

5）对煤炭输送、转载及破碎等环节应采取有效的防尘措施。

6）有合理的通风系统、局部通风措施及最佳风速。

（4）对喷雾、供水系统应有专人管理，强化日常维修，确保正常运行。

318. 预防煤尘爆炸的措施有哪些？

（1）减少煤尘的产生量，包括煤层灌注水、湿式凿岩、水炮泥、喷雾洒水等。

（2）杜绝井下高温热源、火源。

1）减少或消除机械设备的摩擦热、摩擦火花。

2）防止电器设备产生的火花。

3）防止煤自燃。

4）防止瓦斯燃烧、爆炸。

5）消除炸药爆燃及一切可能产生的明火。

（3）加强对沉积煤尘的清理，防止煤尘二次飞扬，包括清扫法、冲洗法、岩粉撒布法。

（4）确保矿井通风及局部通风的有效运行。

第八章　选烧作业防尘

319. 选烧作业产尘的特点是什么？

采选的矿岩破碎、烧结和球团作业的物料运输、破碎及炉窑作业，凡属干法工艺的，其特点是：

（1）产尘量大。选烧作业的产尘量，相当于选烧产品产量的1.2%～3.0%以上；细破、筛分作业的初始粉尘浓度均高达3000～6000mg/m^3；55m^3镁砂竖窑排放废气含尘质量浓度7930mg/m^3，重油镁砂竖窑则达17500mg/m^3。

（2）接尘人员多。据对全国20个选厂、13个烧结厂破碎和烧结车间的调查，其接尘人员占职工总数的比例分别为93%和81%。

（3）危害范围广。如只经过一段旋风除尘的三个雷蒙机，向大气排放的锰矿粉尘浓度分别高达5118mg/m^3、5420mg/m^3和7154mg/m^3；有些烧结厂，不仅在几千米到二十余千米范围内，降尘量高达150～200t/（月·km^2）以上，而且其上空长年飞舞着尘龙。

320. 举例说明采用新技术、新工艺在选烧作业尘害防治上的作用。

采用新技术、新工艺实行工艺装备的自动化、大型化，不仅有利于粉尘的集中防治和处理，还可大幅度的减少接尘人员。如实行破碎、磨矿自动化、遥控化的日本丰田铅锌选厂，每班只有1名岗位工人，全厂只有38人；实行大型破碎机，大长皮带机，高自动化的美国宾厄姆大型矿山，实现了运破无人操作；采用链箅机－回转窑工艺，自动化控制的加拿大谢尔曼球团厂全厂每班只有2名工人。

321. 举例说明无尘化新工艺在选烧作业尘害防治上的重要性。

芬兰的皮哈莎尔、美国的洛内克斯，俄罗斯的上凯拉钦等选厂采用的湿式自磨－预富集流程、湿式自磨－湿式筛分工艺及美国近年提出的一种双盘水射磨矿新工艺等均为少尘、无尘工艺。烧结作业中的铺底料工艺，可降低粉尘初始浓度；冷矿工艺可取消机尾热筛，不仅避免了热返矿的大量产生，还由于废气中的粉尘被台车料层阻留，从而大大减少了高浓度粉尘的产生和排放。这种冷矿工艺，在我国五大烧结厂应用后，岗位及大气环境质量均得到明显的改善，如武钢，仅回收这种粉尘，年平均就多达12万吨以上。

322. 针对重点尘源进行生产设施的技术改造为什么是多数企业的一项重要防治措施？

利用大中修、技术改造、更新机会，对重点尘源进行生产设施的技术改造，改变结构，更换装置，增加抑尘措施，许多企业实践经验证明，这是重要的防治措施之一，据对33座大中型选烧车间113个改造项目的效果调查表明,平均减少产尘量达36%以上。

323. 为什么说减少转运次数,降低落差是选烧作业技术改造中的一条重要防治措施?

研究证明,缩短物料运距、减少转运次数、降低落差、缓解物料冲击、可使60%~70%的产尘点,减少一次、二次扬尘量30%~50%以上。如对降低物料落差的研究表明,由于空气诱导量与落差的$\frac{1}{2}$~$\frac{2}{3}$次幂成正比,所以落差越小诱导的空气量越少,扬尘量则越小;测试证明,皮带宽度800mm的带式运输机,落差在1.5~3.0m之间,每增加500mm,扬尘量增加20%~25%;同样,物料滑落的冲击角度,每上升一度,扬尘量增加3%~7%。

324. 为什么说尘源密闭是选烧作业尘害防治的常用措施?

针对粉尘逸出这一普遍产尘问题的密闭尘源措施,是选烧作业应用最为广泛的有效的抑尘措施。对产尘部位进行密闭,不仅可作为单一手段,广泛用于对尘源的隔离、封闭,还可作为多元手段之一用于局部或整体通风、除尘或其他净化措施。

325. 密闭在实际应用中有哪些种类?

按控制范围,密闭可分为大容积密闭、整体密闭和局部密闭。在选烧作业中,以在局部排风措施上用的局部排风罩最为常见。按其原理、功能、特点分为:用于皮带运输机上的密闭罩,用于小范围的柜式排气罩,用于破碎机上盖的外部排气罩,有空间接受作用或热源上部伞形罩之类的接受式排风罩及用于放矿口有风幕功能的吹吸式排风罩等五种基本类型。由于有的工艺,在产尘同时,不断散发大量热烟气体,所以局部排风罩还有冷过程与热过程的区别。

326. 目前我国选烧作业中,密闭措施执行中存在哪些问题?

对选烧作业常用几种密闭装置的性能检测表明,密闭在高产尘部位的抑尘效率均达40%~85%以上。但调查也发现,在一些厂矿,对这一措施重视的还非常不够。在大中型企业主要表现在:设备检修时密闭被拆,事后不予恢复,即使进行了所谓的恢复,也是敷衍了事,无法使用;有的则是破漏损坏,长期失修。在小型、乡镇企业则是85%甚至100%的产尘点根本没采取密闭措施。

327. 用数据说明在破碎作业、烧结作业中密闭措施的执行现状及其有效性。

对我国大中型企业66个破碎产尘部位的调查表明,该上密闭而未上的占29.7%;上了密闭,因安装质量不好或维修不及时造成漏风系数大于1.15和1.5的占40%;上了密闭,漏风系数小于1.15,运行管理、维修保养较好的仅占30.3%,调查及测试证明,除尘设备完好率同样是91%~98%的除尘系统,密闭不好的,粉尘合格率仅为47.6%,而密闭好的则达88%,相差40%以上。

我国大中型烧结厂41个部位密闭设施的空气动力学特性测试和调查说明,标志密闭效果好坏的真空度,大密闭,整体密闭和局部密闭应分别大于-15Pa、-20Pa和-25Pa;按这一下限值，对上述大中型烧结厂的密闭质量进行衡量，结果是：大密闭，罩内真空度大于－15Pa的占82%，整体密闭，大于－20Pa的占67%，局部密闭，大于－25Pa的占75%。现场调查说明，凡是真空度较好的，除基本上无粉尘逸出外，在小时换气次数分别大于300次、350次和1000次以上时，均可获得明显的控制效果，烧结机头、筛分、返矿圆盘及破碎、皮带转运站、配料等高产尘部位的粉尘合格率都能保持在80%～85%以上。

328. 用数据说明喷雾洒水措施在选烧作业尘害防治上的有效性。

由于矿山粉尘的产尘强度与其湿度成反比，试验表明，粉尘湿度6%时的产尘强度是2%时的七分之一，说明在具备条件，允许的情况下，喷洒水法是一种易行有效的措施。例如：空心锥体的武安－4型喷雾器，雾化粒度为100～200μm，喷射面直径2.0m以上，耗水量1.5～2.5kg/min；面向煤矿生产的FS－B及风水混合型JP型喷雾器，射程可达12m，可用于大型破碎机上口及较大面积的产尘部位；这些喷雾器的降尘效率都在80%～90%以上。用于皮带机的丁字形、鸭嘴形喷洒装置，应用历史较长，有制造简单，易于维修之优点；核工业部六所的KS－1型喷嘴具有喷距可调等优点；近十年来矿山广泛使用的铝质单孔、三孔、五孔喷雾器用于皮带通廊除尘，具有防锈好、适用性强的优点，除尘效率达90%。

329. 举例说明喷洒水措施同样适用于料堆、尾矿区防尘。

喷洒水措施同样适用于选烧企业的料堆、尾矿区防尘。如一个年平均堆放量3.9万吨的料场，按日耗水量90m^{3}能力供水，由8组16个ZY－2型摇臂喷头喷洒普通水，即可保证厂区及大气环境，在有大风和干燥的状况下，监测达标。我国新建的风水沟尾矿库干坡段的防尘设计，就是采用坝下截流供水的大直径喷洒措施的。国外，除像叶先尼克矿采用的PUK－1型半径达80m喷洒装置，确保风速5m/s时无扬尘外，还应用了粉尘湿润剂，如1%艾克塔加水及寿命4个月以上的SA型乳液等。

330. 除普通水及加湿润剂喷洒外，还有哪些适用于选烧作业抑尘的喷洒技术？

（1）荷电水雾喷洒技术。用人为的方法使水雾带上与尘粒电荷符号相反的电荷，使雾滴与尘粒间增加静电吸引力，从而大幅度地提高了水雾降尘效率。水雾的荷电方法有电晕场荷电法、感应荷电法、喷射荷电法。应用实例如由鞍矿研究所研制用于甘井子石灰石矿破碎车间的荷电水雾装置。

（2）泡沫抑尘技术。泡沫法，就是在水中加入表面活性发泡剂，利用发生器产生的泡沫状微滴，向尘源或含尘空间喷洒。抑尘效果明显，特别对小于5μm的微细尘更为有效。美国资料认定的抑尘效率为90%～99%。我国冶金建研院环保所早于“八五”期间研究、试验成功。

（3）覆盖剂固体膜技术。针对料堆、尾矿库产尘，采用覆盖剂喷洒，使粉尘体表面形成一种类似硬壳的固体膜，以防止扬尘。鞍钢安研所研制的覆盖剂有AG1、AG4、AG5等多种。

331. 以我国大中型选厂为例说明除尘设备状况与粉尘合格率的关系。

对分布于31台粗破机、49台中破机、101台细破机、151台筛分机及532条皮带运输机产尘部位的468台除尘器调查说明，设备完好率平均为74%，相应其粉尘合格率也仅为

67.8%；其中完好率仅为55%的一个选厂，其粉尘合格率仅为29%。而在大石河、齐大山、大冶、水厂等选厂，由于其除尘设备完好率，开动率均达91%～98%，其粉尘合格率也都达到82%～92%。

332. 以破碎、烧结作业为例说明除尘设备更新改造的重要性。

据对冶金破碎、烧结企业878台除尘设备的调查，须更新改造的功能低下、技术落后及不符合高分散度粉尘特性的老化设备，占55.6%之多。调查还证明，已更新改造的除尘设备计219台，占25%，其平均除尘效率达94.4%，如唐钢烧结厂通过改造，废除机头4台旋风除尘器后，除尘效率由原来的83.3%提高到98%，排放浓度由500mg/m^{3}降到68～80mg/m^3，年收尘达5257t之多；连城锰矿将破碎作业原分级除尘效率低的旋风除尘装置改造为JH－50型袋式除尘器后，除尘效率提高到98.6%～99.4%，排放质量浓度降到25.6～58.5mg/m^3。

333. 除尘器是怎样分类的？

按机理可分为机械除尘器和电除尘器两大类；按清灰方式则可分为干式除尘器和湿式除尘器两类，但一般常用的还是分为四大类：

(1)机械除尘器，包括重力沉降室、惯性除尘器、旋风除尘器等；

(2)过滤式除尘器，包括袋式除尘器、颗粒层除尘器等；

(3)湿式除尘器，包括低能湿式除尘器和高能文氏管除尘器等；

(4)电除尘器，以电力作为捕尘机理的，有干式电除尘器、湿法清灰的湿式电除尘器。

随着科技进步，除尘技术的发展，新类型除尘器正在出现，如多种复合机理的电布袋除尘器和由声波引起尘粒共振、碰撞、凝聚为机理的声波除尘器等。

334. 什么是喷雾降尘？

喷雾降尘是利用喷雾器将微细水滴喷向爆破空间，使雾化水滴与随风扩散的粉尘碰撞，这时较粗颗粒的粉尘由于惯性大与水滴碰撞后会黏着在水滴表面或被水滴包围、润湿、凝聚成重量较大的颗粒，从而借助重力加速沉降。为了提高降尘效果，前苏联、美国、日本等国非常重视湿润剂除尘技术的研究，并有定型的湿润剂产品，同时还研究用磁化水提高水对粉尘的捕获能力，美国研究使用荷电水雾降尘，其降尘效果达60%～70%；前苏联研究的高压喷雾技术，其抑尘效率可达90%。用水喷雾加湿润剂捕获粉尘是一项实用的防尘措施。

335. 添加湿润剂降尘机理是什么，添加方法有哪些？

水中添加湿润剂是在水力除尘的基础上发展起来的一种降尘技术。通常情况下，水的表面张力较高，微细粉尘不易被水迅速、有效地湿润，致使降尘效果不佳。但是，不可否认的是，水力除尘方法是迄今为止最为简便、有效、易于推广的除尘方法之一。

(1)添加湿润剂机理。据实验，几乎所有的湿润剂都具有一定的疏水性，加之水的表面张力又较大，对粒径在2μm以下的粉尘，捕获率只有1%～28%左右。添加湿润剂后，则可大大增加水溶液对粉尘的浸润性,即粉尘粒子原有的固－气界面被固－液界面所代替,形成液体对粉尘的浸润程度大大提高,从而提高降尘效率。

湿润剂主要由表面活性物质组成。矿用湿润剂大部分为非离子型表面活性剂,也有一些阴离子型表面活性剂,但很少采用阴离子型。表面活性剂是亲水基和疏水基两面活性剂分子完全被水分子包围,亲水基一端被水分子吸引,疏水基一端被水分子排斥。亲水基被水分子引入水中,疏水基则被排斥伸向空气中,如图8－1所示。于是表面活性剂分子会在水溶液表面形成紧密的定向排列层,即界面吸附层。由于存在界面吸附层,使水的表层分子与空气接触状态发生变化,接触面积大大缩小,导致水的表面张力降低,同时朝向空气的疏水基与粉尘之间有吸附作用,而把尘粒带入水中,得到充分湿润。

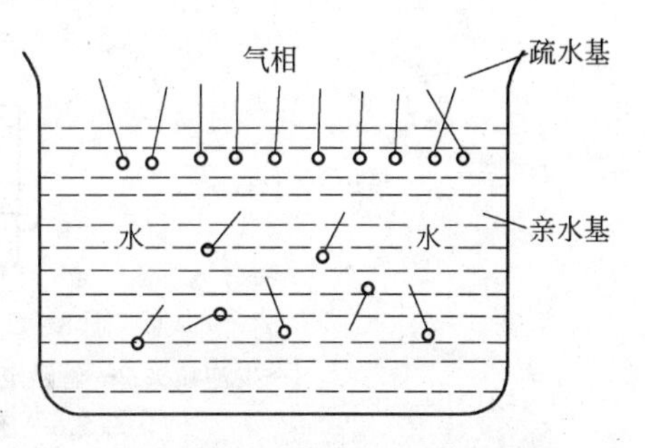

图8－1　在水中的湿润剂分子示意图

(2)湿润剂的添加方法。湿润剂在实际应用中,不但要通过实验选择最佳浓度,而且还要解决添加方法。目前我国矿山主要采用以下五种添加方法:

1)定量泵添加法。通过定量泵把液态湿润剂压入供水管路,通过调节泵的流量与供水管流量配合达到所需浓度。

2)添加调配器。其添加原理是在湿润剂溶液箱的上部通入压气(气压大于水压),承压湿润剂溶液经导液管和三通添加于供水管路中。这种方法结构简单,操作方便,无供水压力损失,但必须以压气作动力。

3)负压引射器添加法。湿润剂溶液被文丘里引射器所造成的负压吸入,并与水流混合添加于供水管路中。添加浓度由吸液管上的调节阀控制。由于这种方法成本低、定量准确,各矿井采用较多。

4)喷射泵添加法。与前面的添加器相比,主要区别在于喷射泵有混合室,因此用喷射泵调配湿润剂可使其与水混合较好、定量更准确、供水管路压损小,工作状态稳定。

5)孔板减压调节器添加法。湿润剂溶液在孔板前的高压水作用下,被压入孔板后的低压水流中,通过调节阀门获得所需溶液的流量。

336. 什么是泡沫除尘,其机理是什么?

泡沫除尘是用无空隙的泡沫体覆盖源,使刚产生的粉尘得以湿润、沉积,失去飞扬能力的除尘方法。

能够产生泡沫的液体称为泡沫剂。纯净的液体是不能形成泡沫的,只要溶液内含有粗粒分散胶体、胶质体系或者细粒胶体等形成的可溶性物质时就能形成泡沫。在我国矿山曾进行17种不同表面活性剂的发泡剂除尘实验,取得的最佳参数是:倍数为100～200倍、泡沫尺寸小于6～10μm。其发泡原理如下:

根据图8－2所示,由软管7供给的高压水,进入过滤器3中加以净化,随后流入管路定量分配器2,此处由于高压水引射作用将储液槽4中的发泡液按定量(一般混合比为0.1%～1.5%)吸出,含有发泡原液的高压水通过软管8流入发泡喷头1。

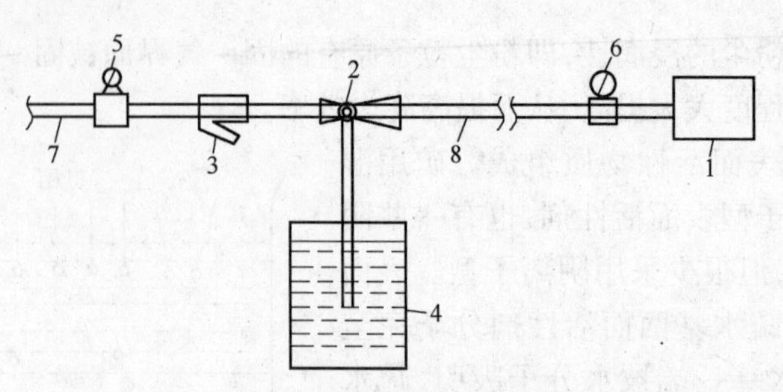

图 8-2 发泡器原理示意图

1—发泡喷头;2—管路定量分配器;3—过滤器;4—发泡液储槽;
5,6—压力表;7,8—高压软管

在一定的风速下,喷洒在网格上的雾滴直径和均匀性直接影响到成泡率的大小。雾滴过小时,容易穿过网孔漏掉,而不能成泡;雾滴过大,气泡耗液量增大,开始还可导致泡沫的强度和倍数增加,但增加到一定界限时两参数急剧下降,而且随着泡沫耗液量的增加,会使更多的溶液在发泡过程中不起作用。

泡沫湿润,可应用于综采机组、掘进机组、带式运输机以及尘源较固定的地点,一般泡沫降尘效果较高,可达90%以上,尤其是对降低呼吸性粉尘效果显著。

337. 磁化水除尘原理是什么,其优越性主要体现在哪些方面?

据前苏联对磁化水与常水降尘率进行对比试验表明,其平均降尘率可提高8.15%~21.08%,如果在磁化水中添加湿润剂,其降尘率还可在此基础上提高38%左右。

(1)磁化水降尘原理。磁性存在于一切物质中,并与物质的化学成分及分子结构密切相关,因此派生出磁化学。目前国内外降尘用磁水器都是在静磁学和共振磁学理论基础上发展起来的。

磁化水是经过磁水器处理过的水,这种水的物理化学性质发生了暂时的变化,此过程称为水的磁化。磁化水性质变化的大小与磁化器磁场强度、水中含有的杂质性质、水在磁化器内流动速度等因素有关。

磁化处理后,由于水系性质的变化,可以使水的硬度突然升高,然后变软;水的电导率、黏度降低;水的晶格发生变化,使复杂的长链状变成短链状,水的氢键发生弯曲,并使水的化学键夹角发生改变。因此,水的吸附能力、溶解能力及渗透能力增加,使水的结构和性质暂时发生显著的变化。

此外,水被磁化处理后,其黏度降低、晶构变小,会使水珠变小,有利于提高水的雾化程度,增加与粉尘的接触机会,提高降尘效率。

(2)磁化水除尘技术优越性。目前,我国矿山推广应用的磁水器主要有TFL系列磁水器、RMJ系列磁水器及尘敌系列磁水器等,其优越性主要体现在三个方面:

1)磁化水降尘设备简单、安装方便、性能可靠。

2)成本低、易于实施、一次投入长期有效。

3)降尘效率高于其他物理化学方法。

据现场测试表明,清水、添加湿润剂及磁化水降尘对比情况是:若以清水降尘效率100%计,则湿润剂降尘率为166%,而磁化水降尘率282%。因此,随着此项技术的日趋完善，必将产生良好的社会、经济效益。

338. 为什么使用粘尘剂，吸湿性盐类粘尘剂的作用原理是什么？

(1)使用粘尘剂抑尘法的原因如下：

1)粉尘二次飞扬。在较大的风速下，沉积于矿井井巷中的粉尘，会重新飞扬，形成二次尘源。为此，各矿井普遍采用定期洒水、冲洗以及在巷道中撒布岩粉等措施，抑制粉尘的二次飞扬。

2)班后冲洗方法的缺点明显。由于矿井粉尘大多具有较强的疏水性，水的表面张力又很大，因此水分容易蒸发，洒水冲洗后，粉尘将迅速风干，重新具备飞扬的能力，致使矿井巷道周壁、支架及破碎岩石缝隙中存在着大量粉尘，造成了安全隐患。虽然至今仍有一些矿山还在应用撒布岩粉抑制粉尘的方法，但由于其劳动强度大、撒布技术要求高等原因而趋淘汰，因此越来越多的国家正在倾向于应用粘尘剂抑制粉尘技术。

目前，世界各国每年都有新的矿用粘尘剂配方专利在发表，其中较著名的有美国的DCL. 1803 型粘尘剂、Conhex 型粘尘剂，日本的 SS－01 剂和 SS－02 剂、TH－C 剂，南非的ANTI 型疏水防尘剂及德国的 MONTAN 型粘尘剂等。20 世纪 90 年代，我国在此方面的研究与试验也取得了良好的效果，现已开发出 NCZ－1 型粘尘阻燃剂、丙烯酸酯型粘尘剂、乙内酰胺型粘尘剂及 CM 保湿型粘尘剂等。

(2)吸湿性盐类粘尘剂作用原理。多数粘尘剂抑尘的原理是通过无机盐(如氯化钙或氯化镁等)不断地吸收空气中的水分，使得沉积于粘尘剂的粉尘始终处于湿润状态，同时由于粘尘剂添加有表面活性物质，所以它比普通的水更容易湿润矿井粉尘。

只有在空气相对湿度小于 40% 时，粘尘剂才会发生结晶现象。由于矿井空气湿度一般均在 80% 以上，因此粘尘剂是不会发生结晶的。粘尘剂溶液的浓度(体积分数)随所处环境空气温度和湿度的变化而变化，主要体现为从空气中吸收或者排出水分。图 8－3 所示为 NCZ－1 型粘尘剂在不同相对湿度下的吸湿平衡浓度。粘尘剂可以持续黏结由井下空气带来的、不断沉积于巷帮与底板的粉尘，随着黏结粉尘量的增加，粘尘剂需要不断吸收空气中的水分，达到新的吸湿平衡浓度。当粉尘沉积量超过平衡浓度时，粘尘剂将固化，需要重新喷洒粘尘剂。

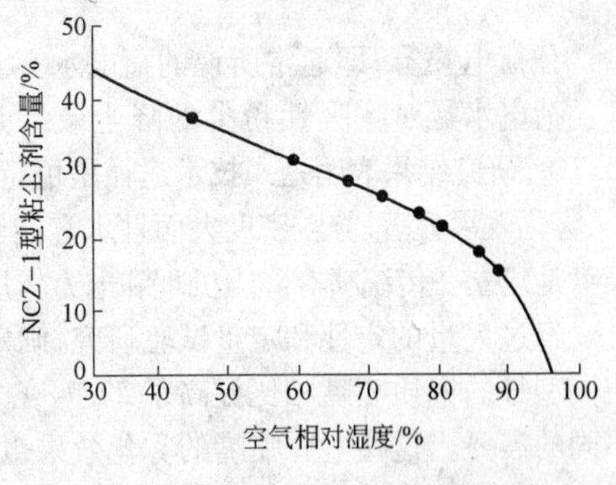

图 8－3　NCZ－1 型粘尘剂的吸湿平衡浓度

339. 超声波除尘基本原理是什么，电离水除尘的原理是什么？

利用超声波除尘的基本原理是在超声波的作用下，空气将产生激烈振荡，悬浮的尘粒间剧烈碰撞，导致尘粒的凝结沉降。试验证明，超声波可使那些用水无法除去或难以除去的微小尘粒沉降下来，但必须控制好超声波的频率以及相应的粉尘质量浓度。根据一些国家的研究，用超声波除尘的声波频率在 2000～8000Hz 范围内为宜。

目前已有德国、法国等国家在矿山进行了超声波除尘的试验与研究。据报道，高效的超声波除尘装置捕捉钻孔粉尘的效率可达 98%～99%。但存在的问题是：功率消耗大、处理时间长以及对人体有影响等。

电离水除尘的原理是通过电离水使弥散于空气中的粉尘粒子及降尘雾滴带电,利用带电极性相反时相互吸引原理,实现粉尘的凝聚沉降。据报道,国外矿山使用R、E、A静电喷涂的喷枪,在30kV电压、500mA电流及28.2L/min流量下,使降尘雾滴充正电,达到了良好的降尘效果。

340. 什么是声波雾化降尘技术?

调查发现,当前的喷雾降尘技术,普遍存在着降低呼吸性粉尘效果差、耗水量大的缺点,其降尘率一般只有30%左右。为改善和提高喷雾降低呼吸性粉尘效果,煤炭科学总院重庆分院研究了声波雾化降尘技术。该项技术是利用声波凝聚、空气雾化的原理,从提高尘粒与尘粒、雾粒与尘粒的凝聚效率以及雾化程度来提高呼吸性粉尘的降尘效率。产生声能的声波发生器是该项技术的关键。该项技术所研制的声波雾化喷嘴具有普遍压气雾化喷嘴的特点,雾化效果好,耗水量低,雾粒密度大。同时,产生的高频高能声波可以使已经雾化的雾粒二次雾化,减小雾粒直径,提高雾粒与尘粒的凝聚效果。在风压为0.3~0.6MPa,耗水量小于1.0m^3/min的条件下,雾粒面积平均粒径小于30μm,对呼吸性粉尘的降尘率可以大于74%,对总粉尘的降尘率可以达到88%。但缺点是声波雾化喷嘴产生的声波频率在可听范围内,声压级较高,噪声较大。此外,雾粒变小易受环境风流的影响,寿命较短。解决好这两个问题,该技术将取得十分满意的结果。在石炭井白芨沟矿转载点应用该技术时,采用隔声罩等措施较好地解决了上述问题,并取得了良好的效果,总粉尘降尘达到了90.8%,呼吸性粉尘降尘达到了93.5%。

341. 预荷电高效喷雾降尘技术是什么?

预荷电喷雾,即通常所说的荷电水雾。

荷电水雾对呼吸性粉尘的降尘效果是随水雾荷质比的提高而线性上升的,最高可达75.7%,研究结果表明这一技术途径是可行的。实现这一目的的关键技术是能研制出耗水量小、雾化效果显著、雾粒密度大而且水雾能够带上足够多的电荷的电介喷嘴。也就是说,这种喷嘴是建立在传统喷雾降尘机理和电力作用机理的综合作用基础上的特殊雾化元件。

经过大量的定性和定量试验研究,确定了五种电介喷嘴。这些电介喷嘴的水雾荷质比与同型号的铜质喷嘴相比提高了22.7倍,并已形成了系列产品,可以满足不同尘源特点对不同的需要。这些电介喷嘴的雾化效果也较好,雾粒群的面积平均直径均小于85μm,有效射程、水量分布、水流量等参数均符合行业标准的要求。在各种水压下,雾粒密度均大于2×10^8颗/(s·m^2)。试验研究结果表明,总粉尘的降尘率是随着水压的上升而单调提高的,说明这主要是传统喷雾降尘机理作用的结果。而呼吸性粉尘降尘率则随着水雾荷质比的提高而提高,不随水压的上升而单调提高的,说明这主要是电力机理起作用的结果。当水压为1.0~1.5MPa时,水雾荷质比和水压均较高,可获得最高的呼吸性粉尘降低率。在实验室进行降尘试验时,水压在0.7~2.0MPa下电介喷嘴进行荷电喷雾,其呼吸性粉尘的降尘率均达到60%以上。

342. 选烧作业常用除尘器有哪些类型?

(1)旋风除尘器。

(2)袋式除尘器。

(3)纤维层过滤器中的纤维层滤料。

(4)水浴除尘器。

(5)湿式旋流除尘风机。

(6)旋流粉尘净化器。

(7)湿式过滤除尘器。

(8)电除尘器。

343. 旋风除尘器工作原理是什么?

旋风除尘器如图8-4所示。其原理是含尘气流以较高的速度(14~24m/s),沿外圆筒切向方向流进除尘器后,由于受到外筒上盖及内筒壁的限流,迫使气流作自上而下的旋转运动。在气流旋转运动过程中形成很大的离心力,尘粒受到离心力作用,因其密度比空气大千倍以上,使其从旋转气流中分离出来,并领先旋转气流的诱导及重力作用,甩向器壁而下落于集尘箱中。净化后的气流旋转向上,由内圆筒排出。在旋转气流中,尘粒获得的离心力 F 用式(8-1)计算。

$$F=\frac{\pi}{6}d_p^3\rho_p\frac{v_t^2}{R} \tag{8-1}$$

式中 d_p——尘粒直径,cm;

ρ_p——尘粒密度,kg/m^3;

v_t——尘粒切线风速,m/s;

R——旋转半径,m。

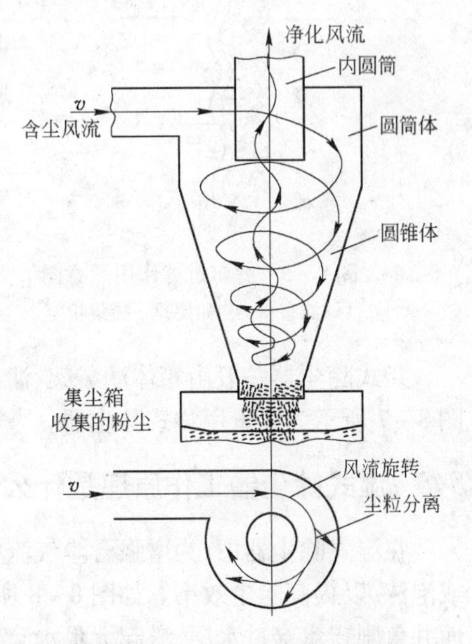

图8-4　旋风除尘器示意图

旋风除尘器始用于1885年,已发展成多种形式。其特点是造价低、结构简单,无运动部件;压力损失392.266~1470.998Pa;适用于含5μm以上尘粒比例较高的情况,除尘效率约70%~90%。

由若干个单管旋风除尘器组合起来的,称为多管旋风除尘器,简称多管除尘器。串联时,一般是前级用直径大的,后级用直径小的;并联时,有立式、卧式和倾斜式多种结构。以陶瓷为原料、多管立式并联的陶瓷多管除尘器,在锅炉及矿山破碎除尘上已得到推广。

344. 袋式除尘器工作原理是什么?

袋式除尘器是一种使含尘气流通过由致密纤维滤料做成的滤袋,将粉尘分离捕集的除尘装置。其捕尘机理如图8-5所示。初始滤料是清洁的,含尘气流通过时,主要靠粉尘与滤料纤维间的惯性碰撞、拦截、扩散及静电吸引等作用,将粉尘阻留在滤料上。机织滤料主要是将粉尘阻留于表面,非机织滤料除表面外还能深入内部,但都是在滤料表面形成一初始粉尘层。初始粉尘层比滤料更致密,孔隙曲折细小而且均匀,捕尘效率增高。随着捕集粉尘层的增厚,效率虽仍有增加,但阻力随之增大。阻力过高,将减少处理风量且可使粉尘穿透滤布时降低效率(图8-6)。所以,当阻力达到一定程度(1000~2000Pa)时,要进行清灰。

清灰要在不破坏初始粉尘层情况下，清落捕集粉尘层。清灰方式有机械振动、逆气流反吹、压气脉冲喷吹等。常用滤料有涤纶绒布、针刺毡等。为增加过滤面积多将滤料作成圆筒(扁)袋形，多条并列。过滤风速一般为 0.5 ~ 2m/min，阻力控制在 1000 ~ 2000Pa 之内。适用于非纤维性、非黏结性粉尘。

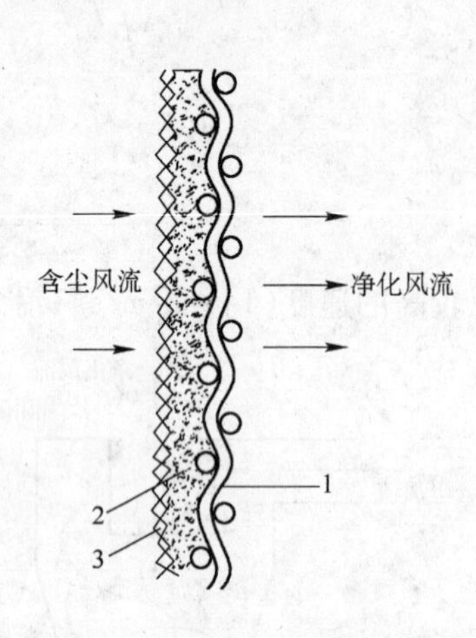

图 8－5 滤布过滤作用示意图

1—滤布；2—初始层；3—捕集粉尘

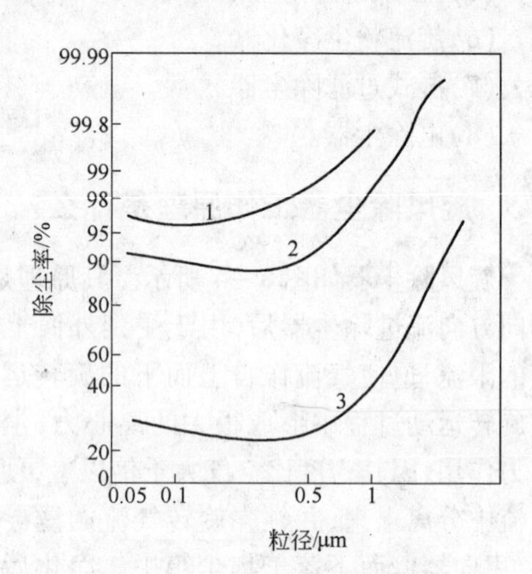

图 8－6 滤布的分级效率曲线

1—积尘后；2—振打后；3—新滤布

袋式除尘器一般由箱体滤袋架、滤袋、清灰机构、灰斗等组成，用风机或引射器作动力。图 8－7 所示为凿岩用袋式除尘器。

345. 湿式除尘器工作原理是什么？

在湿式除尘器中，为增强含尘气流中粉尘与水的碰撞接触几率，要使水形成水滴、水膜或泡沫，以提高除尘效率。如图 8－8 所示为水浴除尘器，含尘气流经喷头高速喷出，冲击水面并急剧转弯穿过水层，激起大量水滴分散于筒内，粉尘被湿润后沉于筒底，风流经挡水板除雾后排出。除尘效率与喷射速度(一般取 8 ~ 12m/s)、喷头淹没深度(一般取 20 ~ 30mm)等因素有关，一般为 80% ~90%，阻力为 500 ~ 1000Pa。

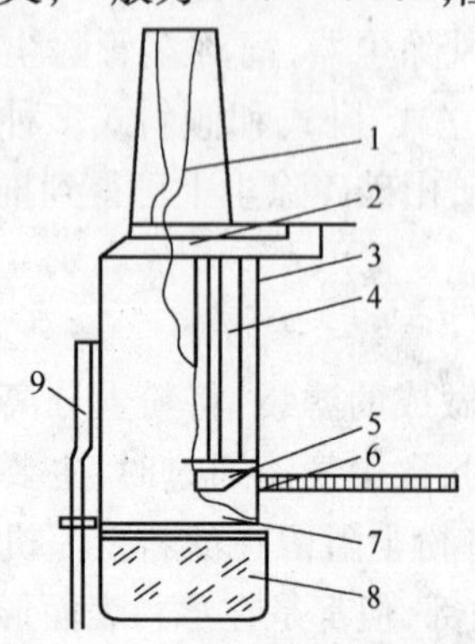

图 8－7 凿岩用袋式除尘器

1—引射孔；2—压气阀；3—振动器；4—布袋；5—锥体；6—尘气入口；7—箱体；8—贮尘器；9—支架

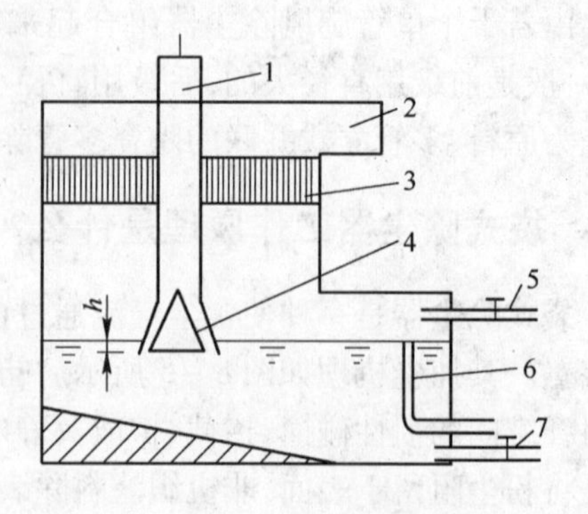

图 8－8 水浴除尘器

1—通风管；2—排风管；3—挡水板；4—喷头；5—供水管；6—溢流管；7—污水管

湿式旋流除尘风机由湿润凝集筒、扇风机、脱水器及后导流器四部分组成。含尘气流进入除尘风机即与迎风的喷雾相遇，然后通过已形成水膜的冲突网。粉尘被湿润并凝聚，进入扇风机。扇风机起通风动力和旋流源作用。为增强对粉尘的湿润，在第一级叶轮的轴头上装发雾盘，与叶轮一起旋转，将水分散成微细水滴。含尘风流高速通过风机并产生旋转运动进入脱水器。被水滴捕获的粉尘及水滴，受离心力作用被抛向脱水器筒壁并被集水环阻挡而流到贮水槽中，风流经后导流器流出，风机的电机要加防水密封。冲突网一般由2~5层16~60目的金属网或尼龙网组成，网孔小、效率高，易被粉尘堵塞，金属网易腐蚀。除尘效率为85%~95%，阻力为2000~2500Pa，耗水量约15L/min。

346. 旋流粉尘净化器工作原理是什么？

旋流粉尘净化器是一种利用喷雾的湿润凝集和旋流的离心分离作用的除尘器(图8-9)。它的结构为圆筒形，可直接安装在掘进通风风筒的任一位置。为此，其进风口、排风口的断面应与所选用的风筒断面相配合。在除尘器进风断面变化处安设圆形喷雾供水环，其上间隔120°处装3个喷嘴。在筒体内固定支架上装带轴承叶轮，叶轮上安装6个扭曲叶片，叶片扭曲10°~12°，并使叶片扭曲斜面与喷嘴射流的轴线正交。在排风侧设迎风45°角的流线型百叶板，筒体下设集水箱和排水管。

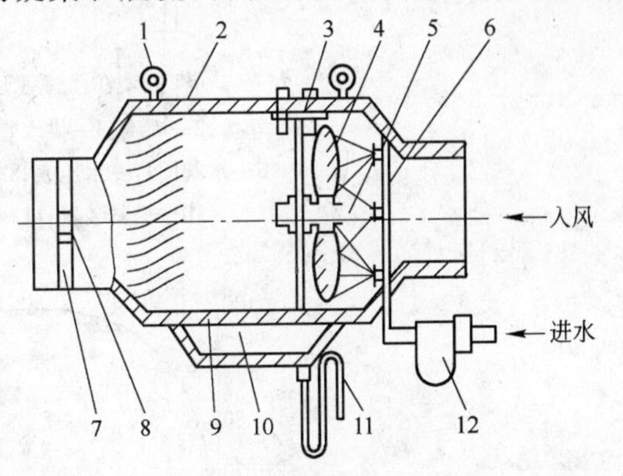

图8-9　旋流粉尘净化器

1—吊挂环；2—流线型百叶板；3—支撑架；4—带轴承叶轮；5—喷嘴；6—给水环；7—风筒卡紧板；8—螺栓；9—回收尘泥孔板；10—集水箱；11—排水U形管；12—滤清器

除尘器工作时，由矿井供水管供水，经滤水器和供水环上的喷嘴喷雾，含尘风流进入除尘器因断面变大而风速降低，大颗粒矿尘沉降，大部分矿尘与水滴相碰撞而被湿润。在喷雾与风流的共同作用下，叶片旋转，使风流产生旋转运动，被湿润的矿尘和水滴被抛向器壁，流入集水箱，经排水管排出。未能被分离捕获的矿尘和水滴，又被百叶板所阻挡，再一次被捕集而流入集水箱。迎风百叶板的前后设清洗喷嘴，可定期清洗积尘。除尘效率为80%~90%，阻力约为200Pa，耗水量约为15L/min。

347. 湿式过滤除尘器工作原理是什么？

湿式过滤除尘器是利用抗湿性化学纤维层滤料、不锈钢丝网或尼龙网作过滤层并连续不断地向过滤层喷射水雾，在过滤层上形成水珠、水膜以达到除尘作用的除尘装置。由于在滤料中充满水珠和水膜，含尘气流通过时，增加了矿尘与水及纤维的碰撞接触几率，提高了除尘效率。水滴碰撞并附着在纤维上因自重而下降，在滤料内形成下降水流，将捕集的矿尘冲洗带下，流入集水筒中，起到经常清灰的作用，可保持除尘效率和阻力的稳定，并能防止粉尘二次飞扬。湿式纤维层过滤除尘器(图8-10)由箱体、滤料及框架、供水和排水系统等部分组成。利用矿井供水管路供水，设水净化器，以防水中杂物堵塞喷嘴。根据设计喷水量及均匀喷雾的要求确定喷嘴数目及布置。箱体下设集水筒，可直接将污水排到矿井排水沟，排水应设水封,以防漏风。为防止排风带出水滴,箱体内风速应不大于4m/s,同时在排风侧设挡水板。滤料用疏水性化学纤维层,除尘效率在95%以上。其分级除尘效率如图8-11所示,阻力小于1000Pa。

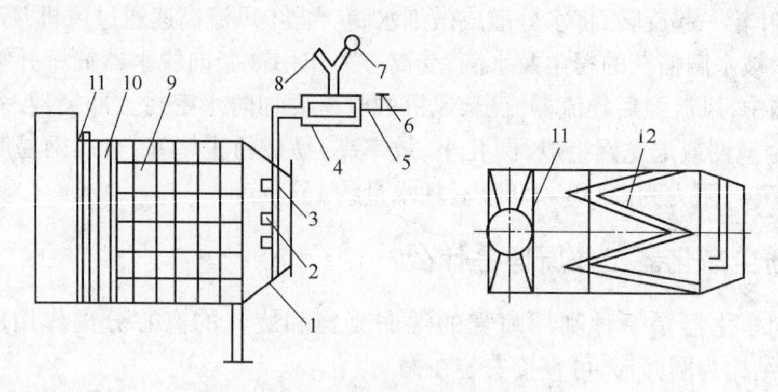

图8-10 湿式纤维层过滤除尘器

1—箱体;2—喷嘴;3—供水管;4—水净化器;5—总供水管;
6—水阀门;7—水压表;8—水电继电器;9—滤料架;
10—松紧装置;11—挡水板;12—集水筒

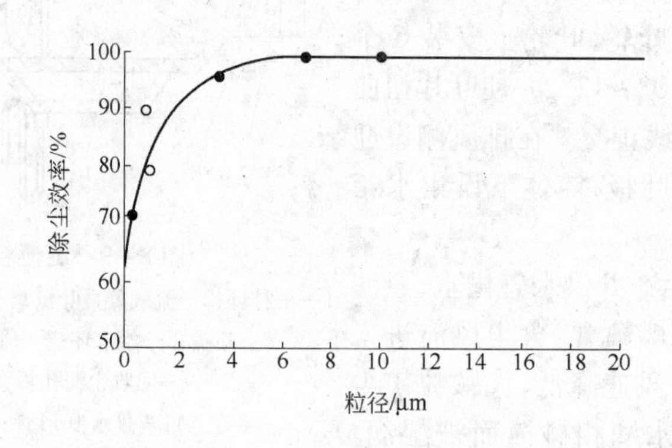

图8-11 分级除尘效率

348. 各类除尘器应满足哪些技术要求?

随着矿山机械化程度的不断提高,与之配套的除尘器集中净化除尘已势在必行。目前,国内外研制的除尘器种类繁多,除尘原理各异,其除尘效果也有差别。所以,各类除尘器只有满足一定的技术要求,才能在矿井内工作地点应用。

根据我国矿山行业标准的规定,各类除尘器应满足的技术要求如下:

(1)除尘器的电气设备应符合GB 3836—2有关规定,其配套电动机应具有在有效期内的防爆检验合格证。

(2)除尘器配套风机必须经国家有关安全产品质量监督检验中心进行摩擦火花性能检验,并取得检验合格证。

(3)除尘器的非金属材料应符合国家有关规定。

(4)通风机一般应置于除尘器后方,如通风机置于除尘器前方时,其入风口应有防护网和喷雾装置。

(5)各类除尘器的技术性能应符合表8-1的规定。

(6)除尘器的处理风量,应符合该产品标准规定的处理风量,其偏差不得大于8%。

(7)除尘器的漏风率不大于5%。

(8)除尘器的工作阻力,应符合产品标准规定的工作阻力,其偏差不得大于110%。

表8-1 除尘器的技术性能

除尘器			净化程度	最小捕集粒径/μm	初含尘浓度/g·m^{-3}	阻力/Pa	除尘效率/%
机械除尘器	重力沉降室		粗净化	50~100	>2	50~100	<50
	惯性除尘器		粗净化	20~50	>2	300~800	50~70
	旋风除尘器	中效	粗、中净化	20~40	>0.5	400~800	60~85
		高效	中净化	5~10	>0.5	1000~1500	80~90
湿式除尘器	水浴除尘器		粗净化	2	<2	200~500	85~95
	立式旋风水膜除尘器		各种净化	2	<2	500~800	85~90
	卧式旋风水膜除尘器		各种净化	2	<2	750~1250	98~99
	泡沫除尘器		各种净化	2	<2	300~800	80~95
	冲击除尘器		各种净化	2	<2	1000~1600	95~98
	文丘里除尘器		细净化	<0.1	<15	5000~20000	90~98
袋式除尘器			细净化	<0.1	<30	800~1500	>99
电除尘器	湿式		细净化	<0.1	<30	125~200	90~98
	干式		细净化	<0.1		125~200	90~98

(9)对于湿式除尘器而言,与除尘作用直接有关的洗涤液流量与进入除尘器内气体流量的比值称为液气比,其指标应符合表8-2的规定。

(10)连续工作的除尘器工作噪声应低于85dB(A),间断工作(每班少于4h)的除尘器工作噪声应低于90dB(A)。

表8-2 湿式除尘器的液气比

除尘器种类	冲击式除尘器	湿式旋流除尘器	湿式除尘器	湿式过滤除尘器	文丘里除尘器
液气比/L·m^{-3}	≤0.1	≤0.2	≤0.3	≤0.4	≤0.5

349. 除尘器的性能指标有哪些?

除尘器的性能指标主要有除尘效率、阻力、处理风量和经济性能。

(1)除尘效率。

1)总除尘效率。总除尘效率是指含尘气流通过除尘器时,所捕集下来的粉尘量占进入除尘器的总粉尘量的百分数,简称除尘效率,在入、排风量相等条件下,除尘效率可按式(8-2)计算。

$$\eta = \frac{m_c}{m_i} \times 100 \tag{8-2}$$

式中 η——除尘效率,%;

m_c——除尘器入口风流中的粉尘质量浓度,mg/m³;

m_i——除尘器排出口风流中的粉尘质量浓度,mg/m³。

在入口、排出口排风量相等的情况下,除尘效率可按式(8-3)计算。

$$\eta = (1 - \frac{\rho_0}{\rho_i}) \times 100 \tag{8-3}$$

式中 ρ_0——除尘器入口风流中的粉尘质量浓度,mg/m³;

ρ_i——除尘器排出口风流中的粉尘质量浓度,mg/m³。

多级串联工作除尘器的总除尘效率按式(8-4)计算。

$$\eta = [1 - (1-\eta_1)(1-\eta_2)\cdots(1-\eta_n)] \times 100 \tag{8-4}$$

式中 η——总除尘效率,%;

$\eta_1, \eta_2, \cdots, \eta_n$——每一级除尘器清除风流中粉尘的能力,除决定于其结构形式外,还与粉尘质量浓度、粒径分布、密度等性质及运行条件等因素有关。

2)分级除尘效率。除尘器的除尘效率与粉尘粒径有直接关系。对某一粒径或粒径区间原粉尘的除尘效率称为分级除尘效率(η_d),用式(8-5)表示。

$$\eta_d = \frac{m_{cd}}{m_{id}} \times 100 \tag{8-5}$$

式中 m_{cd}——进入除尘器的粒径区间为 d 的粉尘量,mg/s;

m_{id}——除尘器所捕集的粒径区间为 d 的粉尘量,mg/s。

实际运行中通过测定除尘器入、排风口的粉尘质量浓度与质量分散度,在入、排风量相等的情况下,用式(8-6)计算分级除尘效率。

$$\eta_d = \left[1 - (1-\eta)\frac{P_{m_{cd}}}{P_{m_{id}}}\right] \times 100 \tag{8-6}$$

式中 $P_{m_{cd}}$——进入除尘器的原粉尘中粒径区间为 d 的质量分数;

$P_{m_{id}}$——除尘器所捕集的原粉尘中粒径区间为 d 的质量分数。

3)分级除尘效率曲线。将各粒径区间的分级除尘效率分别计算出后,画在除尘效率—粒径坐标上,连成平滑曲线即为分级除尘效率曲线,它可形象地表示除尘器对不同粒径尘粒的除尘效率,便于根据粉尘状况选择除尘器和除尘器间进行比较。

4)通过率。通过率(D)是指从除尘器排出风流中仍含有的粉尘量占进入除尘器粉尘量的百分数,它可明显表示出除尘后的净化程度,用式(8-7)计算。

$$D = (1-\eta) \times 100 \tag{8-7}$$

(2)阻力。阻力是指除尘器入口与出口间的压力损失,主要决定于除尘器的结构形式。工程中常用除尘器阻力系数 h 按式(8-8)计算。

$$h = \xi(\frac{1}{2}\rho v^2) \tag{8-8}$$

式中 ξ——除尘器阻力系数,量纲为1,实验值;

ρ——空气密度,kg/m³;

v——与 ξ 相对应的风速,m/s。

(3)处理风量。除尘器的处理风量应满足净化系统风量的要求。各类除尘器及其不同规格、型号，都有最适宜的处理风量范围，作为选用的依据。

(4)经济性能。经济性能包括设备费、辅助设备费、运转费、维修费以及占地面积等。

各类除尘器的技术性能见表8-1。

350. 如何合理选择除尘器?

(1)熟悉除尘器的型号与参数意义。除尘器的型号与参数代表，一般型号中的第一个字母代表除尘原理，但原型中有的代表气流流型和结构；第二个字母代表结构和气流流型(如直流、平流、扩流、左旋、右旋等)；第二或第三字母后划一横线或斜线之后，再写的阿拉伯数字是代表外筒直径尺寸或代表设计或改进顺序的，有的也用A、B、C表示。如：XLG型表示：旋风(X)、立式(L)、多管(G)除尘器；CLT-9.6表示：旋风(以C为原型)、立式(L)、螺旋筒式(T)除尘器，9.6表示外筒直径为960mm。

(2)合理选择除尘器应该考虑如下因素：

1)选用的除尘器必须满足排放标准规定的排放浓度。

2)粉尘的物理性质对除尘器性能具有较大的影响。

3)气体的含尘质量浓度较高时，在静电除尘器或袋式除尘器前应设置低阻力的初净化设备，去除粗大尘粒。

4)气体温度和其他性质也是选择除尘设备时必须考虑的因素：高温、高湿气体不宜采用袋式除尘器；烟气中同时含有SO_2、NO等气态污染物的，可以考虑采用湿式除尘器，但是必须注意腐蚀问题。

5)选择除尘器时，必须同时考虑捕集粉尘的处理问题。

6)其他因素。设备的位置，可利用的空间，环境条件；设备的一次投资(设备、安装和工程等)以及操作和维修费用。

351. 什么是除尘装置，其类型有哪些?

除尘装置(又称为除尘器)是指把气流或空气中含有固体粒子分离并捕集起来的装置，又称集尘器或捕尘器。除尘装置的除尘机理很简单，它与口罩的除尘机理一样，是通过滤材料对烟气中飞灰颗粒的机械拦截来实现的。但除此之外，先收到的飞灰颗粒在滤料表面还形成了一层稳定的稠密的灰层(一般称为滤饼或滤床)，它也起到了很好的过滤作用，特别是用编织布做滤袋的除尘器，这层滤床起到了主要的过滤作用。

按除尘作用机理将除尘器分为四种类型：

(1)机械除尘器。机械除尘技术是指依靠机械力进行除尘的技术，包括重力沉降室、惯性除尘器和旋风除尘器等，其结构简单、成本低，但除尘效率不高，常用作多级除尘系统的前级。

(2)过滤除尘器。过滤除尘器包括袋式除尘器、纤维层除尘器、颗粒层除尘器等，其原理是利用矿尘与过滤材料间的惯性碰撞、拦截、扩散等作用而捕集矿尘。这类除尘器结构比较复杂，除尘效率高，但如果矿尘含湿量大时，滤料容易黏结，影响其性能。

(3)湿式除尘器。湿式除尘技术也称为洗涤式除尘技术，是一种利用水(或其他液体)与含尘气体相互接触，伴随有热量、质量的传递，经过洗涤使尘粒与气体分离的技术。包括水浴除尘器、泡沫除尘器等。这类除尘器主要用水作除尘介质，结构简单，效率较高，但需处理污水，且矿井供排水系统应完善。

(4)电除尘器。它是利用静电作用的原理捕集粉尘的设备,包括干式与湿式静电除尘器。它利用电离分离捕集矿尘,除尘效率高,造价较高,但在有爆炸性气体和过于潮湿的环境严禁采用。

随科技进步,除尘技术的发展,新型除尘器正在出现,如多种复合机理的电布袋除尘器,由声波引起尘粒共振、碰撞、凝聚为机理的声波除尘器等。

352. 袋式除尘器的应用特点是什么?

优点:(1)除尘效率高,一般达99%以上;(2)适应性强,可捕集各类性质粉尘;(3)规格多样,使用灵活,处理风量可由200m³/h以下至数百万立方米/每小时;(4)便于回收物料,无污泥处理、废水污染及腐蚀问题。

缺点:(1)应用上受滤料耐温、耐腐蚀等性能限制;(2)在捕集黏性强、吸湿性强的粉尘或处理露点高的烟气时,易堵袋,需加保温或加热措施;(3)存在占地面积大、滤袋易损及换袋困难等问题。

353. 什么是颗粒层除尘器?

颗粒层除尘器是利用颗粒状物料(如硅石、砾石、焦炭等)作填料层的一种内部过滤式除尘装置。其除尘机理与袋式除尘器类似,主要靠惯性碰撞、截留及扩散作用等。带梳耙的旋风式颗粒层除尘器如图8-12所示。

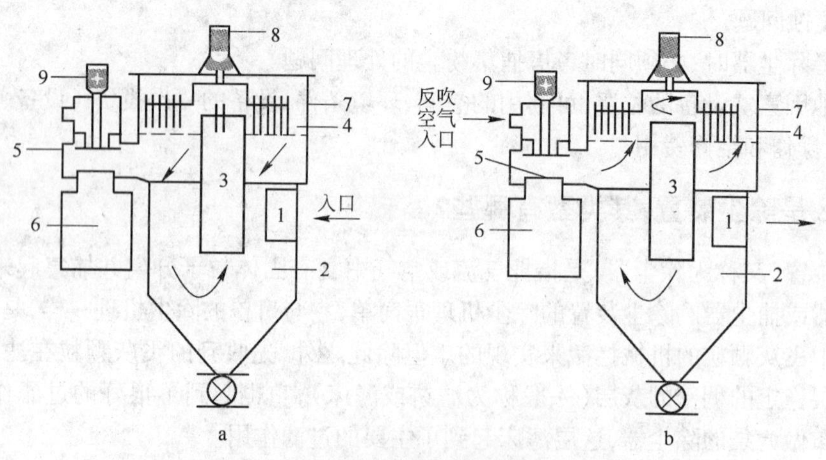

图8-12 带梳耙的旋风式颗粒层除尘器

a—正常过滤状态;b—清灰状态

1—含尘气体入口;2—旋风筒;3—中心管;4—颗粒填料床;5—切换阀;6—净气出口;7—梳耙;8—驱动电动机;9—油缸

354. 冲击式除尘器的原理和特点是什么?

冲击式除尘器的原理是含尘气体进入除尘器后,向下冲击水面,部分粗尘直接入水,未入水的细尘随气流进入两叶片间的S形收缩通道,在这里气流速度增大。当高速气流冲击水面时,每1m³气体可激起1.4~3.4kg的水运动,形成大量水花、泡沫,造成气水两相充分接触条件;由于气流在S形通道突然转向,形成离心力,将尘粒甩向外壁,与水冲击混合,使微细尘被有效地捕获。净化后的气体经脱水装置脱除水滴排出。

在应用上的优点是:(1)适于风量波动较大的场合;(2)有较高的净化效率,可达97%;(3)净化效率随入口含尘质量浓度的增大而提高,如入口含尘质量浓度从5g/m^{3}增至100g/m^3,出口含尘质量浓度仍保持在150mg/m^{3}以下。

缺点是:(1)阻力高,约在1000~1600Pa(100~160mmH_2O)之间;(2)水位表易损坏,水位调整不便等。

355. 电除尘器的原理和特点是什么?

电除尘器是1906年由美国的F·G·科特雷尔首先研制成功的,故也称科特雷尔静电除尘器。其原理是含尘气体进入强电场后,在强电场作用下气体发生电离,气体中的粉尘也带有电荷,并在电场作用下,与气体分离,粉尘聚集于收尘板并在振打等作用下脱落降入下部的灰斗内,达到净化气流的目的。

优点:

(1)除尘效率高,对于小于1μm的微细尘仍有较高的效率。

(2)耐温性强,一般可在350~400℃以下工作。

(3)阻力低,一般设备阻力不超过200~300Pa。

(4)运行费用低,一般处理1000m^3/h烟气量耗电0.18~3.6MJ(0.05~1kW·h)。

(5)处理烟气量大,单台处理量可达1.5×10^6m^3/h以上。

(6)控制操作自动化程度高。

缺点:

(1)一次投资大,用钢量大。

(2)安装精度要求高,技术难度大。

(3)占地面积大。

(4)对粉尘电阻率有一定要求,最适范围是$1\times10^4\sim5\times10^{10}\Omega\cdot cm$。

356. 什么是湿式除尘器,有何特点?

湿式除尘是利用洗涤液来捕集粉尘,利用粉尘与液滴的碰撞及其他作用来使气体净化的方法。工程上使用的湿式除尘器形式很多,大体分为低能、高能两类。低能压力损失$\Delta p=0.2\sim1.5$kPa,包括喷雾塔、旋风洗涤器等。一般耗水量(L/G比)0.5~3.0L/m^3,对10μm以上的除尘效率η可达90%~95%,常用于焚烧炉、化肥制造、石灰窑的除尘;高能湿式除尘器$\Delta p=2.5\sim9.0$kPa,除尘效率η可达95%以上,如文丘里洗涤器。

湿式除尘的特点:

(1)优点:

1)不仅可以除去粉尘,还可净化气体。

2)效率较高,可去除的粉尘粒径较小。

3)体积小,占地面积小。

4)能处理高温、高湿的气流。

(2)缺点:

1)有泥渣。

2)需防冻设备(冬天)。

3)易腐蚀设备。

4)动力消耗大。

357. 什么是文丘里除尘器,有何特点?

文丘里除尘器是一种由文丘里管和液滴分离器组成,可除去1μm以下的尘粒的除尘器。当含尘气体高速通过喉管时使喷嘴喷出的液滴进一步雾化,与尘粒不断撞击,进而冲破尘粒周围的气膜,使细小粒子凝聚成粒径较大的含尘液滴,进入分离器后被分离捕集,含尘气体得到净化,也称为文丘里洗涤器。文丘里除尘器由收缩管、喉管、扩散管组成,如图8-13所示。

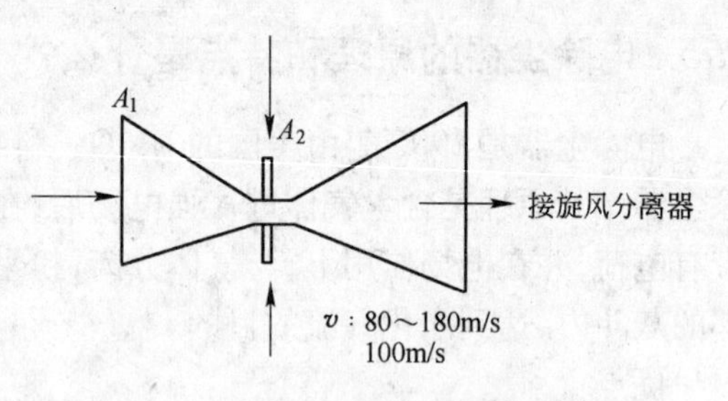

图8-13 文丘里除尘器示意图

A_1—进口截面面积;A_2—喉管截面面积

文丘里除尘器特点:体积小、构造简单,效率增大,压力损失大。

358. 除尘系统由哪几部分组成,其功能是什么?

除尘系统应由直接安装于产尘部位的密闭罩、抽风罩及与之相连的抽风管道、风机、除尘设备(有的设于风机前)、排尘管道(包括烟囱)以及排尘设备和维护检修设施等组成。

其功能是将散发出来的粉尘,通过密闭罩或抽风罩、抽风管道送入除尘器内净化,净化后的气流经排尘管道或烟囱排至大气。整个过程中的气体流动是由通风机造成的,所以又称机械除尘系统。

359. 如何计算除尘系统的抽尘风量?

除尘系统的抽尘风量包括吸尘罩风量和密闭罩风量,其计算方法如下:

(1) 吸尘罩风量。为保证吸尘罩吸捕矿尘的作用,按式(8-9)计算吸尘罩的风量 q_v(m^3/s)。

$$q_v = (10x^2 + A)v \tag{8-9}$$

式中 x——尘源距罩口的距离,m;

A——吸尘罩口断面积,m^2;

v——要求的矿尘吸捕风速,m/s,矿山风速一般取1~2.5m/s。

(2) 密闭罩风量。如矿岩有落差,产尘量大,矿尘可逸出时,需采取抽出风量的方法,在罩内形成一定的负压,使经缝隙向内造成一定的风速,以防止矿尘外逸。风量主要考虑如下两种情况:

1)罩内形成负压所需风量 q_{v_1},可按式(8-10)计算:

$$q_{v_1} = (\sum A)v' \tag{8-10}$$

式中 $\sum A$——密闭罩缝隙与孔口面积总和,m^2;

v'——要求通过孔隙的气流速度,m/s,矿山风速可取1~2m/s。

2)矿岩下落形成的诱导风量 q_{v_2},某些产尘设备,如运输机转载点、破碎机供料溜槽、溜矿井等,矿岩从一定高度下落时,产生诱导气流,使空气量增加且有冲击气浪,所以,在风量 q_{v_1} 基础上,还要加上诱导风量 q_{v_2}。

诱导风量 q_{v_2} 与矿岩量、块度、下落高度、溜槽断面积和倾斜角度以及上下密闭程度等因素有关,目前多采用经验数值。各设计手册给出了典型设备的参考数,表 8-3 是皮带运输机转载点抽风量参考数值。

表 8-3　皮带运输机转载点抽风量参考数值

溜槽角度/(°)	高差/m	物料末速/m·s^{-1}	皮带宽度下的抽风量/m^3·s^{-1}					
			500			1000		
			q_{v_1}	q_{v_2}	$q_{v_1}+q_{v_2}$	q_{v_1}	q_{v_2}	$q_{v_1}+q_{v_2}$
45	1.0	2.1	50	750	800	200	1100	1300
	2.0	2.9	100	1000	1100	400	1500	1900
	3.0	3.6	150	1300	1450	600	1800	2400
	4.0	4.2	200	1500	1700	800	2100	2900
	5.0	4.7	250	1700	1950	1000	2400	3400
60	1.0	3.3	150	1200	1350	500	1700	2200
	2.0	4.6	250	1600	1850	950	2300	3250
	3.0	5.6	350	2000	2350	1400	2800	4200
	4.0	6.5	500	2300	2800	1900	2300	5200
	5.0	7.3	600	2600	3200	2400	3700	6100

360. 什么是抑尘剂,其功能有哪些?

(1)抑尘剂是由新型多功能高分子聚合物组合而成,聚合物中的交联度分子形成网状结构,分子间具有各种离子集团,由于电荷密度大,与离子之间产生较强的亲和力,能迅速捕捉并将微粒粉尘牢牢吸附,具有很强的抑尘、防尘的作用。

抑尘剂药剂由基料和助剂构成。基料的作用以吸湿性为主。助剂主要是弥补基料的不足,增强抑尘性能,它由三类物质组成:

1)凝并剂。凝并剂一般为高分子物质,它具有较长的分子链,通过“搭桥”的方式把多个粉尘质点连接在一起,以增加粉尘粒径,减少粉尘分散度,使粉尘不易扬起。

2)保湿剂。保湿剂是为了在含湿粉尘外表覆盖一层薄膜,以阻挡和减缓水分子逃逸到空气中,保证粉尘具有一定的含水量。

3)渗透剂。渗透剂能够降低固-液界面的表面张力,使粉尘易于被抑尘剂乳液润湿。

(2)抑尘剂具有四种功能:吸湿作用、凝并作用、保湿作用和渗透作用。

361. 如何正确使用抑尘剂,应注意哪些事项?

(1)使用方法。首先要进行稀释,稀释时要边加水边进行充分搅拌,搅拌速度控制在 50~100r/min,搅拌时间 10~20min 最好。然后将稀释后的水溶液采用喷洒设备均匀地将其喷洒在物料表面即可。

当环境温度达到 15℃以上时,物料表面喷附的抑尘剂会团聚粉尘颗粒成为大基团,经过 36h 的渗漏和水分蒸发,表层形成硬壳保护。一旦出现表层损伤或成壳低,再加大浓度喷洒一遍,连续喷 2~3 遍效果最佳。

(2)注意事项。

1)不能用强酸或强碱的水稀释,要用干净、未污染的水。

2)当降雨形成明显径流后,等待地面干燥后需要重新喷洒。

3)稀释浓度、喷洒效果依气候环境和喷附面情况会有所不同,应因地制宜。

4)稀释时要边撒边搅拌,如倾囊倒入水中,会成团,影响使用。

5)随兑随用,不能长时间留存于喷洒容器内。

6)由于产品的黏性会少量附着在容器内壁,作业后需对喷洒容器进行彻底清洗。

7)在拆除建筑物时,高压喷射扬程应超过作业高度,由上向下捕捉和下压扬尘。

8)由于粉尘堆料物的表层渗水能力较弱,遇水后易出现"滚珠"或径流现象。在对其进行抑尘处理时,应先采用雾化效果好的设备喷洒浸湿表层,之后再略微加大浓度喷洒为宜。

9)冬季作业或作业环境温度低于5℃时,应使用不低于20℃的温水勾兑,以便于溶解。

10)长期紫外线照射会加速表层材料分解,在光照强的区域应在2~3个月内重复喷附一次。

362. 洒用水中添加湿润剂的作用是什么?

(1)常规性的喷洒水,对5μm以下的粉尘,其捕捉率不超过30%,对2μm以下的则更低。

(2)研究证明,即使是相同粒级,较大粒径的尘粒,也会因其理化性质不同,导致有些粉尘吸湿性不良,从而造成常规性喷洒水措施的效果不良。

向喷洒用水中添加湿润剂,就是针对以上两层含义的问题起到改善吸湿性,提高捕捉率作用的。

363. 湿润剂使用浓度是怎样确定的?

一般来讲,低于湿润剂临界浓度时,水的表面张力降低幅度随湿润剂浓度呈急剧下降趋势,但超过此界限后则趋于稳定,这是因为液面疏水基因趋于饱和,图8-14所示为水表面张力与湿润剂浓度的关系。因此,在选择湿润剂时,先要观测、比较不同湿润剂降低防尘用水表面张力的情况,然后再通过实验确定临界浓度,并据此确定最佳使用浓度。国内外在20世纪80年代前研制的湿润剂,使用浓度大多为0.1%如SR-1、SR-2等。近年,俄罗斯研制的分别含有环亚胺、聚乙二醇、脂肪酸二羟乙基胺氯化醇的湿润剂,使用浓度在0.001%~0.01%时,仍具有很高的湿润效率。

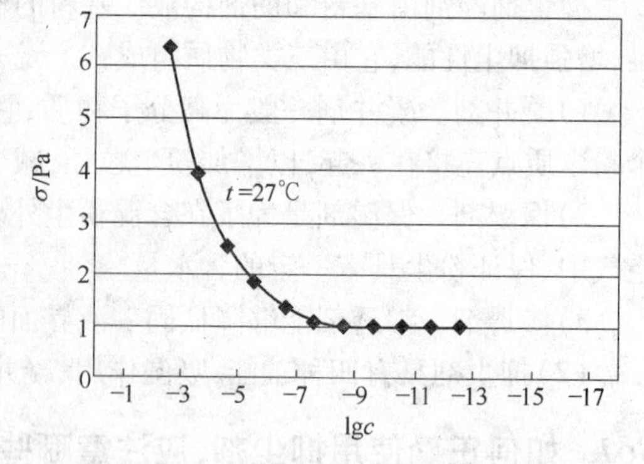

图8-14 水表面张力与湿润剂浓度关系

364. 什么是荷电水雾喷洒技术、覆盖剂固体膜技术?

(1)荷电水雾喷洒技术。用人为的方法使水雾带上与尘粒电荷符号相反的电荷,使雾滴与尘粒间增加静电吸引力,从而大幅度地提高了水雾降尘效率。水雾的荷电方法有电晕场荷电法、感应荷电法、喷射荷电法。如由鞍矿研究所研制用于甘井子石灰石矿破碎车间的荷电水雾装置。

(2)覆盖剂固体膜技术。针对料堆、尾矿库产尘,采用覆盖剂喷洒,使粉尘体表面形成一种类似硬壳的固体膜,以防止扬尘。如由鞍钢安研所研制的覆盖剂有AG1、AG4、AG5等多种。

365. 除尘设备状况与粉尘合格率的关系是什么?

除尘设备的完好率高,其粉尘合格率也越高。通过对分布于29台粗破机、49台中破机、101台细破机、151台筛分机及530条皮带运输机产尘部位的468台除尘器调查,结果说明:设备完好率平均为74%,其相应的粉尘合格率也仅为66.8%;其中完好率仅为55%的一个选矿厂,其粉尘合格率仅为27%。而我国大中型选矿厂,如大石河、齐大山、大冶、水厂等选矿厂,由于其除尘设备完好率,开动率均达91%~98%,其粉尘合格率也都达到82%~92%。

366. 通风管道的敷设应符合哪些要求?

为防止粉尘沉积堵塞通风管道和使管道阻力尽量减小,敷设时应符合如下要求:

(1)管道应垂直或倾斜敷设,倾斜管与水平的夹角不小于粉尘的堆积角。

(2)尽可能减少管道的转弯,弯管的曲率半径尽可能大些,但不能小于管道直径。

(3)分支管与水平或倾斜管连接时,应从上面或侧面接入,三通管的夹角一般不小于30°,最大不超过45°。

(4)管道一般应明设,尽量避免暗设。必须地下敷设时,应设专门地沟,并设有清扫、排水及防腐等设施。

(5)除尘系统排气管道的排出口,一般应高出屋脊1.0~1.5m,并需加固处理。

第九章 个体防护

367. 为什么要佩戴防尘口罩，对防尘口罩有哪些要求？

在采取了通风防尘措施后，矿尘质量浓度虽可达到卫生标准，但仍有少量微细矿尘悬浮于空气，尤其还有个别地点不能达到卫生标准，所以，要求所有接尘人员必须佩戴防尘口罩。

对防尘口罩的基本要求如下：

(1)呼吸空气量。因劳动强度、劳动环境及身体条件不同，呼吸空气量也不同，可参考表9-1。矿工的劳动比较紧张而繁重，呼吸空气量一般在20～30L/min以上。

表9-1 运动状况与呼吸空气量

运动状况	呼吸空气量/$L\cdot min^{-1}$	运动状况	呼吸空气量/$L\cdot min^{-1}$
静　止	8～9	行　走	17
坐　着	10	快　走	25
站　立	12	跑　步	64

(2)呼吸阻力。一般要求在没有粉尘、流量为30L/min条件下，吸气阻力应不大于50Pa，呼气阻力不大于30Pa。阻力过大将引起呼吸肌疲劳。

(3)阻尘率。矿用防尘口罩应达到Ⅰ级标准，即对粒径小于5μm的粉尘，阻尘率大于99%。

(4)有害空间。口罩面具与人面之间的空腔，应不大于$180cm^3$，否则影响吸入新鲜空气量。

(5)妨碍视野角度。应小于10°，主要是下视野。

(6)气密性。在吸气时，无漏气现象。

国产几种防尘口罩的类型及性能见表9-2。

表9-2 防尘口罩类型及性能

类　型	型　号	阻尘率/%	阻力/Pa		妨碍视野角度/(°)	质量/g	死腔/cm^3
			吸气	呼气			
简易型	武安303型	97.2	13		5	33	195
	湘劳Ⅰ型	95	8.8		5	24	
	湘冶Ⅰ型	97	11.76		4	20	120
	武安6型	98	9.12	8.43	8	42	140

续表 9-2

类型	型号	阻尘率/%	阻力/Pa		妨碍视野角度/(°)	质量/g	死腔/cm^3
			吸气	呼气			
复式	武安 302 型	99	29.4	25.48	5	142	108
	武安 301 型	99	12	29.4	1	126	131
	武安 4 型	99	27.5	12	3	122	130
	上海 803 型	97.4	17.25	27.5	8	128	150
	上海 305 型	98		17.25	7	110	150
送风	AFK 型	99				900	
除尘帽	AFM 型	95				1100	

防尘口罩的适用条件见表 9-3。

表 9-3 防尘口罩的适用条件

口罩类型适应条件	一级防尘口罩		二级防尘口罩	
	阻尘率≥99%		阻尘率≥95%	
粉尘中游离 SiO_2 含量/%	>10	<10	>10	<10
作业场所粉尘浓度/$mg \cdot m^{-3}$	<200	<100	<40	<200
粉尘中游离 SiO_2 含量/%	<10		<10	
作业场所粉尘浓度/$mg \cdot m^{-3}$	<100		<70	

368. 放射性尘埃的现场防护要求是什么？

放射性尘埃的防护一般使用 C 级防护服即可，要求具有颗粒物隔离功能。在放射现场处置过程中，防护服的功用是为现场工作人员接触到放射性废物、放射性尘埃提供阻隔防护作用。因此，放射性尘埃的现场防护要求：

(1) 在设计上除要满足穿着舒适性和严格的颗粒物隔离效率外，特别要达到表面光滑、皱褶少，对防水性、透湿量、抗静电性和阻燃性也有较高的要求。

(2) 根据放射性污染源的种类和存在方式以及浓度大小，对各防护参数提出具体的要求。

(3) 要求此类防护服的帽子、上衣和裤子连体，袖口和裤脚采用弹性收口。

369. 什么是小空间隔离性防护？

在含尘的大空间内，为保护人体健康，在选定的小空间内，如驾驶室、操作台、观察点、休息点等部位，采取措施隔离含尘空气，并配有净化含尘空气或通入清洁空气等设备，作为岗位或巡检人员的"安全岛"，称为小空间隔离性防护。电铲和运矿汽车驾驶室增加密闭性并配净化空调装置，及在破碎、烧结车间尘源岗位设的具有净化、空调功能的防尘隔离室等，均属于小空间隔离性防护。

370. 呼吸保护工具有哪几种？

(1) 自吸过滤式防毒面具。该防毒面具具有空化过滤的滤芯或滤毒罐，当周围空气通过空气净化配件时能够除掉特定空气污染物。

(2)供气式防毒面具。当吸入时在面罩内产生负压，从而将空气吸入面罩之内。

(3)过滤式面罩。过滤式面罩是一种负压颗粒式防毒面具具有面罩组成部分的过滤器，或由过滤介质组成的整个面罩。

(4)头罩。坚硬的呼吸进气罩，保护头部免遭影响和渗入。

(5)防护罩。一种呼吸进气罩，能够彻底盖住头颈，还可能罩住肩膀和躯干部分。

(6)松配布置。一种呼吸进气罩，可与面部形成局部密封。

(7)负压防毒面具。与防毒面具周围的空气压力相比，吸入时面罩内的空气压力是负压。

(8)动力过滤式防毒面具。动力过滤式防毒面具是过滤式防毒面具的一种，使用鼓风迫使周围空气通过空气过滤环节进入进气罩内。

(9)压力式防毒面具。正压供气式防毒面具、吸气时面罩内的正压减少，从而将吸入的空气纳入面罩。

(10)供气式防毒面具(空气管线防毒面具)。一种供气式防毒面具，吸入的空气源不是由使用者携带。

371. 如何选用呼吸防毒面具?

呼吸防毒面具是指戴在头上，保护人员呼吸器官、眼睛和面部，免受毒剂、细菌武器和放射性灰尘等有毒物质伤害的个人防护器材。呼吸防毒面具主要有过滤式防毒面具和隔绝式防毒面具两种，其选用参考表9－4。

表9－4 呼吸防毒面具选用表

<table>
<tr><th colspan="4">品　种</th><th>使用范围</th></tr>
<tr><td rowspan="6">过滤式</td><td rowspan="3">全面罩式</td><td colspan="2">头罩式面具</td><td rowspan="6">毒性气体的体积浓度低，一般不高于1%，具体选择按GB 2890—1995进行</td></tr>
<tr><td rowspan="2">面罩式面具</td><td>导管式</td></tr>
<tr><td>直接式</td></tr>
<tr><td rowspan="3">半面罩式</td><td colspan="2">双罐式防毒口罩</td></tr>
<tr><td colspan="2">单罐式防毒口罩</td></tr>
<tr><td colspan="2">简易式防毒口罩</td></tr>
<tr><td rowspan="7">隔绝式</td><td rowspan="4">自给式</td><td rowspan="2">供氧(气)式</td><td>氧气呼吸器</td><td rowspan="3">毒性气体浓度高，毒性不明或缺氧的可移动性作业</td></tr>
<tr><td>空气呼吸器</td></tr>
<tr><td rowspan="2">生氧式</td><td>生氧面具</td></tr>
<tr><td>自救器</td><td>上述情况短暂时间事故自救用</td></tr>
<tr><td rowspan="3">隔离式</td><td rowspan="2">送风长管式</td><td>电动式</td><td rowspan="2">毒性气体浓度高、缺氧的固定作业</td></tr>
<tr><td>人工式</td></tr>
<tr><td colspan="2">自吸长管式</td><td>毒性气体浓度高、缺氧的固定作业，导管限长小于10m，管内径大于18mm</td></tr>
</table>

372. 个体性呼吸护具如何分类?

个体性呼吸护具是当空气中的粉尘无法净化或不需再净化时，为保护人体健康而采取的一种个体性保护措施。

个体性呼吸护具分为过滤性呼吸器、通风式呼吸器两大类。

(1)过滤性呼吸器。

1)简易口罩。

①第一代产品:八层纱布口罩。因阻尘率低,鼻翼漏尘严重,已淘汰。

②第二代产品:羊毛毡、氯纶绒布、丙纶无纺布等滤料制作的内腔口罩,鼻翼漏尘。

③第三代产品:复合无纺布,定型衬压合,铝片夹鼻,无漏尘。国外多用,国内开始使用。

2)复式防尘口罩。有滤料盒、呼吸阀门、呼吸分开、有排冷凝水功能、阻尘率高。国内多用。

(2)通风式呼吸器。

1)软管呼吸器。

①自吸呼吸器:由送风口—管道—吸气口(口罩式面罩)组成。

②送风呼吸器:由送风机—管道—吸气口(口罩式面罩)组成。

③自携呼吸器分为电动送风口罩、电动送风面罩、电动送风头盔、电动送风头罩。

2)压风呼吸器。

①恒量压风呼吸器:设定量调流装置。

②可调压风呼吸器:由可调装置调整流量、肺力阀调整吸入量。

③复合压风呼吸器:压气压入压力瓶,设压力表、减压阀、肺力阀。

373. 我国矿山救护队呼吸器经历了哪几个阶段?

自1949年我国组建矿山救护队以来,呼吸器更新换代大致经历了三个历史阶段:

第一阶段:从20世纪50年代至今,AHG-4型氧气呼吸器在处理煤矿各种事故过程中发挥了重要作用,但救护队所发生的多起自身伤亡事故,也确实与这种传统的老式负压呼吸器有关。

第二阶段:自1987年以来,抚顺和重庆安全仪器厂分别研制成功了AHY-6型和AHG-4A型氧气呼吸器,这两种呼吸器均可与面罩配合使用,避免了由于口具、鼻夹脱落而造成的自身伤亡事故。

第三阶段:1995年我国引进了美国BioPak-238型正压呼吸器。此后,重庆安全仪器厂与德国德尔格公司联合生产了BG4正压呼吸器:抚顺煤矿安全仪器厂开发研制了HYZ4正压呼吸器;抚顺煤矿安全救护装备开发中心研制成功了由AHY-6改装的PB4正压呼吸器。这些引进、研制开发的基本目标都是由正压呼吸器取代传统的负压呼吸器,彻底避免了由于呼吸器的气密问题而导致救护队自身伤亡事故。

374. 什么是氧气呼吸器?

氧气呼吸器又称隔绝式压缩氧呼吸器,呼吸系统与外界隔绝,仪器与人体呼吸系统形成内部循环,由高压气瓶提供氧气,有气囊存储呼吸时的气体,20世纪50年代从前苏联引进,是生产了数十年、量大面广的呼吸防护产品,性能稳定可靠,广泛适用于石油、化工、冶金、煤炭、矿山、实验室等行业(部门),供经过专门训练的人在有毒、有害气体环境中(普通大气压)进行抢险、事故处理、救护或作业时佩戴使用。

375. AZL-40型过滤式自救器适用于哪些场所,其工作原理是什么?

过滤式自救器是一种小型的供入井人员随身携带的防止CO中毒的呼吸器具。它适用于煤矿井下发生瓦斯、煤尘爆炸或火灾时,周围空气中氧气体积浓度大于18%、CO体积浓度不超过1.5%的条件。当环境温度为25℃,相对湿度为95%以上,呼吸量为30L/min时,使用时间为40min。

其工作原理:过滤药罐装有触媒剂,在常温下将空气中CO过滤,并转变为无毒的CO_2,使佩戴者不受毒害。

376. AZL-40型过滤式自救器由哪些部分组成?

从图9-1可知,AZL-40型过滤式自救器由鼻夹1、鼻夹弹簧2、提醒片3、鼻夹绳4、头带5、呼吸阀6、牙垫7、口具8、降温器9、下颌托垫10、吸气阀11、触媒12、滤尘沙袋13、干燥剂14、滤尘层15和底盖16组成。

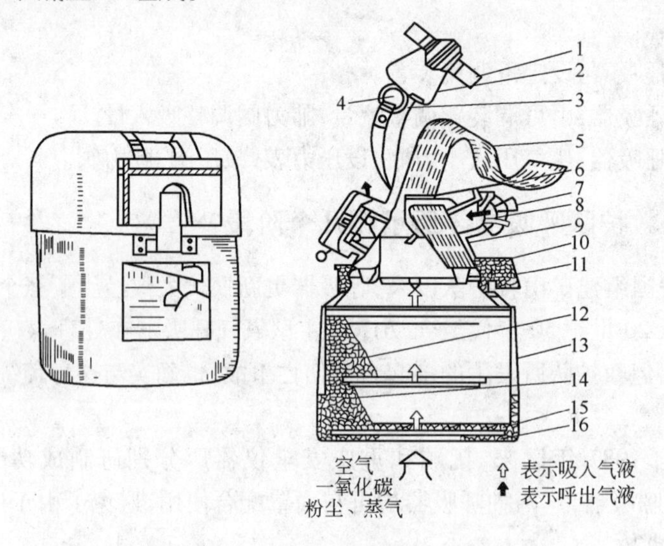

图9-1 AZL-40型过滤式自救器

377. AZL-40型过滤式自救器佩戴方法和顺序是什么,使用时应注意哪些事项?

(1)AZL-40型过滤式自救器佩戴方法和顺序如下:

1)从腰带上取下自救器,用右手大拇指扳起开启扳手,撑开锁封带。

2)右手推移开启扳手,拉开封口带。

3)拉开上部外壳扔掉。

4)从下部外壳拉出过滤器,将下部外壳扔掉。

5)将口具咬口用牙咬住,把橡胶片含在牙唇之间。

6)将鼻夹夹在鼻子上,把鼻孔夹住。

7)摘下安全帽,把头带戴好。

8）戴上安全帽，至此自救器佩戴完毕，开始撤离灾区。

（2）使用 AZL－40 型过滤式自救器时应注意如下事项：

1）在井下工作时，当发现火灾或瓦斯爆炸征兆时，必须立即佩戴自救器，不可看见烟雾时才佩戴，因 CO 可扩散在烟雾之前。

2）戴上自救器后，当空气中 CO 体积浓度达到 0.5% 以上时，吸气时会有干热的感觉，这是自救器正在有效地工作，切不可因干热而取下自救器，必须一直佩戴，到达安全地带方可取下自救器。

3）佩戴自救器撤离火区的过程中，为保护呼吸均匀，要求匀速行走，禁止奔跑。

4）如因外壳碰瘪，药罐不能取出，可用手托住下部外壳使用。

378. 化学氧隔离式自救器有哪些用途，使用时应注意哪些事项？

（1）化学氧隔离式自救器是一种用途较广的小型呼吸器具，它的主要用途如下：

1）在井下发生瓦斯、煤尘爆炸、火灾、煤与瓦斯突出时，佩戴后可以自救脱险。

2）可以佩戴它进入距离较近的灾区进行短时间的救护工作。

3）可作为救护队员备用呼吸器。当呼吸器发生故障时，可佩戴它撤离灾区。

（2）使用化学氧隔离式自救器应注意如下事项：

1）生氧反应的结果，使外壳逐渐变热，吸气温度逐渐增高，这表明自救器工作正常，所以不能因口腔干热而取下自救器。

2）走路速度不宜太快，呼吸要均匀，以便和生氧速度相适应，如感到呼吸时阻力增大或吸气不足，可适当放慢脚步，一般步行速度为 6.5km/h。自救器有效作用时间不少于 40min。

3）没到达安全地点之前，绝对禁止取下鼻夹和口具，以免受有害气体毒害。

379. AZG－40 型隔离式自救器由哪些部分组成，其工作原理是什么？

AZG－40 型隔离式自救器由口具鼻夹、降温盒、呼吸软管、生氧药罐、插入管、生氧药剂、气囊、排气阀、硬壁与拉绳、启动装置、散热片、卡片、伸缩接头等组成（图 9－2）。

其工作原理：利用化学药剂生氧与外界空气隔绝的呼吸器。当戴上这种自救器后，呼出气体中的 CO_2 和水汽与罐中的生氧剂发生化学反应，产生大量氧气，这些清净的气体进入气囊，供佩戴者呼吸用。当气囊中充满气体时，借助气囊的张力拉开进气阀，排除多余废气，保证气囊在正常压力下工作。并且减少了 CO_2 和水汽进入生氧罐，从而可以调节氧气发生速度，延长使用时间。

380. AZG－40 型隔离式自救器使用方法是什么？

（1）取下自救器，用食指扣住开启环后，用力把封口带拉开扔掉。

（2）两手紧握自救器上下两端，用力在大腿上把外壳磕开，然后掰开自救器上下外壳。

（3）一只手握住下部外壳，另一只手把上部外壳拉脱，这时启动装置中硫酸瓶打碎，药品发生化学反应放出氧气，气囊鼓起，即可供呼吸。如气囊未鼓起，可先向中吹几口气。

（4）将装有呼吸导管的一面贴身，把背带套在脖子上，再拔出口具塞，用牙咬住口具片，把橡片含在牙唇之间。

(5)轻轻拉开鼻夹弹簧,将鼻夹准确地夹住鼻子,用嘴进行呼吸。

(6)把腰带绑在腰上,防止自救器左右摆动。

(7)将口水降温盒两边的绑带顺面部绕过头结扎于后脑部,使口具不致脱离。

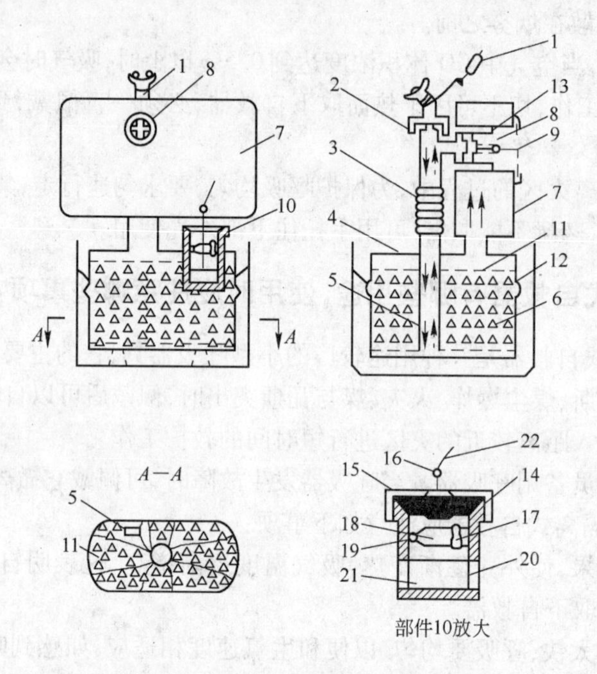

图 9-2 AZG-40 型隔离式自救器结构

1—口具鼻夹;2—降温盒;3—呼吸软管;4—生氧药罐;5—插入管;6—生氧药剂;7—气囊;8—排气阀;9—硬壁与拉绳;10—启动装置;11—散热片;12—卡片;13—伸缩接头;14—启动装置盖帽;15—软橡胶垫;16—销子针;17—葫芦形酸瓶;18—扭力弹簧;19—击锤;20—带孔的筒体;21—启动药块;22—拉绳

381. 压缩氧自救器主要技术参数有哪些?

压缩氧自救器主要技术参数见表 9-5。

表 9-5 压缩氧自救器主要技术参数

技术特征	AYG-45 型	AYG-60 型	AZY-30 型	AZY-60 型
防护时间(中等劳动强度)/min	45	60	30	60
氧气瓶容积/L	0.4		0.26	
压力/Pa	20	20	20	20
定量供氧量/L·min^{-1}	1.2±0.1	1.5±0.1	1.4±0.2	
自动补给量/L·min^{-1}	>90	>90		
自动补给压力/Pa	-400~-100	-400-200		
自动排气压力/Pa	100~400	200~400	200~400	
总质量/kg	≤3.5	5	≤3	4.5
外形尺寸/mm×mm×mm	233×105×270	277×212×130	230×180×100	277×212×130
储气量/L		>140		

续表 9－5

技术特征	AYG－45 型	AYG－60 型	AZY－30 型	AZY－60 型
吸气温度/℃			≤45	
手动补给量/L·min^{-1}			＞60	
CO_2 吸收剂用量/g			≥330	
通气阻力/Pa			≥200	

382. AYG－45 型压缩氧自救器由哪些部分组成，其使用方法如何？

(1) AYG－45 型压缩氧自救器的结构如图 9－3 所示。

1) 氧气瓶：贮存高压氧气用。

2) 减压阀：将高压氧气减压至 0.6～0.7MPa，以流量大于 90L/min 供气。

3) 排气阀：当气囊中气压升至 100～400Pa，排气阀自动开启，将多余气体排出。

4) 口具及呼吸软管：连为一体，其上带有口具塞和鼻夹。

5) 压力计：显示氧气瓶内高压氧气量。

6) 外壳：用高强度塑料制成，内充装 0.5kgCO_2 吸收剂，并密封。

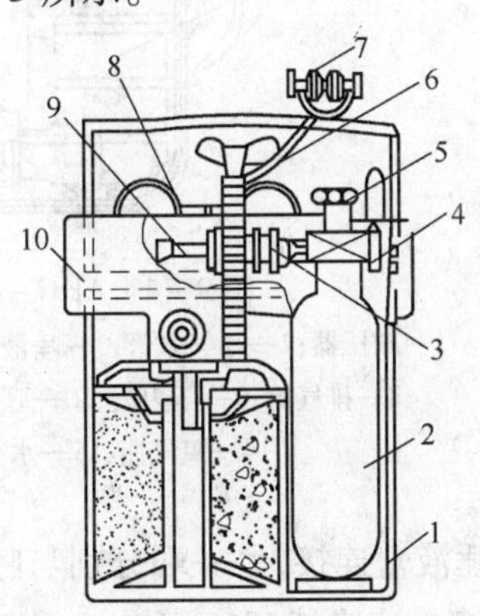

图 9－3　AYG－45 型压缩氧自救器结构

1—外壳；2—氧气瓶；3—减压阀；4—压力计；5—氧气瓶开关；6—口具与呼吸软管；7—鼻夹；8—眼镜；9—自动补给端；10—氧气囊

(2) 其佩戴使用方法如下：

1) 观察压力计。通过外壳上窗口观察压力计（在使用中也应经常观察压力计，便于掌握氧气的消耗量），若指针指在测量上限白色刻度内，说明有足够的氧气，即可打开外壳上的扣鼻。

2) 拉出氧气囊。拉开上盖，拉出氧气囊呼吸软管及鼻夹等。

3) 旋松开关。左手拿住外壳下部，右手旋开氧气瓶开关，同时调整好背带长度，使之适于戴口具（平时应调好）。

4) 咬口具。拔掉口具塞，将口具咬入口中，口具片应放到唇和牙之间，牙齿紧咬住牙垫，闭紧嘴唇使之具有可靠的闭合。

5) 戴鼻夹。夹住鼻子，并用嘴呼吸。

6) 戴眼镜。取出眼镜戴好，不要松动。

383. AHG－4 型氧气呼吸器的主要组成部分有哪些，其工作原理是什么？

AHG－4 型氧气呼吸器的内部结构如图 9－4 所示。图 9－4 中箭头表示使用时氧气的流动方向。其主要组成部分如下：

(1) 氧气瓶。它是贮存氧气的，容积为 2L，工作压力为 20MPa。

(2) 唾液盒及呼吸软管。唾液盒是装唾液用的，盒内装脱脂棉。呼吸软管是两条波形

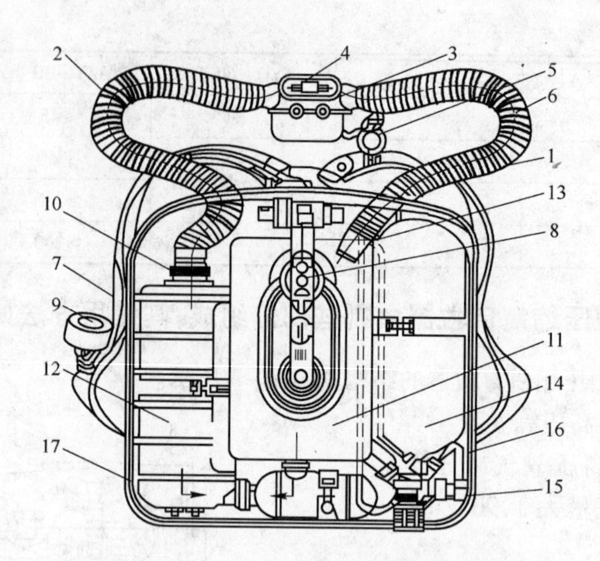

图 9-4 AHG-4 型氧气呼吸器的内部结构

1—减压器;2—呼气软管;3—唾液盒;4—口具;5—鼻夹;6—吸气软管;7—哨子;8—排气阀;9—压力表;10—呼气阀;11—气囊;12—清净罐;13—吸气阀;14—氧气瓶;15—水分吸收器;16—分路器;17—外壳

胶管,一端与唾液盒连接,另一端分别与呼气阀和吸气阀连接。

(3)清净罐。清净罐里面可装 $Ca(OH)_2$ 吸收剂 1.8kg,以便吸收人体呼出气体中的 CO_2。

(4)水分吸收器。水分吸收器用于收集由气囊流出的水分,内装脱脂棉,用过一次后需更换。

(5)减压器。减压器把高压氧气压力降至 0.25~0.3MPa,使氧气通过定量孔不断送到气囊中,在氧气瓶内氧气压力由 20MPa 降至 2MPa 时,供气量始终保持在 1.1~1.3L/min 的范围内。它的另一作用是:当定量孔供氧量不能满足使用时,从减压器膛室通过自动补给阀向气囊送气。

(6)分路器。分路器可将氧气分别送到减压器和压力表,必要时,可使用手动补给器向气囊直接送气。

(7)自动排气阀门。当减压器供给气囊的氧气超过使用人需用量时,可通过这个阀门自动排气。

(8)气囊。气囊用于贮存一定体积的新鲜空气供使用人员呼吸。

(9)压力表。压力表用于指示氧气瓶中的氧气压力。

其工作原理:利用压缩氧气的隔绝再生式呼吸器,工作人员从肺部呼出的气体经口具、唾液盒、呼气软管及呼气阀而进入清净罐,清净罐内装有 CO_2 吸收剂,吸收了呼出气体中的 CO_2,其他残留气体经水分吸收器进入气囊。氧气瓶中贮存的氧气经高压管、减压器也进入气囊,与从清净罐出来的残留气体相混合,组成含氧空气。当工作人员吸气时,含氧空气经吸气阀、吸气软管、口具而被吸入人的肺部,完成整个呼吸循环。在这一循环过程中,由于呼气阀和吸气阀均为单向开启的阀门,因此,整个气流始终沿着一个方向前进。

384. AHG－4 型氧气呼吸器主要技术参数有哪些？

(1)氧气压力在 20MPa 时的氧气瓶氧气储藏 380L 。

(2)定量供氧量：1.1～1.3L/min。

(3)自动排气压力：200～300Pa。

(4)自动补给压力：－150～250Pa。

(5)自动补给流量：不低于 50～60L/min。

(6)手动补给流量：在 20MPa 时，不低于 90L/min。

(7)呼吸器有效使用时间：4h。

(8)呼吸器质量(不包括吸收剂和氧气)：10kg。

(9)呼吸器外形尺寸：415mm×365mm×195mm。

385. AHG－4 型氧气呼吸器有几种供氧方式？

(1)定量供氧。高压氧气通过减压器后压力保持在 0.25～0.3MPa 的范围内，然后经过定量孔以 1.1～1.3L/min 的流量进入气囊，以满足工作人员在普通劳动强度下呼吸。

(2)自动补给。当劳动强度增加时，其消耗的氧气也相应增加，从定量孔进入气囊的氧气将不够使用，这时，减压器的自动补给装置开始工作，让氧气以不低于 60L/min 的流量进入气囊，当气囊充满氧气时，阀门即自动关闭。

(3)手动补给。若在使用过程中气囊内废气积聚过多需要清除或者在减压器失灵时，可使用手动补给装置，用手按几下分路器的按钮，氧气就以不低于 90L/min 的流量进入气囊。

386. AHG－4 型氧气呼吸器检验项目有哪些？

AHG－4 型氧气呼吸器每隔 2～3 天或每次使用后，应用氧气呼吸器检验仪对各部分的作用是否正常进行检查。其检验项目如下：

(1)正压和负压情况下的气密程度。

(2)自动排气阀和自动补给器的启闭情况。

(3)减压器和自动补给器的给气量。

(4)呼吸两阀动作的灵活性及气密程度。

(5)检验清净罐的气密程度与阻力。

除上述检验外，对整台氧气呼吸器还必须作一般性的全面检查，如软管、包布的完整性，眼镜、鼻夹、口具是否符合使用者的面部器官，氧气瓶的开闭及氧气表的动作是否灵活，上盖的锁是否能把上盖紧紧锁上，肩带、腰带及头带的长短是否合适，哨子声音是否响亮等。

387. AHG－4 型氧气呼吸器使用方法是什么？

(1)当氧气呼吸器佩戴好后，首先打开氧气瓶观察压力表指示的压力值。

(2)按手动补给按钮，将气囊内原来积存的气体排出。

(3)将口具咬好，带上鼻夹，然后进行几次深呼吸，检查吸气阀的动作、排气阀的开启、自动补给器的开启、减压器流量、口具及呼吸软管接头是否漏气等，当确认各部件良好，呼吸器工作正常时，方可进入灾区工作。

(4)更换氧气瓶的方法。当工作时间长、瓶内贮气量不足、需要更换氧气瓶时，应按下述操作顺序进行：

1)解开氧气呼吸器腰带，双手将呼吸器从头顶脱下，放在地面上(口具不能脱落)，打开呼吸器盖，将氧气瓶卡子松开。

2)备用氧气瓶准备好，然后按手动补给阀将气囊充满氧气。立即关闭氧气瓶开关，迅速将其卸下。

3)安装氧气瓶前，先打开开关，将瓶口内灰尘吹净，然后迅速装上，再打开开关，按动手动补给按钮，观察压力表所指示的压力值。

4)扣好盖子，背好呼吸器，系好腰带，再开始工作。

388. AHG-4型氧气呼吸器使用后的处理工作中应注意哪些事项？

救护队在返回驻地后，必须及时对使用过的AHG-4型氧气呼吸器进行清洗、检查，使其恢复到战斗准备状态。在处理工作中应该注意如下事项：

(1)对使用过的清净罐要更换吸收剂，但不要清洗清净罐以免加快腐蚀。

(2)氧气瓶要重新充氧。

(3)对气囊、唾液盒、口具、呼吸软管、水分吸收器要进行清洗消毒。

(4)对外壳的泥污、灰尘要清洗干净，并检查有无损坏痕迹，清洗时严防水分浸入减压器内部，造成生锈失灵。

(5)对使用中存在的问题要进行仔细检查和修理，在清洗和修理时，各部件应严防碰撞。

(6)在安装时，要检查各部件接头处垫圈的损坏情况，发现损坏，立即更换。

389. AHY-6型呼吸器工作原理是什么？

AHY-6型呼吸器结构如图9-5所示。

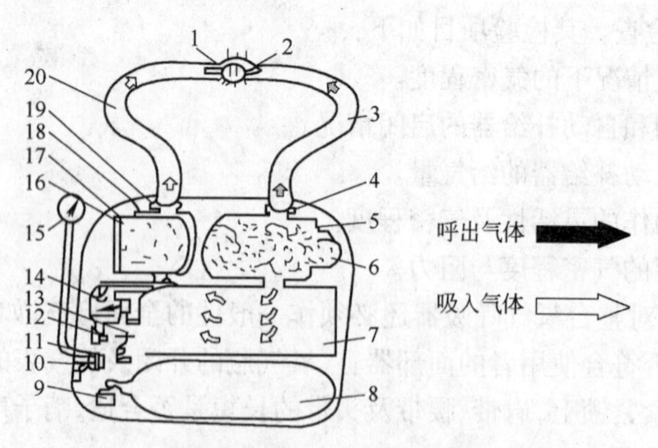

图9-5 AHY-6型氧气呼吸器结构示意图

呼吸器按如下工作方式进行工作：人体呼出的约含4% CO_2 的空气，经颜面部分连接盒1、呼气软管3、呼气阀4、清净罐5进入气囊7，空气在流经装有 $Ca(OH)_2$ 吸收剂的清净罐时，CO_2 被吸收。吸气时，空气从气囊出来，经过冷却器18、吸气阀19、吸气软管20、连接盒1进入人的肺部。呼吸时，借助呼吸阀使空气始终沿着闭合回路向同一方向流动。呼气时，呼气阀4打开。吸气时,吸气阀19打开,呼吸器中气体流动方向如图9-5中箭头所示。

在常温条件下(26℃以下)工作时,冷却器18中不放冷却元件17。冷却器不需要密封盖16,冷却元件保存在保温箱内。由气囊吸入的空气经冷却器和吸气软管时,通过这些部件的壁面向大气中敞热而使吸入空气冷却。

在外界温度高的条件下作业时(高于26℃),冷却器内需放冷却元件,以保证吸入空气更充分地冷却。氧气由氧气瓶8出来,经过开关9、带有压力表开关10的氧气分配器装置、带有安全阀11的减压器13、自动肺14、手动补给阀12进入冷却器18和气囊7。

为了在完成不同劳动强度工作时能自动地保证人体呼吸时所需的氧气量,防止呼吸器系统积存氮气,采取了联合供氧,即1.3~1.5L/min的定量供氧(通过带有安全阀11的减压器13和定量孔供氧)。定量供氧足够完成中等劳动强度的人员呼吸用,而在从事更为繁重的工作时,在吸气末期,通过自动肺向呼吸系统补充氧气。此外,在呼吸器中还有第三条供氧渠道,按手动补给阀按钮12进行供氧,这种供氧方式,在减压器、自动肺失灵或需要用氧气来吹洗呼吸器系统中氮气时使用。

在使用中,当供氧量大于人体需要时,排气阀6的阀门自动开启,将多余的气体排入大气。排唾液泵2供排出连接盒中积存的由口具流下来的唾液、冷凝水和从面具流下来的汗水之用。用手指按半球形胶球可使唾液泵动作。氧气瓶内的氧气压力由压力表15指示,连接压力表与氧气分配器的毛细管若有损坏或密封不好时,可利用压力表开关10使压力表与氧气分配器隔断,以防止氧气外漏。工作时,呼吸器佩戴在人体的背部。呼吸器的循环系统和供氧系统的主要部件均放在固定的外壳内。

390. AHY-6型氧气呼吸器主要技术参数有哪些?

(1)使用时间:在中等劳动强度工作时,防护作用时间不少于4h。

(2)氧气瓶最高压力:20MPa。

(3)氧气储量:当氧气压力为20MPa时,氧气储量不少于380L。

(4)二氧化碳吸收剂$Ca(OH)_2$质量:不少于2kg。

(5)呼吸系统的供氧量:

1)定量供氧量:1.4±0.1L/min。

2)自动肺供氧量:当氧气瓶压力为18~20MPa时,不少于100L/min。

3)手动补给供氧量:当氧气瓶压力为3MPa时,在56~150L/min范围内。

(6)自动肺开启压力:从呼吸系统吸入的氧气流量为10L/min时,在-196±98Pa范围内。

(7)排气阀开启压力:在196±98Pa范围内。

(8)气囊有效容积:不少于4.5L。

(9)质量:不计氧气、$Ca(OH)_2$吸收剂、冷却元件和冷却器盖时,不大于8.5kg;未放冷却元件和冷却器盖时,不大于11kg:装上冷却元件和冷却器盖时,不大于11.8kg。

(10)该呼吸器可配用氧气呼吸面罩。

391. AHY-6型呼吸器有哪些专用工具和器具?

(1)专用扳手,用于拧动氧气瓶开关的螺母和氧气分配器螺母。

(2)具有 M16×1 外螺纹的旋塞,用于旋入气囊的带肩螺帽和寻找呼吸循环系统中漏泄部位。

(3)具有 M18×1 内螺纹的旋塞,供在检查呼吸器时旋到排气阀的接管上。

(4)化学吸收剂压实器,用于向药罐中装化学吸收剂。

(5)保温箱,用于存放冷却元件——人造冰块。

(6)装填清净罐的用具,包括装化学吸收剂用的漏斗和可移动隔板的牵拉机构。

(7)具有 M16×1 丝扣的异径管,用于将氧气分配器接于检验仪器上。

(8)套筒扳手,用于旋动减压阀、手动补给阀和自动肺的螺母。

(9)盖冰模盒胶盖,在冻冰块时使用。

(10)其他标准工具,如专用螺丝刀等。

392. AHY-6 型呼吸器使用事项有哪些?

(1)掌握 AHY-6 型呼吸器佩戴顺序:

1)摘下矿工帽,夹在两腿之间,解开头带戴在头上,把口片放在唇齿之间,咬住牙垫。

2)用右手打开氧气瓶开关到最大限度,再将开关手轮反转半圈,从呼吸器系统吸气若干次,经鼻子排出空气,直到自动肺动作为止。

3)戴上鼻夹、拉紧头带,戴上矿工帽。

4)在处理烟雾弥漫的火灾事故时,要戴防烟眼镜。

(2)在下井或配用呼吸器前,应对呼吸器进行检查,以确定主要部件的工作效能,其检查项目如下:

1)呼吸器的气密性。

2)自动肺的完好性。

3)手动补给阀门的完好性。

4)排气阀的完好性。

5)氧气贮罐。

6)信号哨的完好性。

(3)每次使用 AHY-6 型呼吸器后,都要进行如下呼吸器准备工作:

1)拆卸呼吸器。

2)对呼吸器零部件进行清洗和消毒。

3)向清净罐充填化学吸收剂。

4)向氧气瓶充氧。

5)冻制冷却元件。

6)组装呼吸器。

7)用检查仪检查呼吸器。

393. PB4 正压氧气呼吸器工作原理是什么?

其工作原理:当氧气瓶处于关闭状态时,整个供氧源被关断,此时弹簧的压力作用将承压板下压造成呼吸袋被压扁,自动补给阀(摇杆阀)已被承压板下压的力量打开。当工作人员佩戴呼吸器时,打开氧气瓶开关,呼吸袋内瞬间充氧,弹簧被压缩,在呼吸袋内形成 330Pa

左右的压力，使摇杆阀自动关闭。在打开氧气瓶开关的同时，定量孔以1.4L/min的流量向呼吸袋供氧，当工作人员劳动强度小，耗氧量小于1.4L/min时，呼吸袋承板上移压缩弹簧，当压力达到800Pa时，排气阀开始排气。当工作人员劳动强度大，氧耗量大于1.4L/min时，承压板自动下降，降至330Pa左右的压力时，摇杆阀又自动供氧。因此，保证呼吸压力始终大于大气压力，这就形成了正压呼吸系统。

394. PB4正压氧气呼吸器主要组成是什么，其技术参数有哪些？

（1）PB4正压氧气呼吸器整个工作系统主要由三部分组成，即：低压呼吸循环再生部分、正压自动调节部分和高中压联合供氧部分（图9-6）。

1）低压呼吸循环再生系统工作时，佩戴呼吸器人员的呼吸气流方向如下：呼气时，呼气口1→呼气单向阀2→CO_2 吸收罐3→O形接口4→呼吸袋19；吸气时，呼吸袋19→O形接口20→冷却器21→吸气单向阀22→CO_2 吸收口1。

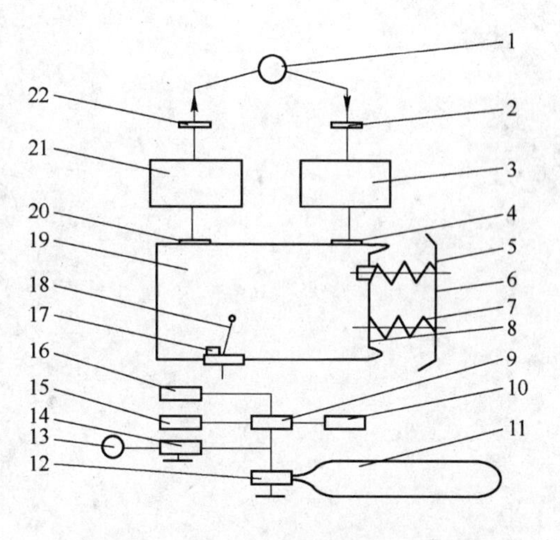

图9-6　PB4正压呼吸器工作系统图

2）正压自动调节部分由呼吸袋19、支承板6、调节弹簧7、承板8、排气阀5、自动补给阀18组成。

3）高中压联合供氧部分由高压氧气瓶11、高压开关12、压力表13、压力表开关14、高压手动补给按钮10、减压阀膛室9、中压调节15、安全阀16、定量孔17、自动补充阀18组成。

（2）PB4正压氧气呼吸器参数如下：

1）防护时间：4h。

2）自动补给量：大于160L/min。

3）手动补给量：大于80L/min。

4）呼吸阻力：0～700Pa。

5）排气压力：<800Pa。

6）定量供氧：1.3～1.5L/min。

7）氧气瓶压力：20MPa。

8）呼吸器出厂质量：9.4kg。

9）外形尺寸：510mm×355mm×175mm。

395. 如何正确使用PB4正压氧气呼吸器？

（1）掌握PB4正压氧气呼吸器佩戴顺序：

1）呼吸器经过全面检查后即可进入待命使用状态。

2）使用时，必须首先佩戴好面具，然后打开氧气瓶开关此时能听到自动肺开启供氧的声音，当与人体肺部压力平衡时开始进入正常呼吸。

3）快速点动手动补给，应能听到供气声音。

4）快速进行一次深吸气，应能听到自动肺供气声音。

5）观察氧气压力表，必须保证有充足的氧气。

6）检查附件，包括哨子是否正常。

（2）使用前检查 PB4 正压呼吸器，主要包括定量孔流量、安全阀泄压、自动肺摇杆阀门、压力表、呼吸阀、手动补给、排气阀、吸收罐、整机气密性、排气压力和自动肺。

（3）呼吸器使用后，必须对 PB4 正压呼吸器面具（口具）、软管、气囊进行清洗在通风的阴凉处晾干，然后再组装检查备用。

参 考 文 献

[1] 金龙哲．矿井粉尘的防治[M]．北京:煤炭工业出版社,1993.

[2] 蒋仲安．湿式除尘技术及其应用[M]．北京:煤炭工业出版社,1999.

[3] 黄元平．矿井通风[M]．徐州:中国矿业大学出版社,1990.

[4] 姜威,刘军鄂．安全生产监察实务[M]．北京: 化学工业出版社,2010.

[5] 王英敏．矿井通风与防尘[M]．北京:冶金工业出版社,2006.

[6] 国家煤矿安全监察局．国家煤矿安全监察人员试用教材:煤矿安全监察[M]．徐州:中国矿业大学出版社,2000.

[7]《煤矿安全规程》及相关法律．北京:中国言实出版社,2005.

[8]《采矿手册》编写委员会．采矿手册 6[M]．北京:冶金工业出版社,2008.

[9] 张荣立,何国纬,李铎．采矿工程设计手册[M]．北京:煤炭工业出版社,2005.

[10] 浑宝炬,郭立稳．矿井粉尘检测与防治技术[M]．北京:冶金工业出版社,2005.

[11] 国家安全生产监督总局,国家煤矿安全监察局．煤矿安全规程[S]．北京:煤炭工业出版社,2006.

[12] 宁廷金．煤矿安全生产管理人员[M]．北京:煤炭工业出版社,2006.

[13] 天地大方．非煤矿山安全生产管理与技术[M]．北京:中国工人出版社,2006.

[14] 郭国政,陆明心,等．煤矿安全技术管理[M]．北京:冶金工业出版社,2006.

[15] 浑宝炬,郭立稳．矿井通风与防尘[M]．北京:冶金工业出版社,2007.

[16] 韦冠俊．矿山环境工程[M]．北京:煤炭工业出版社,2007.

[17] 于维英,张玮．职业安全与卫生[M]．北京:清华大学出版社,2008.

[18] 陈蕾,王生．职业卫生概论[M]．北京:中国劳动社会保障出版社,2009.

[19] 陈沉江,吴超,吴桂香．职业卫生与防护[M]．北京:机械工业出版社,2009.

[20] 人力资源和社会保障部中国就业培训技术指导中心,企业劳动工资与安全生产职业培训项目办公室．职业健康监督员培训教程[M]．北京:中国劳动社会保障出版社,2009.

冶金工业出版社部分图书推荐